本書特色

●本書在使讀者了解生物學與生活的關係，培養現代國民應具備的基本生物學素養
●本書巧妙地將每一個單元分為兩頁，一頁文一頁圖，左右兩頁互為參照化、互補化與系統化，將文字、圖表等生動活潑的視覺元素加以有效整合

圖解系列

圖解

生物學

顧祐瑞／著

閱讀文字

理解內容

觀看圖表

圖解讓
生物學
更簡單

序

序

　　生物學是探討生命現象的奧秘的學科，深深影響醫學、農學等相關學科的發展。本書編寫的目的在使讀者了解生物學與生活的關係，培養現代國民應具備的基本生物學素養，尤其在後基因時代，因分子生物學的發展及生物醫學的廣泛應用，生物學對生活的影響，不可同日而語。

　　本書在內容的編排上輔以精彩的插圖及附表，能讓讀者輕鬆入門、或得以重新學習，可以透過這些基礎知識，了解目前的生物學新知。全書共分12章，包含：現代生物學、分子生物學與細胞、動物、植物、微生物與免疫、演化與遺傳、生態學、生物多樣性與環境變遷、生物與醫學、生物與資訊、現代生物技術、生物研究方法等內容。本書可讀性強，可作為生命科學類各專業本科系學生的教材，也可供相關科研人員參考。

序

第1章 現代生物學

1-1　現代生物學研究範　002
1-2　生物的特徵　004
1-3　生物的分類　006
1-4　生物的起源　008
1-5　種的概念　010
1-6　生物的生活與環境　012

第2章 分子生物學與細胞

2-1　生命的化學基礎　016
2-2　生命的基石　018
2-3　有機化合物　020
2-4　重要的小分子　022
2-5　醣類和脂類　024
2-6　核酸　026
2-7　蛋白質　028
2-8　能量　030
2-9　酶　032
2-10　細胞學說　034
2-11　細胞的構造　036
2-12　細胞的分裂　038
2-13　細胞的通訊　040
2-14　細胞的呼吸　042
2-15　光合作用　044

第3章 動物

3-1　動物的結構　048
3-2　動物的分類　050

3-3　神經系統　052
3-4　循環系統　054
3-5　動物的生殖　056
3-6　動物的發育　058
3-7　動物的行為　060
3-8　動物的運動　062
3-9　嗅覺與味覺　064
3-10　視覺　066

第4章　植物

4-1　植物的結構　070
4-2　異養植物　072
4-3　植物的生殖　074
4-4　植物的防禦　076
4-5　植物的生物時鐘　078
4-6　植物的功能　080
4-7　植物激素　082
4-8　種子　084
4-9　植物對碳平衡和大氣的貢獻　086

第5章　微生物與免疫

5-1　微生物的分類　090
5-2　細菌的生活　092
5-3　植物與微生物的恩怨　094
5-4　微生物殺蟲劑　096
5-5　原核生物　098
5-6　普利昂　100
5-7　病毒　102
5-8　真菌王國　104
5-9　免疫系統——非專一性防禦機制　106
5-10　免疫系統——專一性防禦機制　108

第6章 演化與遺傳

6-1 太古生物 112
6-2 生物演化的過程 114
6-3 共同由來 116
6-4 演化樹 118
6-5 開花植物的演化 120
6-6 植物演化的特徵 122
6-7 多細胞生物的出現 124
6-8 基因開關 126
6-9 蛋白質製造 128
6-10 基因突變 130
6-11 赤裸的真相 132
6-12 智能的演化 134
6-13 人類的演化 136
6-14 未來人類 138
6-15 性聯遺傳 140
6-16 數量遺傳 142
6-17 族群遺傳 144

第7章 生態學

7-1 生態學的概念 148
7-2 台灣的生態 150
7-3 物理因子和植物分布 152
7-4 植物與其他生物的相互關係 154
7-5 魚類的生態 156
7-6 族群 158
7-7 生態工程 160
7-8 外來種 162
7-9 生態復育 164
7-10 生物種間的關係 166
7-11 生態旅遊 168

第8章 生物多樣性與環境變遷

8-1 生物多樣性的概念 172
8-2 生物多樣性的消失 174
8-3 生物多樣性的價值 176
8-4 生物多樣性公約 178
8-5 生物多樣性保育 180
8-6 大滅絕 182
8-7 島嶼生物多樣性 184
8-8 台灣生物多樣性 186
8-9 全球生物多樣性的威脅 188

第9章 生物與醫學

9-1 癌症 192
9-2 基因治療 194
9-3 DNA的鑑定 196
9-4 單株抗體 198
9-5 幹細胞 200
9-6 細胞凋亡 202
9-7 性別的鑑定 204
9-8 組織工程 206
9-9 仿生科技 208
9-10 基因篩檢 210
9-11 試管嬰兒 212
9-12 複製人 214
9-13 疫苗 216
9-14 胃潰瘍的元兇 218
9-15 阿茲海默症 220

第10章 生物與資訊

10-1　生物資訊的概念　224

10-2　人類基因組解碼計畫　226

10-3　定序　228

10-4　序列分析　230

10-5　生物資訊資料庫　232

10-6　蛋白質體學　234

10-7　蛋白質結構的預測　236

10-8　微生物基因庫　238

10-9　生命條碼　240

第11章 現代生物技術

11-1　生物科技的概念　244

11-2　植物的育種　246

11-3　植物的組織培養　248

11-4　基因改造動植物　250

11-5　生質能源　252

11-6　生物復育　254

11-7　生物晶片　256

11-8　聚合酶鏈鎖反應　258

11-9　複製生物　260

11-10　長壽基因　262

11-11　生物技術的規範　264

11-12　生物防治　266

第12章 生物研究方法

12-1　推理　270

12-2　假設　272

12-3　重複驗證　274

12-4　問題研究　276

12-5　直覺　278

12-6　觀察　280

12-7　科學道德觀　282

12-8　科學素養　284

12-9　模式生物　286

12-10　顯微鏡　288

12-11　電子顯微鏡　290

12-12　生物學實驗　292

第1章
現代生物學

　　現代生物學是生命科學的基礎，廣泛研究生命的所有面向。生活在生物圈中的生物，有或近或遠的親緣關係，和環境之間有錯綜複雜的相互作用。生物學的研究對象是具有高度複雜性、多樣性及統一性的生物界。

1-1　現代生物學研究範圍

1-2　生物的特徵

1-3　生物的分類

1-4　生物的起源

1-5　種的概念

1-6　生物的生活與環境

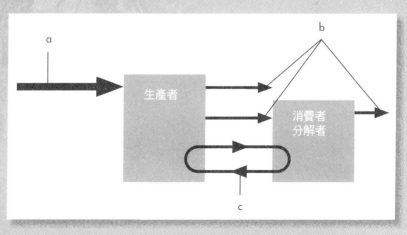

生態系中物質循環與能量流動

1-1 **現代生物學研究範圍**

（一）現代生物學

生物學，Biology 一字源於拉丁文，Bio 意為生命，-logy 意為學問，合併為「研究生命的學問」，又稱生命科學或生物科學，旨於廣泛地研究生命的所有面向。這包括生命起源、進化、構造、發育、功能、行為與環境的互動關係等。

生物學的領域極廣，舉凡分類、統計、化學、環工、量子力學、法律、倫理及高科技等學門，都是生物學所關心及探討的範圍。

生物學本身不斷地快速發展，與其他學科的關聯整合也愈來愈多。一大原因是分子生物學在近代突飛猛進，終於導致人類基因序列定序完成。由此，為了解讀大量的基因資訊，促成了基因組學。為了探究基因和蛋白質的交互作用，開創出蛋白質體學。這些新的研究領域將幫助解決疾病、糧食、環境生態等問題。近年來，分子生物學快速進展，核酸已成為生命相關研究的共同焦點。

（二）分子生物學

分子生物學（molecular biology）是從分子水準研究，作為生命活動主要物質基礎的生物大分子結構與功能，從而闡明生命現象本質的科學。

在 1930 年代，由於許多生物化學家發現細胞內的許多分子參與了各種複雜的化學反應，分子生物學由此逐步建立。

1960 年代開始，分子生物學從學術領域蛻變成生物製程研究，再逐漸發展成生物科技產業。原屬自然的遺傳物質被視為資源，並以專利等手段轉成商業資本。

重點研究領域如下：

1. 蛋白質（包括酶）的結構和功能。
2. 核酸的結構和功能，包括遺傳資訊的傳遞。
3. 生物膜的結構和功能。
4. 生物調控的分子基礎。
5. 生物進化。

分子生物學革命了生物學，將傳統的遺傳學原理推到物理化學可以解釋的分子階層，同時也給達爾文的進化論提供物理上的基礎。

基因原來是基本結構相當單純的 DNA，上面的遺傳密碼經過 RNA 的轉錄，合成蛋白質，進行結構和催化代謝反應的功能，這就是所謂分子生物的「中心教條」。DNA 的變化，造成基因的突變，就是演化的原動力，達爾文的進化論於是得到了完整的物理基礎，促成所謂「新達爾文主義」。

小博士 解說

分子生物學雖沒有找到新的物理原理，但是它統一了非生命科學和生命科學。在這之前，非生命科學的兩個主要支柱－物理學和化學，只能和生物學沾上一點邊，和生物學中最中心的遺傳學幾乎完全沒有關係。但是，分子生物學的努力將物理學和化學成功地搬上生物學的殿堂，證明生物學也不過是穿著時髦而已，骨子裡頭還是一般的物理和化學。所以，分子生物學掀開了生物的面紗，將生物學和物理及化學統一起來。

現代生物學的五大基礎，也是主要的研究方向

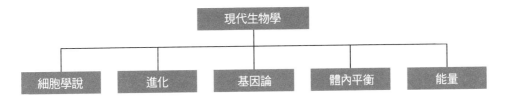

生物學的主要分支

領域	學科
動物學領域	動物學、動物生理學、解剖學、胚胎學、神經生物學、發育生物學、昆蟲學、行為學、組織學
植物學領域	植物學、植物病理學、藻類學、植物生理學
微生物和免疫學領域	微生物、免疫學、病毒學
生物化學領域	生物化學、蛋白質力學、醣類生化學、脂質生化學、代謝生化學
演化和生態學領域	古生物學、演化論、演化生物學、分類學、系統分類學、生態學、生物分佈學
生物技術學領域	生物技術學、基因工程、酵素工程學、生物工程、代謝工程學、基因體學
細胞和分子生物學領域	細胞學、分子生物學、遺傳學
生物和物理學領域	生物物理學、結構生物學、生醫光電學、醫學工程
生物和醫學領域	感染性疾病、毒理學、放射生物學、　癌生物學
生物和資訊領域	生物資訊學、生物數學、仿生學、系統生物學
環境和生物學領域	大氣生物學、生物地理學、海洋生物學、淡水生物學

生物學研究的領域

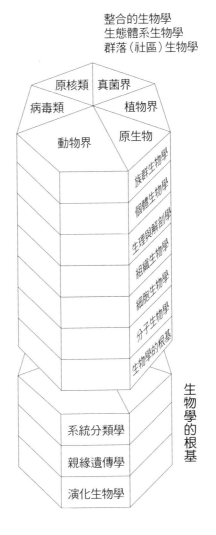

1-2 生物的特徵

(一) 生命是什麼

1944 年，量子力學的創始人薛丁格教授在愛爾蘭首府都柏林皇家學會發表了一系列的演講。事後將講稿結集成書，名為《生命是什麼？》。印刷出版之後立刻在學界引起極大的迴響，被喻為 20 世紀中最具影響力的書籍之一。書中提到生命體的兩大特質：「違反熱力學定律的複雜結構」與「內涵巨大資訊的遺傳程式」。

「生命」所具有複雜但有秩序的結構是由許多小的單元自行組合而成。小單元的產生仰賴巨型結構扮演製造者的角色；同時製造小單元，修補巨型結構又需要持續不斷地補充能量。從環境中引進能量（太陽或是食物），來維持生命體的複雜結構正是「生命」最重要的特性之一。

生命現象最重要的兩項特性，一是所有的生命體都具有複雜之結構。根據熱力學第二定律，自然界所有的反應皆趨向最大亂度，但是生命現象卻反其道而行，這種矛盾意味著生物體的複雜結構必須是一個開放系統，能不斷從外界獲得能量；另一特性是生命帶有遺傳程式，遺傳程式決定了生命系統的結構，並在結構替換的過程中提供了細微變化的可能性。

(二) 生物必須具備的性質與特徵

1. **所有生物皆由細胞所組成**：細胞是組成生物的最基本單位。僅由一個細胞所構成的生物稱為單細胞生物，如：變形蟲、細菌等。但大多數的生物都是由多個、甚至於成千至數兆個細胞所組成，這些生物被稱為多細胞生物，如：花、木、魚、鳥等。

2. **生物體需要吸收能量也消耗能量**：生物需要獲取能量以供應器官的發展，並維持其功能。如植物藉吸收太陽能行光合作用而茁壯；其他的生物再藉著攝取這些植物或動物，而獲得該生物生存所需要的能量與熱量。

3. **生物體能進行繁殖行為**：生物體以繁殖的方式來延續後代，並使自身的特徵與功能經繁殖而得以保持並持續下去。

4. **生物體受基因的控制**：生物體的後代由於繼承上一代的基因，而顯現出類似上一代的特徵。基因決定我們的長相外觀、性格特徵、內部器官的結構與功能等。

5. **生物體因成長而改變體型**：生物體為了生存，必須在其生命中的某段時期中不斷成長，並且不斷的改變體型。如：毛蟲變蝴蝶、蝌蚪變青蛙等。

6. **生物體可以適應外來的刺激**：適應外界環境的 激是生物體能否生存的必要條件，如：動物選擇水澤地區聚居、落葉樹因天冷而掉葉等。

7. **生物體可以進行不同的化學反應**：生物體內進行的化學反應通稱為新陳代謝；即使是構造簡單如細菌的細胞也有進行上百化學反應的能量。所有生物體的化學變化都需要依靠酶（酵素）的作用，酶是生物體內的催化劑，它可使生物體中的化學反應變快，有利於能量的轉換。

8. **生物體須維持穩定的內在環境**：生物體需有穩定的內部環境才得以生存。如細胞裡的流體若太鹹、太酸或是毒性過高，細胞會死亡，生物體也會受到影響。

生命世界的組成架構

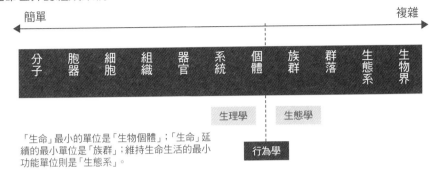

簡單 →← 複雜

| 分子 | 胞器 | 細胞 | 組織 | 器官 | 系統 | 個體 | 族群 | 群落 | 生態系 | 生物界 |

生理學　　生態學

行為學

「生命」最小的單位是「生物個體」；「生命」延續的最小單位是「族群」；維持生命生活的最小功能單位則是「生態系」。

生物都有對刺激作出反應的能力

刺激　→　協調系統　→　反應

（外在及體內環境的改變）　　　　　　　　　（帶來平衡）

生物都需要獲取能量（營養）

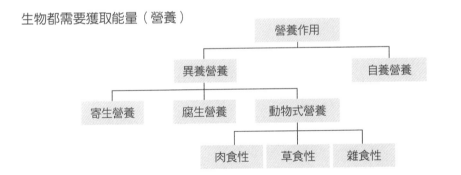

營養作用
├─ 異養營養
│　├─ 寄生營養
│　├─ 腐生營養
│　└─ 動物式營養
│　　　├─ 肉食性
│　　　├─ 草食性
│　　　└─ 雜食性
└─ 自養營養

生物都需要獲取能 （營養）：
自養營養：例如綠色植物的光合作用，部分細菌、單細胞生物。
異養營養：從其他生物或有機物質中攝取營養，包括所有動物、真菌、非綠色植物及大部分的細菌，有動物式、腐生（以死去的生物或沒有生命的有機物作為營養）及寄生（在其他生物(寄主)的身上生活，攝取有機物）營養三種形式。
動物式營養：進食生物以攝取有機物，可分草食性（以植物為食物）、肉食性（以動物為食物）及雜食性（以植物及動物為食物）三類。

1-3 **生物的分類**

（一）分類的重要性

科學界認為地球上的生命是由幾十億年前最簡單的單細胞生物，經由一連串的分支演化過程，造成現在多采多姿的生物種。

讀者或許以為分類學像收集郵票，實在沒什麼重要性，只要我們正確描述各種生物的特性，何必在乎它被擺在哪一個範疇呢！分類是研究「關係」的理論，理論控制了心中的觀念，而觀念控制了行動，行動必然有後果。

分類學是涵蓋下列工作項目的科學：發現、命名、描述及分類。我們每天都要用上許多俗名來溝通，但只限用於某些地方和特定語言。不管是地理障礙或是語言隔閡，學名確保我們是在談論同一個物種。在許多方面，生物多樣性直接或間接地從分類學上得利。

分類學把我們的生活世界分門別類，並釐出次序，協助我們了解多樣性。

（二）生物的分類

自亞里斯多德（Aristotle）到 19 世紀中葉，這二千多年間，生物學家都將生物分成植物與動物二類。按照亞里斯多德的定義，植物為所有根植於土壤、沒有非常固定的形狀、可以將無機質轉化為有機質（光合作用）的所有生物。動物為除植物外其他所有生物，能自由移動、形狀固定、而且需要從其他生物獲取有機質（異營作用）來維生。此為人類只能以肉眼觀察的情況下，對陸域生物所做的分類。

美國康乃爾大學的懷塔克（Robert Whittaker）於 1969 年提出五界分類系統，依細胞構造及代謝方式將所有的生物區分為五個界：原核生物界、原生生物界、真菌界、植物界、動物界。

五界分類系統確認了原核與真核兩種基本的細胞型式，並將原核生物自真核生物中分出，形成包括細菌和藍綠藻的原核生物界。其他四個界的生物都是由真核細胞組成。

小博士解說

真菌界、植物界、動物界，都是多細胞的真核生物，各界以其結構特性和生活史來加以區分，而且這三個界的營養模式亦不相同（懷塔克最早即以營養模式作為區分這三個界的標準）：

1.真菌：異營性，以吸收的方式來獲取養分。許多真菌是分解者，分泌消化性酵素，並吸收消化作用所產生的小分子有機物。

2.植物：自營性，利用光合作用獲得養分。

3.動物：攝入食物並在特定腔室內消化食物以獲得養分。

原生生物界則包含了所有不適合放入真菌界、植物界、動物界中的真核生物。

1.大多數原生生物為單細胞生物，但也有少部分原生生物是簡單的多細胞生物。

2.多細胞的真核生物被認為是單細胞原生生物的後代。

近幾年來，系統分類學者利用比較核酸和蛋白質來探究不同生物類群的關係，發現五界分類有許多缺失。不過，生物的分類工作仍在持續進行；對於各種不同生物的演化歷史和構造的了解持續增加，也使得新的生物分類法不斷持續發展。

綿羊在分類學上的位置

界（Kingdom）──動物界（Animalia）	科（Family）──牛科（Bovidae） 亞科（Subfamily）──羊亞科（Caprinae）
門（Phylum）──脊索動物門（Chordata）	屬（Genus）── 綿羊（*Ovis*）
綱（Class）──哺乳綱（Mammalia） 亞綱（Infraclass）──真獸亞綱（Eutheria）	種（Species）──（*Ovis aries*）
目（Order） ── 偶蹄目（Artiodactyla）	

生物有哪些形式?

共同始祖（Universal ancestor）

細菌類群（Domain Bacteria）（真細菌）　　古菌類群（Domain Archaea）（古細菌）　　真核類群（Domain Eukarya）（真核生物）
・原生物　・動物
・真菌　　・植物

生命形式可以分為三個類群:
1.真細菌類（細菌）:肉眼看不到。2.古細菌類:肉眼看不到。
3.真核類生物群:存在日常環境並且可以肉眼見到，如動物、植物、真菌（香菇）以及各種菇類)等。

地球上各界與各類生物的已知種類的大約數目

領域		學科
生物界與種類	各類的之數目	各界的總數目
一、Animal Kingdom （動物界）		
Chordates（脊索動物類）	43,000	
Arthropods（節肢動物類）	838,000	
Molluscs（軟体動物類）	107,250	
Echinoderms（棘皮動物類）	6,000	
Segmented worms（環節動物類）	8,500	1,043,900
Flatworms（扁形動物類）	12,700	
Nematodes and relatives（線虫類）	12,500	
Coelenterates（腔腸動物類）	5,300	
Bryozoans and relatives（苔癬動物類）	3,750	
Sponges（海綿動物類）	4,800	
miscellaneous small groups（其他類）	2,100	
二、Plant Kingdom（植物界）		
Fowering plants（顯花植物類）	286,000	
Gymnosperms（裸子植物類）	640	
Ferns and fern allies（厥類）	10,000	328,320
Bryophytes（苔蘚類）	23,000	
Green algae（綠藻類）	5,280	
Brown and red algae（紅褐藻類）	3,400	
三、Fungus Kingdom（真菌類）		
True fungi（真菌類）	40,000	40,400
Slime molds（黏菌類）	400	
四、Protistan Kingdom（原生物類）		30,000
Protozoans, plant flagellates, distoms	30,000	
五、Moneran Kingdom（原核類）		
Blue-green algae（藍綠藻）	1,400	3,030
Bacteria（細菌類）	1,630	
六、Virus（病毒類）		200
總　計		1,445,850

1-4 生物的起源

（一）生命出現的說法

生命出現於地球的方式有兩種說法：第一種說法認為生物的形成發生於地球。米勒（Stanley Miller）和尤里（Harold C. Urey）曾經模仿數十億年前地球的大氣環境，利用電極產生出類似胺基酸的物質。第二種說法認為地球上的生物來自外太空。後者即所謂的「汎種論（Panspermia）」。天文學家發現宇宙星系間（包括慧星）普遍存在有機物質，可能是星球爆炸所散布的，而地球上的生命可能來自帶有這種生物體或有機物質。最近在南極發現來自火星的隕石，在顯微鏡下看到類似細菌型態的化石結構，更引起這方面的熱烈辯論。甚至有人提出「我們都是火星人」的說法。

無論地球生命的起源是來自於外太空，還是發於地球，「生命如何開始？」及「細胞的資訊系統如何形成？」這些問題仍舊一樣。無論來自外太空，或者是在地球，生命的發生必須有兩個要素：具催化功能與複製功能的分子以及遺傳密碼系統。

地球誕生時期表面並沒有生命，約至 30 億年前才開始有簡單的生物出現，一直到 20 億年前，簡單的生物必須生存於沒有氧氣、含有致命的紫外線、有毒的氣體，以及溫度變化極大的環境中。

（二）藍綠藻

約在 20 億年前，因為藍綠藻（cyanobacteria）的出現，才得以行光合作用產生氧氣，並逐漸改變大氣環境，降低大氣中二氧化碳的濃度。藍綠藻含有藻藍素（phycocyanin）而呈藍綠色，也因此得名。由化石推斷，在 35 億年前藍綠藻即已經生存於地球上。在所有藻類中，藍綠藻是最原始、最簡單的一群，沒有細胞核，也沒有其他胞器，染色體與色素均勻地分布於細胞職中，故與細菌同稱為原核生物。藍綠藻雖然為原核生物界的成員，但具有葉綠素，可行光合作用放出氧氣，有別於其他細菌。

藍綠藻體外普遍具有一層黏滑的膠質鞘，這些膠質鞘可保護藍綠藻生長在不良的環境，可忍受高溫、冰凍、缺氧、乾涸及高鹽度，故從熱帶到極地，由海洋到山頂，85℃的溫泉、零下 60℃的雪泉、27% 高鹽度的湖沼、乾燥的岩石上，都有其蹤影。藍綠藻亦內共生於地衣、原生動物、變形蟲、水生蕨類、熱帶植物的根、海葵及許多其他的寄主內。

（三）氧氣的出現

最早的光合作用可能是作用在硫化氫（$H_2S + CO_2 \rightarrow CH_2O + S_2$），因為藍綠藻的出現逐漸演化為：$H_2O + CO_2 \rightarrow CH_2O + O_2$。氧氣的出現，明顯地影響了大氣環境；約有 10 億年的時間，光合作用產生的氧氣都耗用在氧化反應上。首先是海洋中的鐵離子，轉變成氧化鐵沉積海底。於 15 億年至 20 億年前，光合作用產生的氧氣量超過氧化海中鐵離子的量，氧氣才開始在大氣中累積。

小博士解說

真核（eukaryotic）生物約在 13 億年前出現。當時大氣的氧氣量約只有現在的 1%。目前地球上的氧，大約有 58% 是形成氧化鐵，38% 與岩石結合，只有 4% 進入大氣。

米勒和尤里的實驗

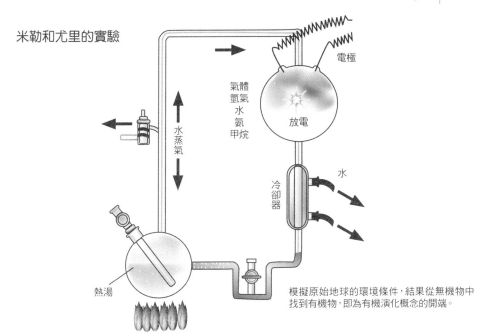

模擬原始地球的環境條件，結果從無機物中找到有機物，即為有機演化概念的開端。

生物的起源

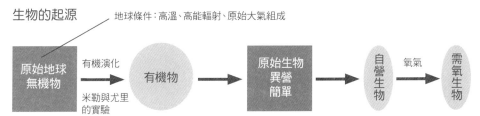

原始生物大約出現在38億年前，自營生物則有最早的藍綠菌化石作為證據，約35億年前出現；在氧氣堆積到一定的量之後，才出現大量的需氧生物。

1. 原始生物的異營：透過發酵作用得到能量。
2. 光合作用：生物開始將光能儲存在化合物中(葡萄糖)。
3. 需氧生物的異營：透過呼吸作用，將養分分解產生能量。

地球上生命演化與氧氣形成

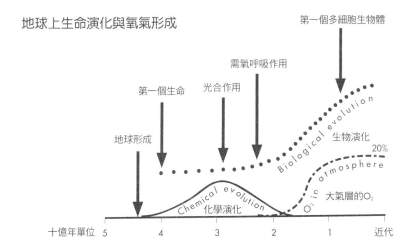

1-5 **種的概念**

（一）學名解構

「種（species）」是生物分類系統基本單位，同種即構造及生理相同的生物。自然情況下，個體都可自然交配，產生有生殖能力的下一代。不同種則是彼此間通常不互相交配（有些可交配，但後代常不孕，如馬和驢交配產生的騾）。

學名是種的名字，由二個拉丁文化的字所組成，第一個字為屬名，第二個字為種名。如智人的學名為 *Homo sapiens*，臺灣雲杉的學名為 *Picea morrisonicola*。屬名為名詞，字首必須大寫，種名為形容詞需小寫。

為了形容亞種，動物的學名會有三名，每個亞種由三個拉丁文化的字所組成，第三個字為亞種名。學名是拉丁文化的名字，但不是拉丁文，所以就算拉丁人存活於現代，也看不懂很多學名。

目前生物探索與命名的工作，重點區域在土壤、海洋與熱帶雨林冠層，重點生物為節肢動物、細菌、真菌、線蟲以及藻類。其中，昆蟲約占所有種的一半以上，但現在約只有一成的昆蟲物種被命名，是最需要研究命名的生物類群。

（二）新種形成機制

成種作用（speciation）即新種形成機制，需因隔離機制（地理隔離、生殖隔離）造成，尤以生殖隔離更具不可或缺的重要性。

異域成種作用（allopatric）： 同種生物受到地理隔離成若干族群，累積更多突變（有利及有害變異），造成生殖隔離（不進行基因交換），進而朝不同方向演化，而形成新種。

同域成種作用（sympatric）： 同源或異源多倍體植物（植物約 235000 種，50% 開花植物是多倍體，且多數是異源多倍體），幾乎立即和原來二倍體植物形成生殖隔離，這種成種作用，地理隔離非絕對需要。

（三）物種的概念

物種的概念有很多，包括表型種概念、生物種概念、認知種概念、生態種概念、親緣種概念。但是，沒有一個物種概念可以適用於所有的生物。不過，以表型種、生物種、親緣種三個種概念最為分類學家所普遍運用。

生物種概念仍是目前最主流也是最廣為應用的物種概念，但其弱點在於許多生物並不適用此物種概念。

親緣種概念可以用來定義所有演化過程上的物種，而且符合目前系統分類學的潮流走向。但是，如果就目前的生物學做分類，親緣種概念仍缺乏一個明確易行的定義與做法。而且親緣種概念並不承認「亞種」這地位，如果全面採用親緣種概念，世界的物種類將會暴增。

小博士解說

現代分類學是將生物分門別類的科學，以種系發生史為基礎。早期的分類系統並無理論基礎，生物是根據外表上的相似來分類。提出種系發生史的生物學家則是由古生物學、比較解剖學、比較胚胎學和生物化學領域獲得證據。

物種的概念

表型種概	『物種』是一群型態構造彼此類似、而且與其他群有顯著差異的生物個體
生物種概	『物種』是一群可以互相交配的生物個體。同的種之間具有各種的生殖隔機制，以避免基因的有效交流
認知種概	『物種』是一群具有一個共同且特定的交配對象認知概念的生物個體。同種生物之間，會互相認定為可繁殖的對象
生態種概	『物種』是一群專化適應同一生態棲位(niche)的生物個體。同樣型態的生物個體，可能因宿主不同或因競爭互斥而有資源上的區分
親緣種概	『物種』是在演化親源分支樹上，結點到結點之間的生物個體。換句話說，在現存生物中，如果二群生物已走向分歧演化的不歸路，就可以依此物種概念，將其分為不同物種

蛋白質與親緣的關係

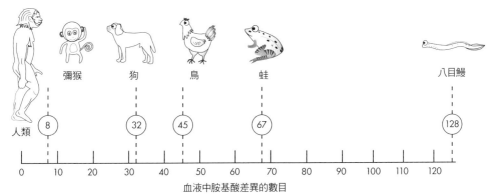

DNA或蛋白質等化學分子的相似性，可顯示出生物間的親緣關係。親緣關係愈遠，組成差異愈大。

地球上的物種比率圖

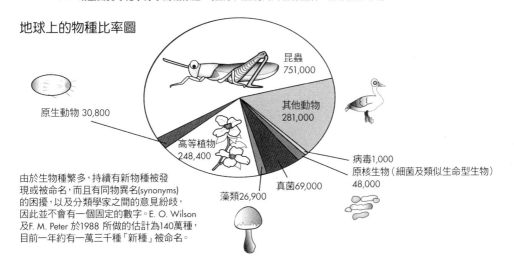

昆蟲 751,000
其他動物 281,000
原生動物 30,800
高等植物 248,400
病毒1,000
原核生物(細菌及類似生命型生物) 48,000
真菌69,000
藻類26,900

由於生物種繁多，持續有新物種被發現或被命名，而且有同物異名(synonyms)的困擾，以及分類學家之間的意見紛歧，因此並不會有一個固定的數字。E. O. Wilson及F. M. Peter 於1988 所做的估計為140萬種，目前一年約有一萬三千種「新種」被命名。

1-6 生物的生活與環境

（一）能量流動與物質循環

5 個界的生物分別擔當著生產者、消費者、分解者的角色。生態系統中的非生物環境則包括參與系統物質循環的多種無機元素和化合物、氣候條件，以及其他物理條件，如：溫度、日照、氣壓、降水等。

植物、藻類及光合細菌能捕獲太陽能，透過光合作用利用來自空氣中的 CO_2 和水製造有機物，這些自養生物為生物系統提供了食物和能量，是為生產者。

象、牛、馬以及許多吃植物的昆蟲等動物，都是以植物或植物的某些產物，如：花蜜，作為食物，是生態系中的消費者。

細菌和真菌分解已經死去的生物所遺留下來的有機物。因此細菌與真菌為複雜有機物的分解者。

生命所需要的基本化學物質、CO_2、水和各種無機物，從空氣和土壤流到植物，循著食物鏈在生態系統中由一種生物傳遞給另一種生物，最後再回到空氣和土壤。任何生態系統都須要不斷得到來自外部的能量補給。如果斷絕了能量輸入，生態系統將會自行消亡。

（二）環境對生物的限制

在自然界中存在大量的化學物質對植物的影響反而不如那些稀有的或量少的元素。真正影響作物生長之養分是那些濃度過低的物質，此即為最小量法則。

生物不僅被某些元素的最小量限制，亦被最大量限制，此即為最大忍耐度。例如動物的生存受最低及最高溫度需求之限制，忍耐的最小限度與忍耐的最大限度之間有一個最適生存範圍。阻止生物生長及散布的因子，如：光、水、氧、溫度、營養及生存空間。

（三）生物對水和溫度的適應

植物解決水問題的方法如：沙漠中的植物以種子狀態度過乾旱季節，並在雨季快速生長，以完成生命週期；且沙漠植物的根長得寬且深，以方便吸收水分；相對地，莖就長得矮小。舉例來說，仙人掌的葉變態成針狀以適應缺水環境，減少水分的散失，而其粗大的莖則是用來儲水用的。

動物解決缺水問題方法，如：

1. 形態改變：昆蟲的外殼、爬虫類的鱗片、鳥類羽毛及哺乳類皮毛都有隔絕溫度及防止水分通透的功能。

2. 生理適應：如鼠類或羚羊排出之糞便極為乾燥，目的是為了保存體內的水分。

3. 行為適應：白天躲在地洞中不外出活動，於夜間才外出活動。

恆溫動物可以維持體溫的恆定；變溫或外溫動物的體溫受外界環境溫度的影響頗大；因體溫無法自主或無緩衝的能力，故稱為冷血動物。

有些生物會產生熱蛋白以適應高溫環境，如：溫泉中的細菌、澳洲產的金合歡樹之種子等。抗凍生物的細胞內不結冰，組織內結合水，增多成膠質體（胞內油脂增加或溶質增加），使凝固點（冰點）下降，以抵禦外界寒冷的問題，胞外結冰反而形成保護。

地形對生物的影響

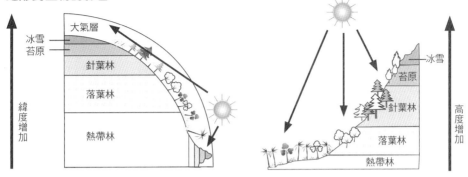

地形對於生物的影響大都屬於間接性的,因為高度、坡度和坡向會影響其他的物理化學因素,進而影響生物的分布。如山區溫度一般隨高度而遞減,因而使得山區植物類型呈垂直分布。

影響動植物分布的環境因素

環境因素		對生物的影響
氣候因素	陽光	生物的新陳代謝、生長發育、生活規律、活動等都與光照強度相關。
	水分	水以不同型態、量和持續時間對生物發揮作用。
	氣溫	溫度會影響生物的生長、發育、繁殖、形態、行為和分布。 世界植物帶幾乎與氣溫等值線分布相符。如北半球森林分布的北界為最暖月七月10°C等溫線。
	風	植物花粉、種子、果實傳播的動力,也是動物飛行和遷移的助力。

影響動植物分布的環境因素非常多,主要可分成非生物環境因素和生物環境因素兩大類。前者主要有氣候、地形和土壤等因素。

生態系中物質循環與能量流動

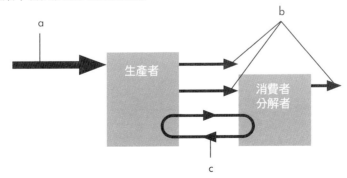

a:生產者捕捉、轉換、利用,並儲存來自太陽的能量;b:能量在生物體之間轉移,並逐漸化為熱返回循環;c:物質在生產者、消費者、分解者及環境之間循環。

第 2 章
分子生物學與細胞

　　分子生物學探討細胞層面的現象，從細胞開始觀察，可以了解生命的許多現象。細胞的分子呈現生命的最小單位，科學家相信，生命的關鍵就在新陳代謝。分子生物學就是要了解生命的分子在細胞各部位中如何自行排列、移動、彼此溝通並同步運作。

2-1　生命的化學基礎

2-2　生命的基石

2-3　有機化合物

2-4　重要的小分子

2-5　醣類和脂類

2-6　核酸

2-7　蛋白質

2-8　能量

2-9　酶

2-10　細胞學說

2-11　細胞的構造

2-12　細胞的分裂

2-13　細胞的通訊

2-14　細胞的呼吸

2-15　光合作用

β -Lactoglobulin（LG）是牛乳主要蛋白之一，含量約10%，分子量約18.5kDa，LG 為lipocalin 成員之一，二級結構上由9 個 β-sheet 及1 個 α-helix 所組成。中心為疏水 性結構（calyx），可結合Vit A、Vit D、脂肪酸及固醇類。不似α-lactalbumin 可耐熱，LG 是牛乳中主要熱感蛋白，在加熱70-80 ℃之間其二級結構開始改變。[本圖為自CAN STOCK合法下載授權使用]

2-1 生命的化學基礎

（一）生命需要的 25 種元素

元素是具有相同核電荷數的一類原子的總稱。原子是化學變化中的最小粒子，包含質子、電子和中子。碳原子核中有 6 個質子，所以其原子序是 6。每一種原子中，質子的數目與電子的數目總數是相等的，但中子的數目則可能有變化。質子數和電子數都相同，但中子數不同的原子稱為同位素（isotope），如碳元素就有 3 種同位素：碳 12（^{12}C），碳 13（^{13}C）和碳 14（^{14}C）。

目前已知自然界存在的元素共有 92 種，其中有 25 種是生命所必需的。

（二）水是細胞中不可缺少的物質

水具有以下的特性，是細胞中不可缺少的物質：

1. 水是極性分子，水分子之間會形成氫鍵。水分子的極性和它們之間氫鍵的形成使得水分子具有許多特性，因而液態水成為生命在地球上存在與發展的主要環境。

2. 液態水中的水分子具有內聚力。水的內聚力對生命極其重要，如參天大樹，水分之所以能從地下深處的根運到葉中，就是因為有這種內聚力而被拉上去的。

3. 水分子之間的氫鍵使水能緩和溫度間的變化。沿海的氣候較內陸溫和，冷熱變化較小，原因就在於水分子間的氫鍵。同樣地，它也使海洋的溫度變化不大，適於海洋生物的存活。氫鍵也使水分不易蒸發，這使地球上能保持大量的液態水，利於生命的存在和發展。

4. 冰比水輕。固態的密度小於液態的密度，這是水的獨一無二的特性。假若冰的密度大於水的密度就不會浮出表面，且在嚴冬過後，冰也很難全部融化，年深日久，不僅河流湖泊，連海洋都可能結成堅冰，地球上的生命就不可能存在了。

5. 水是極好的溶劑。水在所有細胞內，在血液和植物的汁液內，都成為生命所需要的各種各樣物質的良好溶劑。

6. 水能夠電離。在生物體內的大部分水溶液中，水分子是不電離的，但有一些水分子則電離成氫離子（H^+）和羥離子（OH^-）。凡是產生 H^+ 的化合物就是酸，產生 OH^- 的化合物就是鹼。細胞中 pH 值的微小變化都可能是有害的。

（三）化學反應使原子重組

生命現象的特點之一就是新陳代謝（metabolism），新陳代謝包括無數的化學反應。這些化學反應使生物體內的眾多物質產生變化。不過，化學反應並不能創造或破壞原子，它只能將原子重新組合。所以，化學反應是破壞已有的化學鍵，形成新的化學鍵。

小博士解說

胡蘿蔔素是一種比較複雜的分子，由40個碳原子和56個氫原子組成，其轉變為維生素A的反應過程，只是一個碳與碳之間雙鍵（C=C）的破裂和新的C－H與C－O－H鍵的形成。

人體中存在的元素

符號	元素	占體重的質量百分比／%
O	氧	65.0
C	碳	18.5
H	氫	9.5
N	氮	3.3
Ca	鈣	1.5
P	磷	1.0
K	鉀	0.4
S	硫	0.3
Na	鈉	0.2
Cl	氯	0.2
Mg	鎂	0.1

微量元素（少於0.01%）：硼（B），鉻（Cr），鈷（Co），銅（Cu），氟（F），碘（I），鐵（Fe），錳（Mn），鉬（Mo），硒（Se），矽（Si），錫（Sn），釩（V），鋅（Zn）

水分子及液態、固態的水

單一水分子

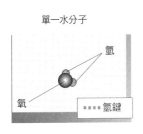

氫

氧

▪▪▪▪ 氫鍵

水分子之間會形成氫鍵

液態水

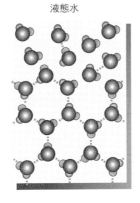

冰

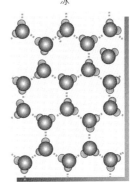

兩種化學反應

$2H_2 + O_2 \longrightarrow 2H_2O$
氫分子和氧分子化合成水。

$C_{40}H_{56} + O_2 + 4H \longrightarrow 2C_{20}H_{30}O$
胡蘿蔔素轉變為維生素A的反應。

2-2 生命的基石

（一）碳是組成細胞中大分子的基礎

　　地球上的生命皆含有少量相關元素（超過 100 多種元素），其中氫、碳、氮、氧、磷及硫原子等 6 種元素構成任何生物體的 98%。除了氧及鈣元素，生物學上最豐富的元素在地殼中只不過占了極少量而已，但是，當這些元素與其他元素結合時，卻能產生驚人數量的構造和功能互異的分子。

　　週期表中所有的元素對於維持地球上有生命和無生命的物質平衡具有十分重要的作用，其中，碳是所有元素中最重要的。如果除掉地球上所有的含碳化合物，那麼我們這個星球將和月球一樣貧瘠。

　　由於碳存在於所有生命物質中，因此在 1828 年以前化學家們一直認為不可能在實驗室中合成有機化合物，即具有生命力的化合物，又稱碳化合物，除非加入「生命力」。然而，沃勒爾（Friedrich Wohler）卻在加熱一種無機鹽—氰酸銨時產生了尿素，尿素是一種存在於血液和尿中的化合物，毫無疑問的，它是有機物。

　　碳是地球上生命的基石，它是每一個有機體都具有的成分，也是食物、燃料和衣服等的組成成分。目前已被確認的碳骨架化合物（有機化合物）超過 600 萬種，而無機化合物大約只有 25 萬種。

（二）碳的鍵結特性

　　有機化合物一般認為是包含碳的化合物，反之，無機化合物通常指包含碳以外元素的化合物。有機化合物和無機化合物最關鍵的區別是形成的鍵不同。有機化合物一般是共價化合物，非常穩定；無機化合物則一般是離子型化合物，易發生化學反應。

　　有機物的數目如此之多，主要原因有兩個：一是由於碳的成鍵特性，二是含碳的化合物存在異構物。碳的最高價態為 4，能夠形成正四面體結構，此外，碳的負電性居中，適合於形成共價化合物。負電性居中的特性，使得碳可以與負電性比它大的原子（例如氧原子），也可以與負電性比它小的原子（例如氫原子）成鍵，當然也可以與其他的碳原子形成共價鍵。這兩個原因使得碳能夠形成長鏈和分支成三維四面體的結構。

（三）共價鍵

　　共價鍵是原子間相當穩定的鍵結，且為連接分子的最強鍵結。共價鍵斷裂只有 2 種方式：一是均裂。2 原子間的鍵結被對稱性地打開，且產生一對自由基。其活性由電子的非成對旋轉而來，此種模式在相同或相似的原子間較常見。另一方式則為異裂，即為鍵結被非對稱性地打開，而產生一對離子。

小博士解說

依共用電子對數目區分：
1. 單鍵：兩個結合原子各提供一個電子，以 "–" 表示，如 H_2 表示為：H–H 或 H：H。
2. 雙鍵：兩個結合原子各提供二個電子，以 "＝" 表示，如 O_2 表示為：O＝O。
3. 參鍵：兩個結合原子各提供三個電子，以 "≡" 表示，如 N_2 表示為：N≡N。

生物體及地殼的原子含量

元素	人類	苜蓿	細菌	地殼
氧	62.8%	77.9%	73.7%	50.0%
碳	19.4%	11.3%	12.1%	0.2%
氫	9.3%	8.7%	9.9%	0.9%
氮	5.1%	0.8%	3.0%	1.3%
磷	0.6%	0.7%	0.6%	0.1%
硫	0.6%	0.1%	0.3%	0.1%
合計	97.9%	99.6%	99.7%	52.6%

有機物和無機物性質比較

性質	有機物	無機物
分子內成鍵特性	通常為共價鍵	通常為離子鍵
分子間作用力	通常較弱	通常較強
物理狀態	氣態、液態或低熔點固體	通常具有高熔點
在水中的溶解度	通常較小	通常較大
化學反應速率	一般較慢	一般較快
可燃性	一般可燃	一般不可燃

(a) 碳原子的四面體模型

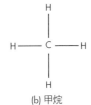
(b) 甲烷   (c) 乙烷

(d) 丙烷

打斷共價鍵所需能量

鍵結	鍵能	鍵結	鍵能
$C=O$	170	$C-H$	99
$C=N$	147	$C-O$	84
$C=C$	146	$C-C$	83
$P=O$	120	$S-H$	81
$O-H$	110	$C-N$	70
$H-H$	104	$C-S$	62
$P-O$	100	$N-O$	53

2-3 有機化合物

（一）含碳的化合物

除了一氧化碳、二氧化碳和碳酸鹽等少數簡單化合物外，含碳化合物統稱為有機化合物。像甲烷這樣的分子僅由碳和氫兩種元素組成，稱為烴或碳氫化合物。由於碳和碳可以形成鏈，鏈又可以有分支，鏈的長度則由 2 個碳至數千個不等，所以鏈狀的烴就多不勝數。

甲烷是天然氣的主要成分，乙烷和丙烷則是液化石油氣的主要成分，環己烷存在於汽油中，苯則為常用的有機溶劑。除去碳原子和氫原子外，有機化合物還可以有別的原子，其中最常見的是氧和氮。而且參加化學反應的往往是這些原子組成的原子團，這類原子團稱為功能團（functional group）。

在組成細胞的分子中，最為重要的功能團有 4 種：羥基、羰基、羧基和氨基。這 4 種功能團有一個共同特點，就是都有極性，因為其中的氧原子或氮原子都有很強的負電性，能夠吸引電子。因此，所有含這些基團的化合物都是親水的，且都是水溶性的。這是這些化合物能在生物體內扮演重要作用的必要條件。

在生命現象中具有重要作用的分子都是極其巨大的分子，稱為大分子（macromolecule）。生物大分子可分為 4 大類：蛋白質、核酸、多糖和脂質。這 4 類大分子中的前三類都是多聚體。

（二）異構物

不同的化合物而具有相同的分子式稱為異構物。如果異構物之不同僅由於原子在空間位向的不同，此類異構物稱之為「立體異構物」，其餘的則稱為「結構異構物」。結構異構物化學鍵的種類或排列順序必有部分不相同，因此也就可以產生不同的官能基。一般結構異構物的物理性質和化學性質都略有差異，像甲醚和乙醇因為具有的官能基不同，其化學性質常有很大的出入，因此這類異構物亦稱之為「官能異構物」。

（三）鏡像異構物

鏡像異構物是互為鏡像，無法完全重疊的兩個立體異構物，又稱為掌（手）性異構物，就像一個人的左右手，相似卻又相反。鏡像異構物會使平面偏極光，唯一不同的是偏轉角度相同，但偏轉方向恰好相反。等量鏡像異構物形成的混合物，稱為消旋，對平面偏極光的偏轉角度為零。

胺基酸都有一個不對稱碳原子，亦即有四個不同的取代基：一個羧基，一個胺基，R 基和一個氫原子鍵結到 α 碳原子上。所以這種不對稱的 α 碳原子是一個對掌的中心。具有對掌中心的化合物有兩種不同的異構物形式，除了在偏光儀會導致平面偏極光有不同的旋轉方向之外，它們的物理或化學性質都相同。

由於生物體內的許多分子本身就是鏡像異構物中的一種，所以一對鏡像異構物在生物體內（包括人體）往往造成不同的效果。自然界中所發現、具有一個不對稱中心的生物化合物，幾乎都只以一種空間異構物的形式存在，不是左旋便是右旋。

兩種異構物

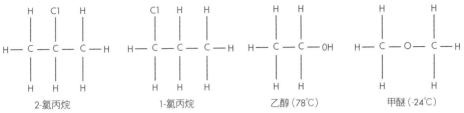

2-氯丙烷　　　　1-氯丙烷　　　　乙醇(78℃)　　　甲醚(-24℃)

1-氯丙烷和2-氯丙烷的分子式均為C_3H_7Cl。乙醇和甲醚的分子式均為C_2H_6O，前者的沸點為 78℃後者的沸點為-24℃，前者有氫基(—OH)為醇類，後者有氧基(—O—)為醚類。

鏡像異構物

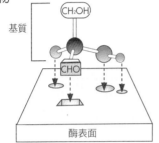

此甘油醛對掌異構物可匹配酶表面上三個特殊性結合部位

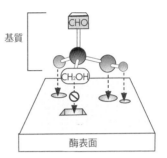

此甘油醛對掌異構物無法匹配於相同之結合部位

碳氫化合物

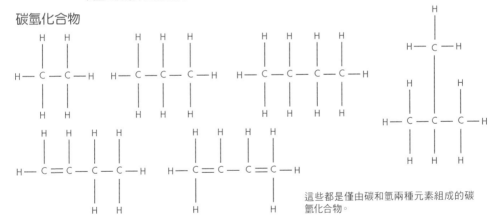

這些都是僅由碳和氫兩種元素組成的碳氫化合物。

醣類

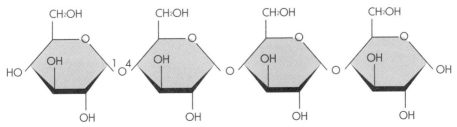

醣類分子可以互相連接，組成大分子。

2-4 重要的小分子

（一）磷酸和磷酸鹽

生命體系中磷酸一般表現為離子形態，即磷酸鹽。磷酸酐也很常見，如三磷酸腺苷（ATP）和二磷酸腺苷（ADP）。ATP 失去一個磷酸得到 ADP，同時釋放出能量，磷酸鹽出現在許多新陳代謝的過程中，另外，磷酸也以二脂的形式出現在生命的基本物質——核酸中。

磷酸根以磷酸鈣的形式存在於骨頭和牙齒中，使它們很堅固。每一個細胞中都存在磷酸根離子，它是細胞中主要的陰離子。

利用正磷酸鹽（無機磷酸鹽）進行磷酸化的步驟，這個反應需要酶，在糖原磷酸化酶的催化，形成糖的磷酸化衍生物——葡萄糖 -1- 磷酸。這一過程在能量上有利，這是由於形成的磷酸化糖帶有電荷而不能擴散出細胞。而葡萄糖能夠穿過細胞膜。磷酸根和磷酸脂在 ATP 的合成和分解中都非常重要。

（二）氮氣

氮原子是許多生物分子的組成部分，如蛋白質和核酸。

氮氣（N_2）是地球大氣的主要成分，分子非常穩定，不易發生化學反應。將空氣中的氮氣轉化為其他化合物的過程被稱為固氮。在某一些細菌中特殊的酶，其具有固氮的功能，可將氮氣轉化成氨以及硝酸根或亞硝酸根。

固氮菌有兩種類型：自由生活型以及與植物共生型。這些細菌存在於許多植物的根瘤中，與植物有著密切的關係。理論上，固氮作用可能會消耗掉大氣中所有的氮氣；在土壤中脫氮微生物的作用下，氮還可以返回到大氣。

（三）氧氣

由於光合作用，氧氣（O_2）可被源源不斷的產生出來。O_2 對地球上的絕大多數生命來說是絕對需要的。生物體需要氧化碳水化合物以產生高能的 ATP，而 ATP 是新陳代謝過程所需的物質。氧氣藉由與血紅細胞中的血紅蛋白和肌紅蛋白結合，從肺轉送到血液中。

在陽光或放電作用下，O_2 轉變為臭氧（O_3），O_3 是 O_2 的同素異形物。在上層大氣中，它卻是太陽紫外線輻射的重要吸收劑，為居住在地球上的生命提供重要的保護作用。O_3 會與一些氟氯烴化物發生光化學反應，這些氟氯烴化物擴散到大氣層上層後則會消耗那裡的臭氧。

地球大氣的組成約有 21% 是氧，並以 O_2 的形式存在。水生生物能在水中呼吸，是因為 O_2 可溶解於水。O_2 在水中的溶解度大約是 N_2 的 2 倍，其溶解度也隨著溫度的升高而降低，因此，當氣溫較高時，淡水魚會感到呼吸困難。

ATP分子示意圖

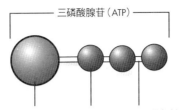

三磷酸腺苷（ATP）

腺苷（A）　磷酸（P）　儲存在化學鍵中的能量

ATP分子將能量儲存在磷酸化學鍵中，而這些磷酸又固定在嘌呤分子腺苷上面。

臭氧層

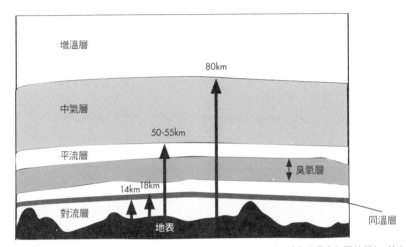

增溫層

80km

中氣層

50-55km

平流層

臭氧層

14km 18km

對流層

地表

同溫層

在平流層的上部有一層厚約20公里的空氣層，位置大約在約15－35公里的高空中，其實也是臭氧層的所在，其中的臭氧（O_3）分子具有吸收太陽光中短波紫外線的能力，而且臭氧在紫外線的作用下又可被分解為原子氧（O）和分子氧（O_2）；當後兩者重新化合，再度生成臭氧時，會以熱的形式釋放出大量的能量。

自然界的氮循環示意圖

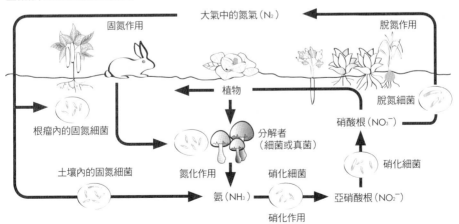

大氣中的氮氣（N_2）

固氮作用　　　　　　　　　　　　　　　　　　脫氮作用

植物　　　　　　　　　　　　　　　脫氮細菌

根瘤內的固氮細菌　　　　　　　　分解者　　　　硝酸根（NO_3^-）

（細菌或真菌）

硝化細菌

土壤內的固氮細菌　　氮化作用　　　硝化細菌

氨（NH_3）　　　　亞硝酸根（NO_2^-）

硝化作用

生物體在消化吸收氮素前，需用各種方法固氮，成為含氮的化合物，如存在於自然界氮循環中的氨、銨子、亞硝酸根、硝酸根等。生物體吸收這些氮化合物後，將合成生存、成長與繁衍所需的其他含氮化合物，如胺基酸、蛋白質和核酸。

2-5 醣類和脂類

（一）醣類

醣類（carbohydrate）即碳水化合物，糖類是一大類化合物，有從最簡單的糖到很大的多糖（polysaccharide）。多糖即是糖的單體聚合而成的長鏈。葡萄糖（glucose）和果糖（fructose）是單醣類，本身可做為細胞能量的來源，有時也會結合成巨型分子。

葡萄糖和果糖是異構體，它們之間的區別僅在於原子的排列不同，具體來說，僅在於羰基的位置不同。這種差別看似不大，但兩者的性質卻有很大不同，如：與其他分子發生反應的能力不同、甜度不同，像果糖要比葡萄糖甜得多。

葡萄糖和果糖都是6個碳原子組成的稱為六碳糖。存在於生物體內的單糖還有3、4、5 和 7 個碳原子組成的，其中五碳糖尤其重要，因為它們是組成核酸的成分。

兩個葡萄糖經過脫水反應會形成雙糖的麥芽糖（maltose）。這樣的反應可以連續不斷地在不同位置加上不同種類的單糖而結合成巨型分子，如：纖維素、澱粉和肝醣。

纖維素（cellulose）是植物細胞壁的主要成分，是支撐植物細胞的一個重要結構。澱粉（starch）是由葡萄糖聚合而成，是植物細胞用來儲存能量的巨型分子；在動物細胞內則是以肝醣（glycogen）的形式存在。

（二）脂類

脂質不是大分子，因為它們的相對分子質量不如糖類、蛋白質和核酸那麼大，而且它們也不是聚合物。有雙鍵的脂肪酸稱為不飽和脂肪酸，沒有雙鍵的則稱為飽和脂肪酸。雙鍵的存在使得碳鏈彎曲，占的空間較大，所以含有雙鍵的脂肪在長溫下是液態。

脂肪酸（fatty acid）是大多數脂質的構成單元，含有一個碳氫長鏈，所以又稱為碳氫化合物。像棕櫚酸（palmitic acid）是一個含有碳的脂肪酸，有兩種化學性質同時存在這一分子上，一端是非極性的碳氫長鏈，具有厭水的特性（hydrophobicity）；另一端是酸（— COOH），可以解離成 H^+ 與 COO^-，具有親水的特性。不同脂肪酸含有不同長度的碳氫長鏈，或帶有不同數目的雙鍵，因而造成它們的形狀不同。但幾乎所有自然界的脂肪酸皆含有偶數的碳原子。

類固醇是一類不同的脂質。它們的特點是碳鏈折成 4 個環、3 個六元環和 1 個五元環。最常見的類固醇即為膽固醇；膽固醇是細胞膜的重要成分，也是動物體內合成其他類固醇的原料。像是動物的雌、雄性激素都是類固醇。

磷脂（phospholipid）是細胞膜的結構單元，它是由兩個脂肪酸、一個甘油（glycerol）和一個磷酸（phosphate）組合而成。甘油的第一、二個羥基（hydroxy group）與兩個脂肪酸結合，而第三個羥基則與磷酸結合，所以磷脂含有一端親水性的頭部，和另一端厭水性的碳氫長鏈尾端。當許多磷脂聚集在一起時，親水的部分會互相聚集，厭水的部分也會自動排列在一起，如此便形成細胞膜的結構；細胞膜的外層為親水性，而中間的內層則為厭水性的區域。

葡萄糖和果糖的比較

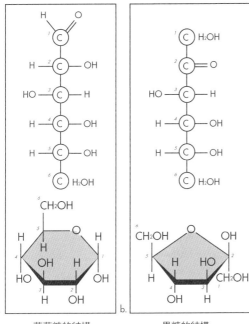

葡萄糖的結構   果糖的結構

細胞膜的構造

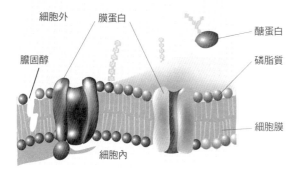

細胞膜的基本結構都是由兩層磷脂組成，具有2個特性：
・厭水性的區域除了一些小分子（如H_2O、O_2、CO_2）之外，大部分帶電或帶有極性之分子，都不能自由任意進出，可以維持細胞內許多成份保持一個高濃度的環境
・單是雙磷脂的結構無法偵測外界環境，而且結構比較軟，所以細胞膜上還有許多蛋白質嵌入，可作為負責內外離子運輸的通道[本圖為自CAN STOCK合法下載授權使用]

性荷爾蒙

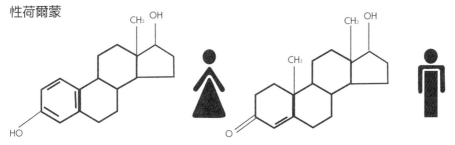

男性及女性賀爾蒙也是脂類分子的一種，可傳遞細胞間的訊息。

2-6 核酸

（一）核酸的構造

核酸（nucleic acid）是以核苷酸為單體所聚合而成的巨分子，包括去氧核糖核酸（deoxyribonucleic acid, DNA）及核糖核酸（ribonucleic acid, RNA），是生命的遺傳物質，控制整個生命的過程，是全能的分子，其主要的功能為遺傳訊息的貯存、傳遞與表現。 生命是複合有機分子的組合與表現，包括：DNA、RNA、蛋白質、醣類、脂質等相互調控與表現。其中，核酸的表現物質為蛋白質，而蛋白質除了執行特殊的功能之外，又可調節核酸的表達，環環相扣。

核苷酸是由磷酸根、五碳糖、鹼基三大部分所組成的。其中磷酸根使得 DNA 有酸及帶負電的特性。而磷酸根、五碳糖、鹼基每個部分又有不同的組合；如五碳糖的部分，就有核糖及去氧核糖兩種選擇，而這兩種選擇分別造就了 RNA 與 DNA，也使得兩個分子在結構與性質上有所差 。

除了一般常見的 A、T、G、C 這四種鹼基，還有一些修飾過的鹼基（大多在 tRNA 中發現）、不常見的嘌呤及嘧啶、甲基化的嘌呤。

（二）核酸的作用

DNA 只帶有遺傳的訊息，並不能實際參與生命現象的表現。一定要把遺傳訊息翻譯成為蛋白質後，內質網上面的核醣體才會製造蛋白質，並可能將其暫時放在高基氏體裡面，待這些胞器製造出不同的蛋白質之後，再由細胞釋出。

生命的特質都寫在 DNA 上，而合成蛋白質的過程是 DNA 以鹼基配對的方式將遺傳訊息傳承給 mRNA，此過程即稱之為轉錄作用。

首先，RNA 聚合酶將 DNA 雙股螺旋鬆開，DNA 以其中一股鹼基為模版，進行鹼基配對，此時 RNA 聚合酶可把核苷酸組合形成核苷酸鏈，這便是 mRNA（訊息 RNA）。有所不同的是 DNA 模版為 A-T，但是 DNA 所配對出來的 RNA 為 A-U。

經過轉錄出來的 mRNA，出了核孔，會到細胞質中的核醣體上開始製作組合蛋白質，這個過程稱之為轉譯作用。蛋白質的合成場所為核醣體。它由一大一小兩個次單位組成，主要組成為蛋白質和核糖 RNA（rRNA），轉譯作用發生之時，核醣體以 mRNA 的鹼基序列為訊息，將原本游離的胺基酸由轉移 RNA（rRNA）攜帶特定的胺基酸，依照 mRNA 的鹼基序列組合為蛋白質鏈。

一條 mRNA 不是只有一個核醣體在進行轉譯的工作，事實上是由很多核醣體同時依著這條 mRNA 序列執行合成相同的蛋白質，所以短時間內可製造許多蛋白質。

當胺基酸鏈合成後，將轉換至內質網修飾，至高基氏體折疊成為有功能的蛋白質。

（三）錯誤的修正

ATCG 這些編碼是互補的，不過 100,000 個鹼基配對會出現一個錯誤，整體結果大約為 DNA 配對錯誤的機率為 10 億分之一。所以在 DNA 複製時需有校對、修復機制。

在 DNA 合成過程中，RNA 聚合酶沿著 DNA 校對，一發現鹼基配對錯誤，馬上移走錯誤的核苷酸，並修補之。因此 DNA 本身就有防止錯誤的機制，然而 RNA 合成則不具有校對能力。

生命的中心教條

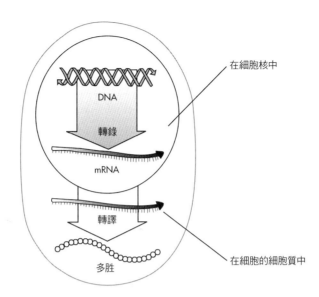

在細胞核中

在細胞的細胞質中

由生命的中心教條所構成的劇本正每分每秒在每個生物體內上演著。

鹼基的種類

鹼基				
嘌呤		嘧啶		
腺嘌呤 (A)	鳥糞嘌呤 (G)	胞嘧啶 (C)	胸腺嘧啶 (T)	尿嘧啶 (U)
核苷(DNA)	去氧腺苷	去氧鳥苷	去氧胞苷	去氧胸苷	-
核苷酸(DNA)	去氧腺苷酸	去氧鳥苷酸	去氧胞苷酸	去氧胸苷酸	-
核苷(RNA)	腺苷	鳥苷	胞苷	-	尿苷
核苷酸(RNA)	腺苷酸	鳥苷酸	胞苷酸	-	尿苷酸

DNA的構造單元

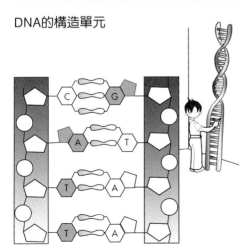

核苷酸,是由一個磷酸根、一個去氧核糖分子以及四種鹼基中的一種組合而成。鹼基配對中間靠著氫鍵鍵結。配對規則:A-T,C-G。
雙股螺旋的:以樓梯來比喻
・扶手區:由一個核苷酸的糖分子與另一個核苷酸的磷酸根分子鍵結而成。
・階梯區:鹼基間的配對形成。

2-7 蛋白質

（一）蛋白質的構造

　　細胞內約含 90% 的水，剩下的 10%，蛋白質就占了一半，是細胞中最重要且含量最豐富的巨型分子。這個巨大分子是由不同小分子胺基酸（amino acid）聚合而成。所有組成蛋白質的二十種胺基酸，其結構都是以碳原子為中心，一端接胺基（－NH_2），一端接羧基（－COOH）；一端是氫原子（H），另一端則接不同化學功能基的支鏈。

　　若一蛋白質是由 100 個胺基酸組成，那麼這個蛋白質就有 20^{100} 種不同可能的排列組合方式連結而成，而蛋白質的結構決定了它的功能。一個胺基酸的胺基與另一胺基酸的羧基，經脫水反應形成胜肽鏈（peptide bond）的共價結合。而這個胜肽鏈的羧基可以與一個胺基酸的胺基結合，依此類推而形成多胜類。這種結合的胺基酸序列稱為蛋白質的一級結構。

（二）蛋白質的四級結構

　　不同胺基酸有不同的支鏈，有些胺基酸的支鏈會互相彼此以氫鍵連結，使一級構造的直線排列產生扭曲，而形成蛋白質的二級結構。若一個巨大分子有很多不同的二級結構，這些二級結構彼此可以再互相經由厭水作用、離子鍵等等的結合，進一步扭曲摺疊形成三級結構。

　　一個長的胜肽鏈可以產生很複雜的三級結構，不同的蛋白質形成三級結構之後還可以彼此相互吸引結合，而形成四級結構，如血紅素是由四個球蛋白（兩個 α-globin 和兩個 β-globin）結合而形成四級結構。

　　不論是一級、二級、三級或四級結構，其目的都是為了形成一個穩定的結構並可以執行特殊的功能，由此可知蛋白質的結構與功能皆受制於組成胺基酸支鏈的影響。

（三）蛋白質的類型與功能

　　（1）酶（酵素）：協助破壞或合成一些生命必需物質。（2）結構性蛋白質：提供組織或細胞物理性的支撐。（3）運送蛋白質：協助攜帶小分子。（4）運動蛋白質：協助細胞或組織移動。（5）儲存蛋白質：負責儲存細胞內一些小分子。（6）訊息傳導蛋白質：將訊息於細胞間傳遞。（7）受器蛋白質：接受外來的刺激。（8）基因調節蛋白質：與DNA 結合，並調節基因的開關。（9）功能特化的蛋白質。

（四）蛋白質的結構與演化

　　分析不同蛋白質的胺基酸組成與序列可推斷蛋白質是否源自同一祖先（即同源蛋白），如肌紅蛋白與血紅素的研究即是一例。

　　由於肌紅蛋白的結構與血紅素的 α 次單元或 β 次單元的結構均非常類似，且同樣具有攜氧的功能，因此他們極可能源自一個共同祖先（一原始球蛋白）。而比較不同來源的細胞色素 c 的胺基酸序列時，例明蛋白質的結構研究對演化關係建立的重要性。

　　細胞色素 c 是粒線體電子傳遞鏈的成分之一，對細胞存活極為重要。在分析得自酵母菌到人類等 40 多種來源的細胞色素 c 時，發現雖然這些蛋白質的一級構造不盡相同，但卻有一些令人訝異的相似處。

自然界存在的二十種主要胺基酸的構造因為支鏈的不同而有所差異

構造分類	胺基酸名（簡稱）	
pH= 7.0時，有些支鏈會帶電荷	帶正電荷	Arginine(Arg)、Histidine(His)和Lysine(Lys)
	帶負電荷	Aspartic acid(Asp)和Glutamic acid(Glu)
支鏈為厭水性	Alanine(Ala)、Isoleucine(Ile)、Leucine(Leu)、Methionine(Met)、Phenylalanine(Phe)、Tryptophan(Trp)、Tyrosine(Tyr)和Valine(Val)	
其他特殊的胺基酸	Cysteine(Cys)、Glycine(Gly)和Proline(Pro)	

蛋白質的四級結構

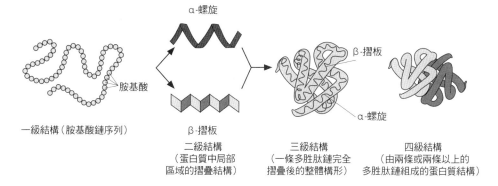

α-螺旋

胺基酸

β-摺板

β-摺板

α-螺旋

一級結構（胺基酸鏈序列）

二級結構
（蛋白質中局部
區域的摺疊結構）

三級結構
（一條多胜肽鏈完全
摺疊後的整體構形）

四級結構
（由兩條或兩條以上的
多胜肽鏈組成的蛋白質結構）

β-Lactoglobulin（LG）

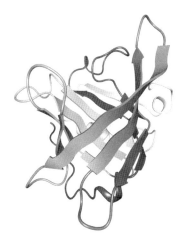

是牛乳主要蛋白之一，含量約10%，分子量約18.5kDa，LG 為 lipocalin 成員之一，二級結構上由9 個β-sheet 及1 個 α-helix 所組成。中心為疏水 性結構 (calyx)，可結合Vit A、Vit D、脂肪酸及固醇類。不似α-lactalbumin 可耐熱， LG 是牛乳中主要熱敏感蛋白，在加熱70-80 ℃之間其二級結構開始改變。[本圖為自CAN STOCK合法下載授權使用]

2-8 能量

（一）細胞與能量

活細胞的主要特徵是細胞內隨時都在進行各種能量的轉變，以供生物體之生長、運動、感應、維持生命、修補及繁殖等，細胞內各種化學反應總合稱為新陳代謝。

能量可分成動能和位能兩類，位能是指蘊含未放的潛能，必須轉化為動能才能用以作功。如：葡萄糖所含的能量為位能，氧化後放出之能變為動能。細胞內的化學反應有兩種能量變化，一為「放能反應」，有能量的釋放，這種反應通常是反應物與氧結合，或移除氫原子、電子等，是一種氧化作用；另一種為「吸能反應」，為一種還原作用，這種反應是反應物中的氧原子被除去，或是加入氫原子或電子的結果。

細胞產生能量是在粒線體中進行有氧呼吸，此過程是在粒線體經一系列的氧化磷酸化作用，將葡萄糖所含的位能氧化後轉變為 ATP 的化學能。細胞內作各種功所需的能量均賴 ATP 的化學能轉變為動能而來。

任何化學反應在啟動之前，必須獲得外加能量才能進行，此外加能量稱為活化能（activation energy）。細胞的化學反應與無生命物質的化學反應一樣需要有活化能，不同的是細胞內反應均有酵素參與，僅需少量的活化能即能進行。通常一分子葡萄糖分解，可將 38 個 ADP 分子轉變成 38 個 ATP 分子。

（二）吸能反應和放能反應

化學反應可分為吸能反應和放能反應兩大類，細胞中發生的化學反應當然也不例外。吸能反應是指反應產物分子中的位能比反應物分子中的位能多。發生這種反應時，周圍環境中的能量被吸收，儲藏在產物分子中，所吸收能量的多少等於產物與反應物之間的位能差。

光合作用是生物界最重要的吸能反應。光合作用是植物和藻類等的細胞利用含能較少的反應物（二氧化碳和水）合成含能較多的產物（糖）的過程。能量來源則是太陽光。

放能反應與吸能反應相反，其產物分子中的化學能少於反應物分子中的化學能，在反應過程中向周圍環境釋放能量。

（三）ATP 是細胞中的能量貨幣

ATP（adenosine triphosphate，三磷酸腺苷）是一種核苷酸。其分子由核糖、1 個含氮鹼基（腺嘌呤）和 3 個磷酸根組成。ATP 發生水解時，形成 ADP 並釋放一個磷酸根，同時釋放能量，而這些能量在細胞中就會被利用。肌肉收縮產生的運動、神經細胞的活動等，生物體內的其他一切活動利用的都是 ATP 水解時產生的能量。ATP 在細胞中易於再生，所以是源源不斷的能源。這種通過 ATP 的水解和合成而使放能反應所釋放的能量用於吸能反應的過程稱為 ATP 循環。

活化能示意圖

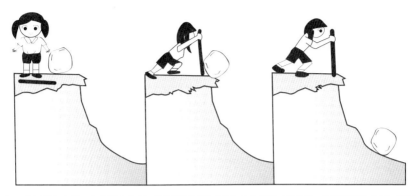

高地上的石塊如推下底部可產生巨大能量,但此能量的形成必先有人推動才能產生,此推動所需的能,就如同酶推動化學反應一般。

ATP化學式結構圖

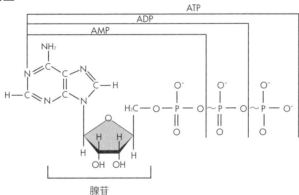

能量貨幣——ATP

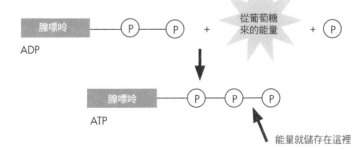

食物是肌肉活動所需能量的間接來源,在人體內經過一系列的化學反應後,食物被分解時所釋放的能量,就會被用來製造ATP,並儲存於肌肉細胞之中,當ATP被分解的時候,就能夠提供能量作肌肉活動之用了。

2-9 酶

（一）酶降低反應的活化能

酶（enzyme）又稱酵素，是一種生物催化劑（biocatalyst），絕大多數的酶都是蛋白質。它能加速生物體內化學反應的進行，但反應前後並不會發生變化。酶分子是蛋白質，每種蛋白質都有特定的三維形狀，而這種形狀就決定了酶的選擇性。酶只能識別一種或一類專一的基質，並催化專一的化學反應。所以細胞中發生的所有反應需要許多種不同的酶催化。

酶之所以能加速化學反應的進行，是因為它能降低反應的活化能。曲線 A 代表未催化，曲線 B 代表催化，催化的活化能（E'_A）比未催化的活化能（E_A）小。酶會與其基質結合，只有當基質與酶分子結合以後，才會變成產物。而酶分子中只有一個小的局部會與基質分子結合，這一小的局部就稱為酶的活性部位。

（二）影響酶活性的因素

溫度：溫度對酶的影響很大，只有在最適溫度下活性酶才最高。溫度影響分子的運動，溫度高則反應物分子的活性部位接觸多。但溫度太高，酶分子又會變性，其三維形狀會發生變化，活性也就自然被破壞了。人體內大多數酶的最適溫度為 35~40℃。

pH 值與鹽的濃度：pH 值和鹽的濃度也影響酶活性。最適合的 pH 值為 6~8，接近於中性。酸雨會使整個湖泊的 pH 變低，影響整個水體中的生物。鹽濃度太高會干擾酶分子中的某些化學鍵，從而破壞其蛋白質結構，也就是使其活性降低。

化學物質：化學物質是酶的抑制劑。抑制劑的作用是停止酶的作用或使之減慢。抑制劑有兩種類型：競爭性抑制劑和非競爭性抑制劑。抑制劑的作用可能是可逆的，也可能是不可逆的，這決定於抑制劑與酶分子之間形成的鍵是強還是弱。如果所形成的是共價鍵，那就是不可逆的；如果所形成的鍵較弱，如氫鍵，那就是可逆的。

（三）酶的抑制劑

酶的抑制是指酶催化活性的降低或完全喪失（失活）。毒害或抑制酶活性的物質叫做抑制劑（inhibitor），對抑制劑的研究可以協助了解基質的專一性。

某些殺蟲劑和抗生素就是酶的抑制劑，如：殺蟲劑馬拉松與抗生素青黴素等。殺蟲劑馬拉松（Malathion）是乙醯膽鹼酯酶的抑制劑，在馬拉松的作用下，昆蟲神經細胞對訊號的傳遞被抑制，造成昆蟲死亡。抗生素青黴素（penicillin）則會抑制細菌合成細胞壁的酶，能夠阻止病菌的增殖。

酶的作用示意圖

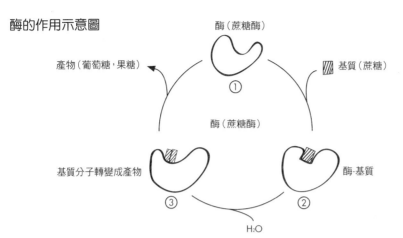

酶的抑制作用示意圖

酶能降低反應的活化能

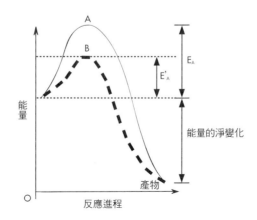

2-10 細胞學說

（一）細胞學說

虎克（Robert Hooke）是生物史上第一個看到生物體基本構造的人，也由於他的發現，引起了更多的生物學家對於生物體構造單位的興趣和重視。許來登（Matthias Schleiden）和許宛（Theodor Schwann）共同發表細胞學說，其內容為「動物體和植物體都是由細胞及細胞的衍生物所組成」。這個學說提供了一種說法來解釋生物體的基本構造及共通性，奠定了細胞學發展的基礎。

動植物基本的生命現象由各個系統（system）執行與維持，系統由各個特定功能之器官（organ）組成，各個器官由數種組織（tissues）組成，組織（tissues）由相同或類似之細胞集合而成，可以執行特定之功能，最後細胞是生物體的基本單位。

（二）細胞的概貌

支原體（mycoplasma）是最小的細胞，直徑只有 100nm，鳥類的卵細胞最大，是肉眼可見的細胞，駝鳥蛋的蛋黃大概是目前世界上最大的動物細胞（雞蛋的蛋黃也是一個細胞）。棉花和麻的纖維都是單個細胞，棉花纖維可長達 3~4cm，麻纖維甚至可長達 10cm。細胞的大小與其功能是相適應的。如神經細胞的細胞體，直徑不過 0.1mm，但從細胞伸出的神經纖維可長達 1m 以上。

一般來說，多細胞生物體積的增加不是由於細胞體積的增大，而是由於細胞數目的增多，參天大樹和矮小灌木的細胞，在大小上並無顯著差異。細胞的體積受到大自然規律的限制，最小的細胞必須能裝下維持生命和繁殖所需的 DNA、蛋白質和內部結構元件。最大的細胞必須有足夠的表面積，以便從環境中獲得足夠的營養物質和排出廢物。大細胞的表面積比小細胞的大，但是大細胞的表面積與體積比卻比小細胞的小，細胞靠表面接受外界信息和與外界交換物質，相對面積太小，這些任務就難以完成。

（三）細胞的構造

細胞的四大類胞器形成一組工作團隊，在大家協力工作下，產生了細胞的生命現象。在自然的情況下，只有活的細胞可以合成這四大類：醣類、脂類、蛋白質和核酸被視為最基礎的分子。這些分子參與了細胞的代謝和細胞的反應，建構出細胞的結構和功能。細胞內所有分子所產生的化學反應的總合即產生命現象。

小博士解說

現今的細胞學說包括三方面內容：（1）細胞是一切多細胞生物的基本結構單位，對單細胞生物來說，一個細胞就是一個個體；（2）多細胞生物的每個細胞為一個生命活動單位，執行特定的功能；（3）現存細胞藉由分裂產生新細胞。

細胞學說將植物學和動物學聯接在一起，驗證了整個生物界在結構上的統一性，以及在進化上的共同起源，使生物學朝微觀領域的發展邁進。

細胞學說發展簡史

年代	科學家	對細胞的貢獻
1671	馬爾辟基(Malpighi)	指出植物細胞內有空氣和水
1685	格魯(Grew)	出版「魚類解剖」
1781	方丹拿(Fontana)	發現魚類表皮細胞有核
1824	杜楚傑(Dutrochet)	提出細胞的假說
1831	布朗(Robert Brown)	發現蘭科植物細胞核
1835	杜嘉丁(Dujardin)	發現細胞內的原生質
1838	許來登(Matthias Schleiden)	指出植物皆由細胞構成
1839	許宛(Theodor Schwann)	指出動物皆由細胞構成
1839	許來登和許宛	發表「細胞學說」
1858	菲可(Rudolf Virchow)	細胞由親代的細胞分裂產生

細胞大小示意圖

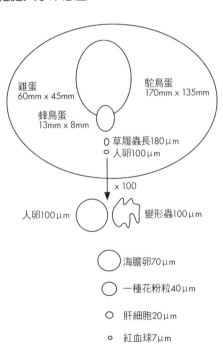

體積與面積的關係

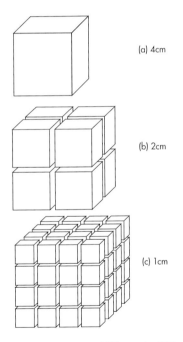

（a）表面積為96cm^2，體積為64cm^3，表面積：體積＝1.5：1；（b）表面積為192cm^2，體積為64cm^3，表面積：體積＝3：1；（c）表面積為384cm^2，體積為64cm^3，表面積：體積＝6：1。

2-11 細胞的構造

（一）細胞膜

細胞膜由磷脂質構成之脂雙層組成。膜上有用來辨識的糖類（通常含 15 個糖基以下的寡糖分支），還有一些蛋白質，有些用作運輸，如：提供疏水性通道；有些用作酵素，如有些蛋白質排列在細胞膜上以進行同一連串的代謝路徑：有些具有特殊構形用作接受位，可以接收化學訊息，如：激素。

（二）細胞質

細胞質是所有在細胞內圍繞在胞器周圍的膠質液體，是由各種大、小分子溶於水中形成，許多化學反應在此進行。

內質網：是一種由膜摺疊而成的扁平囊狀構造，遍佈在細胞質中，一端連接核膜，一端靠近細胞膜，用來協助細胞內物質的運輸。其又分粗質內質網以及平滑內質網。

1. 粗質內質網：表面附著核糖體，其功能包括將蛋白質糖基化（即糖蛋白）以形成分泌性蛋白質（如消化酶），與合成磷脂質（膜的原料）。

2. 平滑內質網，不具核糖體，其功能包括合成脂質（如：腎上腺素皮質可以發現發達的平滑內質網）、代謝糖體；對藥物與有毒物質的解毒作用（如：肝細胞內平滑內質網含有促進肝糖、藥物與部分有毒物質分解的酵素）與儲存及釋放鈣離子（肌肉細胞中的平滑內質可儲存與釋放鈣離子，以調節肌肉收縮）等。

高基氏體：膜摺疊而成的扁平囊狀構造，含有許多酵素，能修飾來自內質網的脂質或蛋白質、分類和包裝成小囊泡後，分泌至細胞外。分泌旺盛的腺細胞常有較發達的高基氏體。

溶小體：為單層膜胞器，內含有在內質網形成的水解酵素，能分解蛋白質、脂質、糖類和核酸等大分子物質，然後以囊泡的方式移至高基氏體內包裝，運往細胞質中完成消化功能。

過氧化小體：單層膜包圍的特殊代謝胞器，只存在特定的細胞中，不同細胞內的過氧化小體含有相同酵素以進行特定代謝作用。

微管：由管蛋白構成，使細胞能有固定的形狀，並能提供細胞內胞器運動的軌道。

中間絲：中間絲包含許多由角蛋白組成的蛋白質，對強化細胞形狀與固定胞器特別重要。

線體：雙膜構造，為進行細胞呼吸的場所。膜上含有由粒線體本身的核糖體與 DNA 轉譯出的膜蛋白，膜間基質有許多不同的酶，可在氧氣協助下，分解糖類、脂肪和其他物質，以產生能量分子 ATP 供生物體使用。

體：雙膜構造，為進行光合作用的場所，可將光能轉換為化學能。

（三）細胞核

細胞核內含有大部分的基因（少部分基因是存在粒線體跟中體內），其外有核膜，為雙層膜，由雙脂質與蛋白質共同構成，膜上有控制物質進出的核孔。

核中有由 DNA 和蛋白質共同組成的染色質（未濃縮纏繞的染色體形式）。而核仁則是主要在合成組成核糖體原料，合成後從核孔運輸至細胞質組合成核糖體（由 mRNA 轉譯成蛋白質的平台）。

真核細胞與原核細胞比較圖示

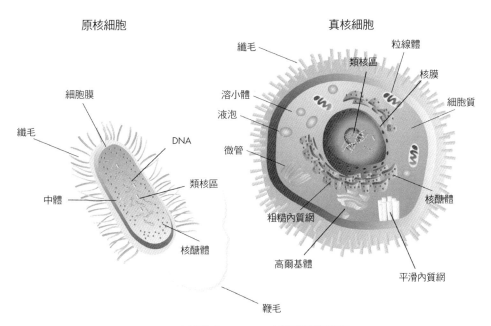

原核細胞　　　　　　　　　真核細胞

纖毛

類核區

粒線體

核膜

溶小體

液泡

細胞質

微管

核醣體

平滑內質網

高爾基體

粗糙內質網

細胞膜

纖毛

DNA

中體

類核區

核醣體

鞭毛

[本圖為自CAN STOCK合法下載授權使用]

各種形狀及功能的細胞

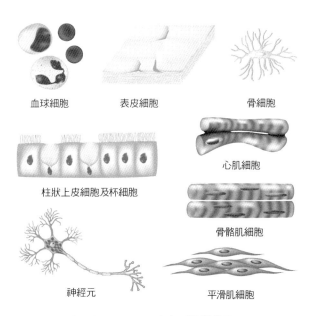

血球細胞　　　表皮細胞　　　骨細胞

柱狀上皮細胞及杯細胞

心肌細胞

骨骼肌細胞

神經元

平滑肌細胞

[本圖為自CAN STOCK合法下載授權使用]

2-12 細胞的分裂

（一）細胞週期

細胞的分裂過程有一定的程序，不但受到細胞內外的訊息所調節，並且也受到嚴密的調控分子所監視。從一次細胞分裂開始到下一次細胞分裂開始的過程，稱為細胞週期。細胞週期分為四個時期：細胞分裂期、合成前期、合成期和細胞分裂前期。

細胞在合成前期時不斷生長使得體積由小變大，到一個程度即進入合成期；在合成期，細胞開始進行去氧核醣核酸（DNA）的合成，將原本染色體複製一份；當細胞進入細胞分裂前期，細胞會繼續生長，蛋白質也在此時期合成以準備進入下一個時期，之後，細胞會檢查去氧核醣核酸的複製是否完整，以準備做有絲分裂；進入細胞分裂時期之後，細胞內的染色體會開始分裂，並由一個母細胞變成兩個子細胞，子細胞內的染色體與母細胞完全一樣，子細胞再開始進入下一個細胞週期。

（二）有絲分裂

分裂期又稱有絲分裂（mitosis）時期，因在分裂過程中有紡錘絲的出現故稱之。動物的細胞在開始分裂時，中心粒與中心體均分裂為二，各向細胞兩極移動，同時在中心體周圍出現輻射狀成星狀體，在合成前期、合成期及細胞分裂前期已完成複製的染色質逐漸濃縮，最後形成的每一個染色體均包含兩條染色分體，核仁、核膜分解，紡錘體出現於兩中心體之間，染色體即排列於紡錘體的中央，有些紡錘絲則連於染色體的著絲點上，然後各個著絲點分裂為二，最後中央部位的細胞膜向內凹陷，將細胞劃分為二。有絲分裂所需的時間受到細胞種類和環境影響而有不同，有的 15 分鐘即可完成，有的則需數小時。

介於兩次細胞分裂中間的階段稱為間期，包含合成前期、合成期及細胞分裂前期。動植物細胞的細胞週期大約 20 小時左右，其中間期占的時間比較長，約需 18 ~19 小時，此時期最重要的變化為去氧核醣核酸的複製。

身體內所有的細胞都處於細胞週期的某個時期，如完全分化的神經細胞或心肌細胞合成前期變得非常長，這段延長的合成前期稱為靜止期，也就是說它們已經離開分裂週期。另一方面，如骨髓細胞或腸道黏膜則幾乎持續地處於週期性的過程。

（三）減數分裂

減數分裂（meiosis）發生在有性生殖中，減數分裂會將染色體的數目，由二倍體減為單倍體，再經由受精作用恢復成二倍體。減數分裂的過程與有絲分裂有些是相同的，都要進行一次複製，接著進行兩次細胞分裂，成為減數分裂 I 與減數分裂 II，最後產生四個子細胞，所含染色體為母細胞的一半。

細胞生長的四個狀態

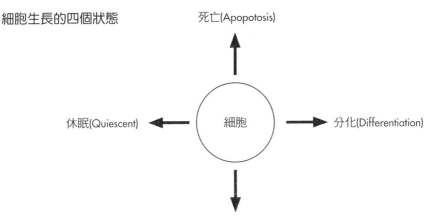

一個真核生物細胞生長的命運,不外乎就是生長、分化、休眠或死亡四大狀態。在環境好的時候進行生長,必要的時候進行分化,環境差的時候進行休眠甚至死亡,四種狀態不會同時發生而是分段進行。

人類白血球細胞的細胞週期

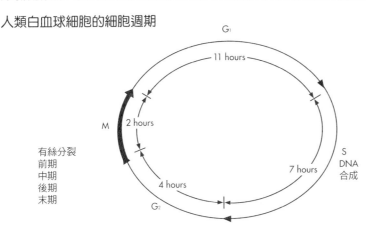

在開始時停留在G0期,一旦接受到外界指令時,進入G1期,可決定細胞是否進行生長分裂,一旦條件適合,接下來會進行DNA合成(S期),開始製造細胞分裂所需材料,直到進入染色體有絲分裂之前,稱G2期,在M phase時細胞會進行分裂。間期是細胞不分裂時期,包含G1、S、G2。

有絲分裂與減數分裂比較表

有絲分裂	減數分裂
1. 分裂一次。	1. 分裂兩次。
2. 沒有基因交換。	2. 有基因交換。
3. 產生兩個細胞。	3. 產生四個細胞。
4. 兩個細胞,和母細胞的基因完全一樣。	4. 基因數減半,且彼此間有差異。
5. 分裂後的細胞可以再繼續進行有絲分裂。	5. 無法再繼續進行分裂。

2-13 **細胞的通訊**

（一）神經傳遞物質

人體透過各式各樣的神經傳遞物質，感覺到高興、悲傷、難過等情緒，透過這些化學物質的傳遞，也能使我們執行說話、舉手、跳躍等各種動作，甚至影響我們的睡眠、記憶、注意力或是學習等等。

神經傳遞物質和疾病也有密切的關係，如腦部缺乏多巴胺就會產生巴金森症，但若是腦內的多巴胺過多也會造成精神分裂症，因此所有的神經傳遞物質必須受到嚴密的調控作用加以管制，才能使人體達到平衡以及健康的狀態。

許多神經傳遞物質是小分子的有機物，如乙醯膽鹼、生物性胺類（腎上腺素、正腎上腺素、血清素、多巴胺）、多肽類（腦內啡）、氣體（一氧化氮）。神經傳導物質對於神經元的刺激為興奮性或是抑制性，完全取決於受器的種類而定。

（二）細胞的訊息傳遞路徑

細胞膜上有許多不同的受體，負責接收各種不同的訊號，但有一類是負責將受體接收的訊息轉成內部的調節訊息，使細胞核內知道外界的訊息，此過程叫訊息傳遞路徑。負責細胞生長控制的傳訊若出了問題，就有可能形成癌細胞。

Grb2（growth factor receptor-binding protein-2）蛋白質，是訊息傳遞路徑的起始點。首先細胞外的生長因子（GFs）與膜外的酪氨酸激酶蛋白（PTKs）結合，活化了酪氨酸酶（tyrosine kinases）而產生了自體磷酸化，因為在 PTKs 上的酪氨酸自體磷酸化部位與 Grb2-SH2 domain 的高親和力很強，接著產生了一個訊號傳遞使正常 Ras 的調控因子 Grb2/Sem-5 的 SH2 domain 與 pTyr 結合。

Ras protein（GTP-binding protein）是一種小分子 G 蛋白質，由 ras 基因（一種致癌基因）所產生，位於細胞膜內層，它的功用是將訊息由細胞膜傳到細胞核內。

（三）G 蛋白質

G 蛋白質（G protein）在神經訊息傳導的過程中，扮演著很重要的角色。

和 Gs protein 相關的受體所導致的訊息傳遞，會使 adenylate cyclase 被活化，它被活化後，會使 ATP 被轉變成 cAMP；當 cAMP 濃度上升時，會引起 PKA（protein kinase A）活化，再進一步磷酸化某些重要的酵素。

小博士 解說

生命與非生命物質最顯著的區別在於，生命是一個完整的、自然的訊息處理系統。一方面生物訊息系統的存在，使生物得以適應其內、外部環境的變化，維持個體的生存；另一方面訊息物質如核酸和蛋白質，在不同世代間傳遞維持了種族的延續。生命現象是訊息在同一或不同時空傳遞的現象，生命的進化實質上就是訊息系統的進化。

突觸

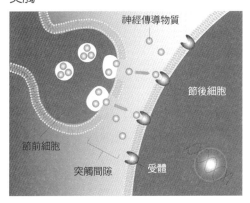

突觸內含有常見的胞器,如粒線體和突觸小泡(synaptic vesicle),其內有神經傳導物質,如乙醯膽鹼(acetylcholine; ACh)、腎上腺素(epinephrine; Epi)或正腎上腺素(norepinephrine; NE)等。神經元之間的訊息傳遞主要靠化學反應完成。[本圖為自CAN STOCK合法下載授權使用]

神經傳遞物質

腦內神經傳遞物質,主要分為三大類:多巴胺、血清素、腎上腺素,各自影響到情緒、性格、生長與運動表現種種現象。

G蛋白傳送
受體訊號的過程

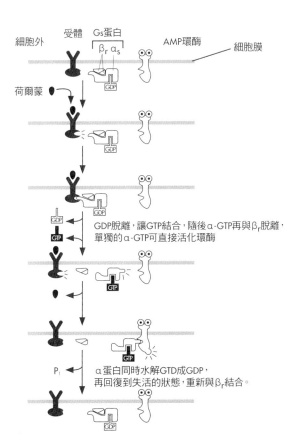

GDP脫離,讓GTP結合,隨後α-GTP再與βr脫離,單獨的α-GTP可直接活化環酶

α蛋白同時水解GTD成GDP,再回復到失活的狀態,重新與βr結合。

2-14 細胞的呼吸

（一）呼吸作用機轉

　　生物體吸收氧後把養料分解成 H_2O 與 CO_2 釋放出去，同時把氧化作用所釋出的能量，經由氧化磷酸化的作用，儲存在高能量的 ATP 分子上；這就是所謂的呼吸作用。呼吸作用提供的 ATP 是許多酶素的作用所需能量的來源。

　　有兩種方式來簡單地測量呼吸作用，一是測量氧氣的吸收，二是測量二氧化碳的釋放。若同時測定兩種氣體的交換量，則可以將二氧化碳釋放量除以氧氣吸收量，可以得到呼吸商（respiratory quotient，RQ）。

　　在氧氣沒有限制的情況下，由呼吸商的大小，可以推測呼吸作用基質的大概。如以脂質為呼吸基質，則 $RQ < 1$，以澱粉為基質，則 ≒ 1。$RQ > 1$ 表示種子在進行某種程度的無氧呼吸。

　　由於種子含有各種成份，在發芽初期，種子內的氧氣又常不足，因此測定的 RQ 值是綜合的表現，不一定能根據 RQ 值正確地推測呼吸作用實際所消耗的基質。

　　呼吸作用主要的生化途徑為醣解作用以及檸檬酸循環；磷酸五碳糖路線（PPP）是另一個消耗葡萄醣的重要生化途徑。醣解作用是在細胞質內將一個六碳的葡萄糖轉化成兩個雙碳的丙酮酸，同時釋出兩個 CO_2。

　　磷酸五碳糖路線則是將含有磷酸根的葡萄糖（G-6-P）經由脫氫酶 G-6-P DH 以及 6-PG（6-phosphogluconate） DH 的作用，釋出一個 CO_2，並形成兩個 NADPH，所剩下的五碳酸則進入各種合成、代謝路徑。還原態的 NADPH 可以提供一些大分子，特別是脂肪酸合成所需的能量。五碳酸等中間產物則是核酸或木質素等的基本成分，對於新細胞的形成有所助益，因此 PPP 對於成長中的分生組織而言是相當重要的。

（二）發酵作用

　　若為無氧呼吸（即發酵），則醣解作用會產生乙醇或乳酸，而每分子的葡萄糖只能產生兩個 ATP。在有氧狀態下，兩個丙酮酸進入粒線體，轉化成兩個乙醯輔酶 A（acetyl-CoA），然後經由檸檬酸循環完全氧化，化成 CO_2 及 H_2O 各兩個。Acetyl-CoA 進入檸檬酸循環後經過一連串的氧化還原作用，先將碳鍵上的能量儲存在還原態的 NADH，NADH 的能量經由粒線體內膜上的一連串的電子傳遞鏈（由細胞色素）組成，轉移給 ADP 形成 ATP，自己再氧化成 NAD；最後一個細胞色素氧化酶將電子及氫離子轉給氧，形成水分子。

小博士 解說

影響呼吸作用的因素有溫度、氧氣、二氧化碳濃度、含水量等，其中主要是溫度。呼吸作用在最適溫度（25℃-35℃）時最強；超過最適溫度，呼吸酶活性降低甚至變性，呼吸作用受抑制；低於最適溫度，酶活性下降，呼吸作用受抑制。農作物生產上常利用這一原理在低溫下儲存蔬菜、水果。適當降溫，抑制呼吸作用，減少有機物的消耗，可達到提高產量的目的。

呼吸作用示意圖

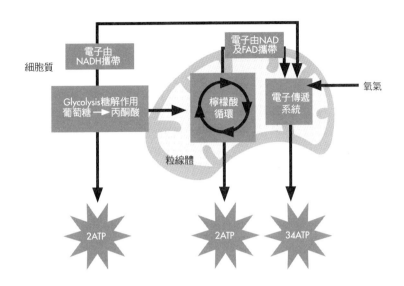

乳酸酵解示意圖

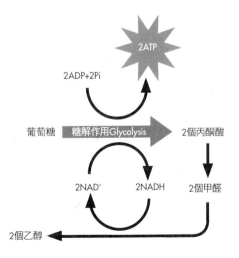

酒精酵解示意圖

2-15 光合作用

（一）葉綠素

光合作用是綠色植物在葉綠體內利用植物色素將光能轉變為化學能，再利用此能量將二氧化碳與水，轉變為葡萄糖與氧氣的能量轉換作用。

在高等綠色植物中與光合作用有關的色素為葉綠素 a、葉綠素 b、類胡蘿蔔素及葉黃素等，其中葉綠素 a 為主要進行光反應的色素，故又稱主色素，其餘色素則可吸收光能傳遞給葉綠素 a 進行光反應，故葉綠素 b、類胡蘿蔔素及葉黃素等色素又稱輔助色素。

（二）光合作用的基轉

光合作用包含光反應及暗反應，前者必須在有光的情形下，在葉綠餅內進行，形成 ATP 及 NADPH。後者則無需光的存在，在基質中進行，可藉一系列酵素所促進的反應，將 CO_2 轉變為醣類。

光反應：當葉綠素吸收光能後，葉綠素分子便呈現激動的高能狀態，很容易放出電子。當放出電子的同時，也促進水分子分解而產生氧、質子（H^+）及電子（e^-）。葉綠素接受水分子來的電子而恢復原來的非激動狀態，以便再吸收光能。由葉綠素放出的電子，經一連串的電子傳遞，即電子從高能介質向較低能的介質傳遞。利用電子傳遞過程所釋出的能量，以合成 ATP。最後電子便由氧化性輔酶（$NADP^+$）接受，形成還原性輔酶（$NADPH^+$）和 H^+。因為輔酶的還原作用是吸熱反應，故反應產物、還原性輔酶亦為高能物質。光反應的結果，是將光能轉化為可資利用的化學能，儲存於 ATP 和還原性輔酶的分子中。光反應從葉綠素吸收光能，到電子傳遞釋放能量，都是在葉綠體的囊狀膜中進行。

暗反應：在葉綠體的基質中進行。經由酵素的催化每分子二氧化碳，會與一分子五碳糖作用，而產生兩分子甘油酸。光反應所產生的還原性輔酶（NADPH）和 ATP，可協助甘油酸轉化為三碳糖。大部分三碳糖再轉化為五碳糖，以便再用於固定二氧化碳。少部分三碳糖則相結合而成為葡萄糖，此為光合作用的最終產物。

（三）細菌的光合作用

能夠行光合作用的細菌稱為 cynobacteria，這種細菌體內有某種蛋白質可以吸收光，而光是一種電磁波，也是一種能量。所以當一個分子吸收光能之後，這個光子可以激發電子，讓電子從一個基態跳到另一個激態。當此電子由激態回到基態時，能量就會釋放出來。這是一個最基本的光合作用的機制。

細菌體內是利用硫化氫作為電子的接受者，所以光合作用剛出現時，地球上並沒有氧，這個過程中並沒有牽涉到氧的存在。

葉綠素a、葉綠素b及類胡蘿蔔素的吸收光譜

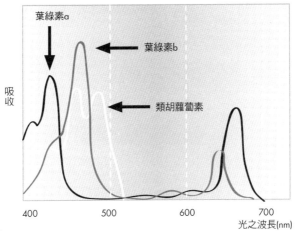

光合作用示意圖

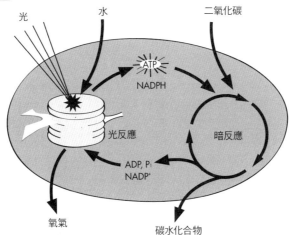

環境因素對光合作用的綜合影響

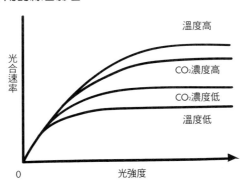

第3章
動物

　　動物的種類繁多，形態各異。從原始的簡單動物到高級的複雜動物，其構造與功能越趨複雜。在多細胞動物由分化的細胞組成組織，乃至於器官，以完成循環、神經控制、生殖、運動等功能。

3-1　動物的結構

3-2　動物的分類

3-3　神經系統

3-4　循環系統

3-5　動物的生殖

3-6　動物的發育

3-7　動物的行為

3-8　動物的運動

3-9　嗅覺與味覺

3-10　視覺

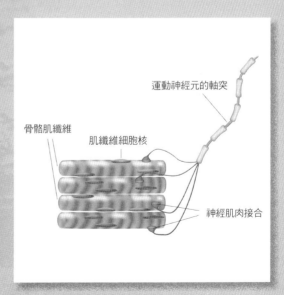

運動神經元的軸突

骨骼肌纖維

肌纖維細胞核

神經肌肉接合

每個運動單位由一個運動神經元及其所支配的肌纖維所構成。
[本圖為自CAN STOCK合法下載授權使用]

3-1 動物的結構

（一）體腔

動物演化由簡單趨向複雜，最簡單的動物如：海綿、水母；複雜者如：人。

一開始必須先將細胞結合在一起才能成為多細胞生物，而最早期的多細胞生物大多為圓形；聚集在一起的細胞開始分化後才能產生不同的功能，使細胞間能協調運作。

在演化的過程中，適合環境的性狀會被保存下來，不合適的則被淘汰。如多細胞生物從輻射對稱的體型演化成扁平雙層的體型後，開始有了內外的區隔，在外部的細胞其作用為保護與感覺，防止外力的傷害，稱外胚層（ectoderm）；內層細胞作用為吞噬、消化和運動，稱內胚層（endoderm），這些都是早期多細胞生物的特徵之一。

在早期動物的演化中，生物體只有一開口，此開口扮演一雙重角色，一方面吞噬，一方面排泄，口與肛門位於同一處。之後，多細胞生物亦開始演化出具有獵食、神經及運動等功能，早期動物的體型也漸漸開始具備現今動物各種特徵之雛型。

多細胞生物從雙層細胞演化至三層細胞，此為一非常重要的步驟，外胚層與內胚層中間開始出現中胚層細胞（mesoderm），中胚層的出現使體型產生巨大變化。具雙層的多細胞生物因其消化道與外界相通，故不具有體腔。而中胚層發生後，開始形成一體腔，有此體腔後，多細胞生物的體軀具備較大的空間來發展，增加了變化的可能性。

（二）脊索

脊索動物以脊椎動物為最主要，常見的脊椎動物有五大類，分別為魚類、兩生（棲）類、爬蟲類、鳥類及哺乳類。由化石出現的時間序列，顯示脊椎動物主要由水棲的魚類演變到水陸兩棲的兩生類，再演變到真正爬上了陸地的爬蟲類，再到飛上天的鳥類及會照顧胎兒的哺乳類。

魚類：有鰭，用鰓呼吸，生活在水中。根據骨骼特徵大略分為軟骨魚及硬骨魚二大類。

兩生類：一般兩生類的幼體（如：蝌蚪）生活在水中，用鰓呼吸；成體則生活於陸地，用肺呼吸。成體雖生活於陸地，但牠們的皮膚薄而溼潤，無法有效防止體內水分的散失，所以兩生類多生活在潮溼的地方。

爬蟲類：所有的爬蟲類體表都有鱗片或骨板，這些覆蓋在體表的構造，可以防止體內水分的散失，因此，爬蟲類能生活於乾燥的陸地環境。

鳥類：鳥類的前肢變形為翼，用以飛翔；身體表面覆有羽毛，有保溫及協助飛翔的功能。鳥類在適應飛翔方面，尚有其他的特徵，如骨骼中空、堅實而質輕，故能減輕體重。鳥類的肺延伸出許多氣囊，這些氣囊分布於頸部、胸部和腹部，甚至於骨中。氣囊除協助呼吸外，也能減輕比重，以利飛行。

哺乳類：哺乳類的體表有毛，具保溫的作用。母體會分泌乳汁以餵哺幼兒。根據生殖的情形，哺乳動物可分為卵生動物、有袋動物和胎生動物三類。

脊椎動物成體結構與胚層的關係

胚胎的胚層	脊椎動物成體結構
外胚層	皮膚的表皮，口腔和直腸的表皮，神經系統
中胚層	骨骼，肌肉組織，皮膚的真皮，循環系統，排泄系統，生殖系統，包括大多數的上皮輪廓，呼吸和消化系統的外層
內胚層	消化道和呼吸道的上皮輪廓，與這些系統有關的淋巴腺，膀胱的表皮輪廓

無體腔動物

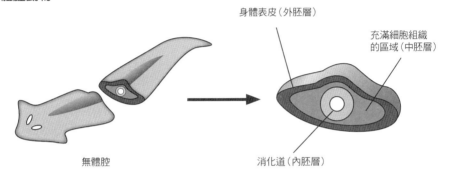

身體表皮（外胚層）

充滿細胞組織的區域（中胚層）

無體腔

消化道（內胚層）

有些動物是「無體腔的」，身體表皮與裡面的器官之間沒有空隙或腔室；相反地，在表皮與消化道之間，是實心的中胚層細胞網絡。

脊索動物

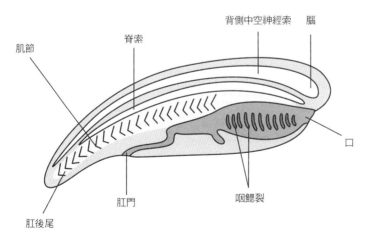

背側中空神經索　腦

肌節

脊索

口

肛門

咽鰓裂

肛後尾

脊索動物在消化管的背側有一脊索；有管狀的中央神經索，縱走於脊索的背側；咽頭壁有若干對鰓裂，通於外界。

3-2 **動物的分類**

（一）動物的特徵

動物最早源自於前寒武紀的海洋中，以多細胞生物的形態直接攝取他種生物為生。動物最早群居於海洋，後遷至淡水，最後才登上陸地。

動物均具有以下的特徵

1. 動物是異營性的多細胞真核生物。

2. 動物以肝醣的形式儲存碳水化合物。

3. 動物細胞缺乏細胞壁，但細胞間有緊密連結、胞小體及間隙連結。

4. 具特有的神經及肌肉組織。

5. 生命歷程中，大部分行有性生殖。

（二）動物的演化

動物是單一演化系統，演化期間有四個重要分支點，原生動物的祖先可能是襟鞭毛蟲多細胞動物。

演化期間的四個重要分支點：

1. 側生動物和真後生動物：多孔動物門，舊稱為海綿動物門，其無真正的組織分化，自成一支。

2. 輻射對稱動物和兩側對稱動物：根據個體的對稱性分為兩支。輻射對稱的動物個體沒有頭、尾或左、右之分，只有頂端、底部或是口端、反口端之分，如：刺胞動物門，舊稱腔腸動物門。輻射動物因只有外胚層及內胚層，也稱為雙胚層動物。其他均屬兩側動物，兩側動物有背面、腹面、前端、後端及左、右之分，也開始具有頭化現象。兩側動物除了內、外胚層外，還有中胚層，故又稱為三胚層動物。

3. 無體腔動物和真體腔動物。三胚層動物的體壁和消化道之間，不具空腔或不具血管循環系統，稱為無體腔動物，如：扁形動物。真體腔動物在其體腔發育過程中，體腔內壁若完全由中胚層覆蓋，稱為假體腔（pseudocoelom），如：輪蟲（輪形動物門），線蟲（線蟲動物門）等，稱為假體腔動物（pseudocoelomates），其體腔位於中胚層與內胚層之間。真體腔動物在充滿體液的體腔中，完全由中胚層發育來的內皮，作為襯囊，利用繫膜得以支撐或懸掛內部器官。

4. 原口動物和後口動物。軟體動物門、環節動物門和節肢動物門等代表原口動物，而棘皮動物門和脊皮動物門則代表後口動物。

（三）分類方法

形態分類法：以形態學作為分類的基礎，從宏觀的角度判斷物種間的類緣關係。

寄生蟲分類法：用寄生蟲與寄主間的關係，來判斷屬種間的親疏關係。

數值分類法：以物種的計數形質、計量形質、也可加入基因序列分子形質等，經由統計方法，得到各種演化樹，以分析物種間的親緣關係。

分子生物分類法：將生物化學、遺傳學、免疫學等引入分類學，即對某些物種在分子或接近分子的水平上進行分類。

免疫分類法：用免疫學的方法，即抗原與抗體的特異性血清反應，來分析免疫交叉物的結構和特性，藉以比較物種間的親疏關係。

動物的演化樹

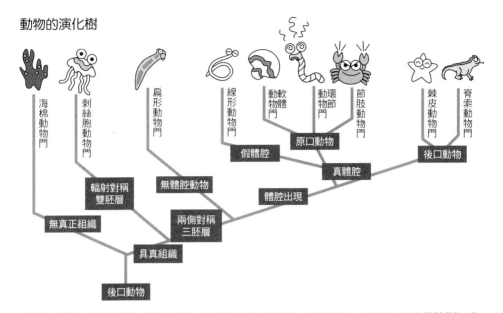

海棉動物門　刺絲胞動物門　扁形動物門　線形動物門　軟體動物門　環節動物門　節肢動物門　棘皮動物門　脊索動物門

假體腔　原口動物　後口動物

輻射對稱雙胚層　無體腔動物　真體腔

無真正組織　兩側對稱三胚層　體腔出現

具真組織

後口動物

演化的分歧點：(1) 側生動物、真後生動物；(2) 輻射動物–兩側動物；(3) 雙胚層 - 三胚層；(4) 無體腔動物、真體腔動物；(5) 原口動物 - 後口動物。

動物重要的分類特徵

對稱的形式	對稱、 射對稱、 側對稱
頭化現象	
消化道	完全、完全
體腔	無體腔動物、假體腔、真體腔
身體分節	

分子生物技術應用於動物系統分類

免疫學	基於血緣關係近者，蛋白質之抗體反應會較強之原理，用免疫之方法來研究動物的系統分類。
巨分子	由單向到雙向將不同電性及大小的蛋白質或酵素之分子分離，經由組織染色或螢光法予以顯現。由於電泳圖常有種之特異性，且隨親緣關係之遠近成正比。
蛋白質或核酸之序列	比較不同種之同源DNA或RNA上鹼基數之差異來表示突變的數目或遺傳的距離。
DNA雜合	把DNA純化後，打斷成500 bp之長度，放入100℃把兩股分開。將其中一種生物之DNA（單股）標上同位素（探針），去與另一種生物的單股混合，然後逐漸冷卻癒合（混股），看癒合的比例來推算遺傳距離。
粒線體 DNA（mt-DNA）	高等動物之mtDNA為雙股封閉的環狀分子，約有 16,000個 base pair，包含 13個蛋白質 gene，22個 tRNA gene，兩個 rRNA gene 和一個含 Displacement loop（D-loop）的控制區。mtDNA 具有分子小，簡單，演化快速，種間差異大，族群內穩定性高，母系遺傳及遺傳性狀數目多
聚合酶鍊鎖反應	可利用預先設計保存的引子（primers），3～4小時在試管內可大量複製出上百萬倍動物特定 mtDNA 片斷。

3-3 神經系統

（一）神經系統的演化

動物與植物不一樣的的地方就在於動物具有神經系統，而植物沒有。動物從多細胞生物開始就有神經系統，用以協調或傳達細胞間的交互作用。

較原始的無脊椎動物，其身體為輻射對稱，神經元遍布整個身體，形成神經網，稱為網狀神經或是散漫神經。其神經並沒有集中在一起形成神經節或是大腦等中樞神經系統以掌控整個神經網絡。

大部分的兩側對稱生物出現頭部化（感覺器官聚集在頭端）及中央化（出現中樞神經系統）兩種特徵。

相對地，較高等的脊椎動物，是利用神經細胞由突觸釋放出的神經傳遞物質，將神經衝動往下一個神經元傳遞，其傳遞是利用各種各樣不同的化學物質。

（二）神經系統的構造與銜接

神經細胞具有非常長的神經纖維，稱之為軸突，而在細胞本體周邊像樹狀的突起短纖維，則稱之樹突。但有些神經細胞的樹突也可以形成很長的神經纖維。神經元的構造主要就是由細胞本體、軸突以及樹突三者所構成的。

細胞本體負責將由樹突接收的所有訊息整合，藉由另一端的軸突將訊息再傳送到下一個細胞。神經衝動的傳導是具有方向性的，是身體裡面的有線傳遞系統，其傳遞神經衝動的方式不像內分泌系統將化學物質釋放出去，再透過血液運送到標的器官而產生作用；是靠著軸突末端的突觸直接在它要作用的下一個細胞前面，由突觸釋放出化學物質，藉以命令下一個標的細胞要加強還是抑制興奮感。

（三）神經訊息的傳遞

神經訊息的傳遞是在接收化學訊號後再轉換為電位能，軸突細胞膜內面帶比較多的負電，以微電極測量細胞膜內外差大約為達 -70 mV ，也就是膜內比膜外帶較多的負電。

當神經細胞靜止沒受到刺激時，鈉離子與鉀離子通道均呈現關閉狀態，使靜止膜電位維持在 -70 mV。一旦神經細胞受到刺激時，一些鈉離子通道打開，鈉離子隨即流入細胞內，當膜外電位接近 -20 mV 時，就到達發射點，一到閾值馬上產生動作電位。當動作電位到達 +30mV 後，動作電位一定要馬上降回來才可以完成一個循環，鈉離子通道會關閉且無法活化，同時鉀離子通道開啟，使鉀離子大量從細胞內往外衝，造成再極化作用。

神經細胞的軸突末端稱為突觸，而神經元與神經元接觸之處稱為突觸間隙，神經元之間的訊息傳遞主要靠化學反應完成。

當一神經衝動由該神經傳導至軸突末梢時，引發軸突末梢內的突觸小囊泡釋放神經傳遞物質，引發下一個神經元的樹突接收此化學訊息，並開啟其神經衝動。

小博士 解說

一般常見的神經傳遞物質包括乙醯膽鹼、正腎上腺素等，神經細胞之間便是透過這些神經傳遞物質以傳達不同訊息命令的。

丘腦

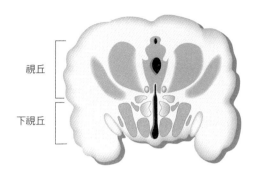

視丘

下視丘

丘腦接收感官訊息並將其傳達至腦皮層。腦皮層也會將訊息傳到丘腦,隨後由其將訊息傳到腦部的其他區域以及脊椎。下視丘位於腦的底部,是由幾個不同的區域所組成的。其大小猶如一粒豆子(大約是腦部重量的1/300),不過卻負責了一些十分重要的行為功能。其重要的功能之一便是控制體溫。下視丘就像溫度計一樣的感應人體體溫,然後送出需要調整體溫的訊息。例如,假如下視丘偵測出你的體溫太高,便會發出訊息讓你的皮膚上擴張毛孔。這樣便能使血液更快的冷卻下來。下視丘也同時控制垂體。[本圖為自CAN STOCK合法下載授權使用]

神經元

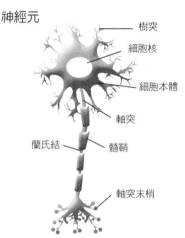

樹突
細胞核
細胞本體
軸突
蘭氏結
髓鞘
軸突末梢

神經元就是神經細胞,具有傳導神經訊號的功能。脊椎動物的神經元可分為感覺、運動、聯絡三大類,除細胞本體外,神經元還有特殊的樹突 (dendrites) 與軸突 (axon) 兩種結構,樹突接受神經訊息並經由軸突將神經訊息傳導致下一個神經元。軸突外面有髓鞘包裹,具有絕緣作用,其在傳遞時基本上不能受到旁邊的影響,所以通常是屬於神經細胞非常集中的地區,因此在腦內其神經的軸突通常都有髓鞘包圍起來,訊號傳遞到下一個細胞的速度非常快。

神經的外面的髓鞘是由許旺氏細胞將其包裹形成的絕緣區,它的離子的跳動、流動,神經衝動從此處跳到另一處,而蘭氏結則為沒有髓鞘包裹之處。[本圖為自CAN STOCK合法下載授權使用]

神經元分類

多極神經元

運動神經元　　錐體神經元　　　蒲金埃氏細胞

樹突
樹突
軸突
軸突

雙極神經元

視覺神經元　嗅覺神經元

樹突
軸突

單極神經元

觸覺及疼痛感覺神經元

樹突　軸突

無軸突神經元

樹突

有4 微米 (micron)而最大的神經元可高達100 微米寬。神經元分類的方法是依據源自神經元細胞本體(soma)的突起數目。雙極神經元的細胞本體展延出兩個突起;多極神經元有許多源於細胞本體的突起,其中只有一個是軸突。[本圖為自CAN STOCK合法下載授權使用]

3-4 循環系統

（一）心臟循環系統的演化

早期的動物大多為開放性的循環系統，如：魚類。魚類的心臟為一心房一心室，當心室開始收縮時，血液流到鰓的部分進行氣體交換，再將氧氣送至各處細胞，缺點是心室的收縮力量不足，血液流動的速度緩慢，造成氧氣運送效率不佳，這也是魚類之所以為冷血動物的原因之一。

在兩棲類中，心臟慢慢開始演化為一心室兩心房，心室將血液打至肺部進行氣體交換，得到氧氣的血液再流回心房從心室再度送出，只是心室並無分割，使得缺氧血與含氧血混合一起，以致氧氣的運用效率仍然不佳。

到哺乳類時，心臟分為兩心房兩心室，缺氧血與含氧血可以完全分離，大大加強氧氣的利用效率。心臟可視為兩個唧筒所組成，左右兩邊扮演不同的角色。靜脈血經過右心房及右心室後打出，至肺臟進行氣體交換，含有氧氣的血液再送回左心房及左心室後，運送至全身。

（二）心跳

心臟外表有一條環繞心臟的冠狀溝，形成心房與心室外觀上的界溝，其後方膨大為冠狀竇，負責收集心臟本身的靜脈血液後匯入右心房。

心跳的律動是由右心房的竇房結（SA node）來負責節律，傳導經由房室結（AV node）、希氏束（His bundle），把電刺激經由心房傳到心室，最後引發心臟肌肉一致性的收縮，以維持正常的血壓，供給身體所需之血液。

（三）血液的組成

血液是心臟和血管系統中循環流動的液體，由血漿和血細胞組成，血漿約佔全血的 55%。其中水占 91~92%，蛋白質及其他物質占 7~9%，包括血漿蛋白 （白蛋白、球蛋白、纖維蛋白原）、糖、脂肪、膽固醇、含氮代謝產物（如非蛋白氮，尿酸、肌酐）、各種無機鹽離子（如鉀、鈉、鈣等）、激素、酶、以及抗體、抗毒素、溶菌素等。

血漿白蛋白具有結合其他物質的能力，如可以結合正常的代謝產物，像是長鏈脂肪酸、類固醇、膽紅素和很多外來的非生物物質，如：藥物和染料等，還能非專一地結合數種激素，因此它是重要的運輸蛋白質。

紅血球是血液中數量最多的一種血球，同時也是脊椎動物體內通過血液運送氧氣的最主要的媒介。白血球是防衛身體免於感染的數種血球細胞的統稱。在血循環和組織中數以百萬計，能吞噬異物和產生抗體，以幫助機體防禦感染。成熟型白血球可分 5 種：嗜中性白血球、嗜鹼性白血球、嗜酸性白血球、單核球與巨噬細胞、淋巴球。血小板則是一種無核的細胞碎片，功能包括：形狀改變、黏附、聚集等功能，是骨髓中成熟巨核細胞胞質裂解脫落下來的胞質。

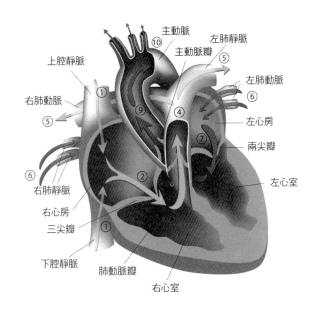

上腔靜脈
右肺動脈
⑤
⑥
右肺靜脈
右心房
三尖瓣
下腔靜脈
主動脈
⑩
主動脈瓣
左肺靜脈
⑤
左肺動脈
⑥
左心房
兩尖瓣
左心室
肺動脈瓣
右心室

心臟可以區分為左心房、左心室與右心房、右心室，心臟的收縮便是由右心房上竇房結(SA node)產生每分鐘大約60次的微小電脈衝訊所控制。右心房接受上下腔靜脈的含氧量低的靜脈血。心臟收縮泵出右心室中的血液後舒張，會造成右心室（左心房和左心室一樣）負壓，使得右心房的血液通過三尖瓣流入右心室。這些血液在然後在心臟收縮的時候被射到肺動脈，進入肺循環。肺動脈瓣會防止血液倒流。在肺進行過氣體交換後，含氧量高的血液會順著肺靜脈流到左心房。然後經過二尖瓣流入左心室。左心室內的血液會在心臟收縮時被射到主動脈，進入體循環。[本圖為自CAN STOCK合法下載授權使用]

血液的組成

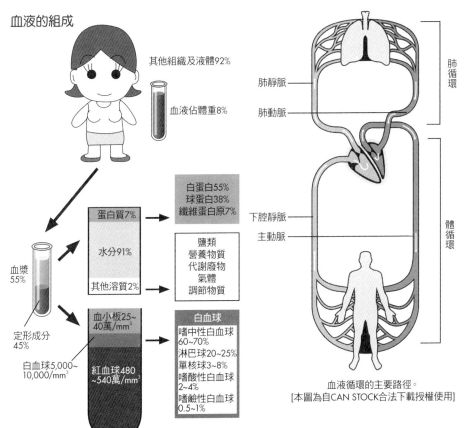

其他組織及液體92%

血液佔體重8%

血漿55%

蛋白質7%

白蛋白55%
球蛋白38%
纖維蛋白原7%

水分91%

鹽類
營養物質
代謝廢物
氣體
調節物質

其他溶質2%

定形成分45%

血小板25~40萬/mm³

白血球
嗜中性白血球60~70%
淋巴球20~25%
單核球3~8%
嗜酸性白血球2~4%
嗜鹼性白血球0.5~1%

白血球5,000~10,000/mm³

紅血球480~540萬/mm³

肺循環
肺靜脈
肺動脈
體循環
下腔靜脈
主動脈

血液循環的主要路徑。
[本圖為自CAN STOCK合法下載授權使用]

3-5 動物的生殖

（一）動物的生殖方式

　　動物的生殖方式包含無性生殖與有性生殖，無性生殖包括出芽生殖、分裂生殖、裂片生殖，以及由未受精卵發育為成體的孤雌生殖等。

　　許多無脊椎動物以無性生殖的方式使得個體數增加。生命史上原始的生命生殖方式屬於無性生殖，有性生殖是後期才產生的生殖方式。

　　無性生殖的優點在於只要單個生物個體即能完成生殖，可以在短時間內高效率的產生大量子代，迅速又準確，並且在合適的棲息環境中能快速形成群集。因此無性生殖的成本是相對較低的，無需消耗高能量。然而，無性生殖的缺點則在於產生的遺傳變異少，因此演化速率較慢。

　　有性生殖的生殖方式，需要產生雌、雄性別分化，生殖時需要分別來自雌性、雄性親代的單倍體配子，即卵子和精子，結合為兩倍體合子，也就是受經卵，之後再開始其胚胎發育。有性生殖除了需要來自於雌、雄性的配子之外，為了讓配子完成受精，還需要有交配等生殖行為的配合，分為體外受精和體內受精兩種形式。

　　體外受精……（補字）體內受精則是雄體把精子釋放在雌體的生殖道或者是其附近，精子再經由游泳的方式與卵子結合。

　　體內受精尤其需要雌雄相互協調，交配才能成功。構造上不可或缺的是精確的生殖系統——雄性交配器官與雌性儲存容器和輸送管道。

（二）動物的性別

　　決定動物性別的染色體其基礎相當簡潔，可分為四大類型。其中，人類等哺乳動物的性別決定染色體基礎屬於 XY 型，即性染色體分為 X 與 Y 兩種，XX 配對為雌性，而 XY 配對為雄性。

　　人類的胚胎在受精卵產生的初始時期是「無性別」的，具有 Y 染色體的受精卵其未分化的性腺受 TDF（睪丸決定因子）影響，因此發育為雄性性腺，不受 TDF 影響的 XX 配對受精卵則發育為雌性。

　　Y 染色體上有性別決定區（SRY），SRY 基因可以製造 TDF，TDF 會命令胚胎產生睪丸等雄性生殖器。因為初始時期是「無性別」的，而無性就是雌性，所以雄性的性徵、系統都是在誘導階段才發育出來，否則就發育成為雌性。

　　有些動物如：鱷魚、烏龜等爬蟲類，成體的性別決定於胚胎時期的孵化溫度。這類動物的性腺發育為何種性型，由發育期的環境溫度所控制，因此同一窩孵化的鱷魚性別會是相同的。

　　對於這些靠溫度來決定性別的動物而言，他們體內同時有調控製造雄性與雌性的性腺基因，只是在於發育初階段的時候，高溫時孵化的是雌性，低溫時孵化的是雄性，如果溫室效應持續下去，屆時很多爬蟲類恐怕會只剩下單一性別，而無法繁衍下一代。

斷裂生殖

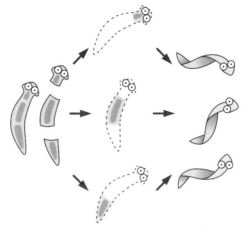

屬於扁形動物的渦蟲等,可以經由身體斷裂的裂片再生,成為不同個體 (但遺傳組成相同)。行斷裂生殖的動物其再生能力非常強,將個體切成各類碎片,在特定的條件下,每一個斷裂片都可以再生出所有失去的部分。

XY系統

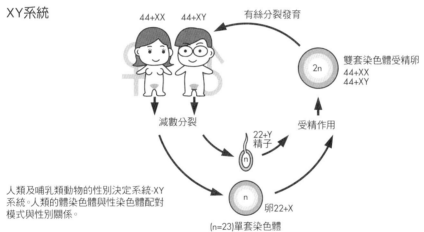

人類及哺乳類動物的性別決定系統-XY系統。人類的體染色體與性染色體配對模式與性別關係。

XY系統外之其他三種性別決定系統

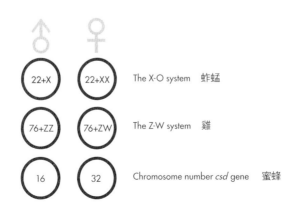

3-6 動物的發育

（一）分化

多細胞動物是由一個受精卵發育而來，受精卵生長分裂使細胞數目不斷增加，並開始進行細胞分化，使不同的細胞具備不同的結構與功能。

細胞分化所依循的規則為何？如何決定該分化成何種細胞？有兩派學說來解釋細胞分化的機制，一是拋棄說，在每一個細胞分化時，可以選擇性地丟掉不需要的遺傳密碼訊息。二是開關說，細胞分化時開啟需要基因，其他不需要的基因即關閉。如分化成肝細胞的細胞，負責肝細胞的遺傳資訊會被開啟，主掌分化成其他細胞的遺傳資訊則關閉。

由於受精卵會分化成不同結構的細胞，可以推想當初存在於受精卵內之蛋白質等化學物質分布並不均勻，當受精卵分裂時，所形成的兩個細胞內所具有的物質也不盡相同，受精卵第一次的細胞分裂便決定了細胞之後的分化情形與命運。

（二）胚胎

胚胎發育的第一階段中，卵裂的特性為細胞週期短，而且繼續不斷地分裂，雖然細胞數目愈分愈多，但細胞体積卻愈分愈小，這些卵裂後的細胞稱分裂球。

經過 5、6 次的卵裂後，形成外形如桑椹的實心細胞團，稱為桑椹胚。人約受精後 24~36 小時完成第一次卵裂，40~60 小時完成第二次分裂，3 天後分裂成約 6~12 個細胞，4 天後為 32 個細胞，此即為桑椹胚。

桑椹胚再繼續分裂的結果其中心形成空隙，再擴大為腔，稱為囊胚腔，腔內並有分裂球分泌的液體充滿，此時的胚稱為囊胚。囊胚形成時，其細胞也逐漸形成二部分，胚細胞或內細胞團，這些細胞起初數目較少，位於囊胚內的動物極一端，即胚極，以後靠近囊胚腔形成胚盤，為胚體發生的主要來源細胞。人（靈長類）的內細胞團的部分細胞還腔化而形成羊膜腔。

受精後的合子，一面卵裂而形成桑椹胚、囊胚，一面受生殖道肌肉的收縮及纖毛的擺動，漸移子宮，然後與子宮壁接觸，進行著床。

（三）變態

動物學裡的變態（metamorphosis），是指一種動物在某種環境下，改變形態的狀況。如：昆蟲類的蝴蝶，其幼蟲（毛毛蟲）無翅、無生殖器，口器是咀嚼式，可吃植物的葉子，成蟲蝴蝶則有翅、有生殖器，口器是刺虹吸式可吸食花蜜。因此幼蟲和成蟲生活在兩個截然不同的世界裡。

完全變態時，幼蟲的一些組織死亡，成蟲的組織如翅、生殖系統則發育。昆蟲在幼蟲時，體內有一種阻止成蟲器官發育的因子。有此因子，當昆蟲脫皮時，幼蟲變幼蟲；如無此因子，則幼蟲變態為成蟲。

這種因子是昆蟲咽喉側腺分泌的青春激素，也就是昆蟲變態時受兩種化學因子調控：青春激素與脫皮素。當兩種因子都存在時，昆蟲的幼蟲會變成體形更大的幼蟲，但當只有一種因子脫皮素存在時，昆蟲的幼蟲會變態為成蟲。

多細胞動物的發育

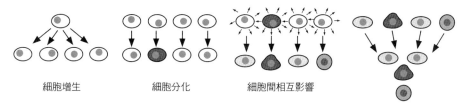

細胞增生　　　　細胞分化　　　　細胞間相互影響

細胞與細胞之排列組合

在形成多細胞動物時，細胞會經過細胞增生(cell proliferation)、細胞分化(cell specialization)、細胞間相互影響(cell interaction)以及細胞與細胞之排列組合(cell movement)等四個步驟。在發育的過程中，細胞主要依賴此細胞周圍的環境來決定分化成為何種型態的細胞。

胚胎發育

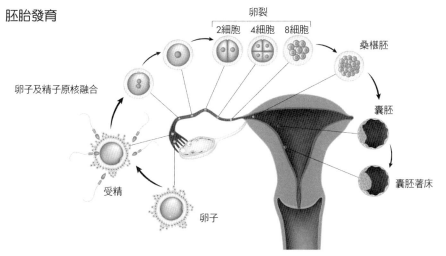

人類的胚胎發育。[本圖為自CAN STOCK合法下載授權使用]

變態

變態 (生物)，指的是昆蟲在不同的發育時期，產生的形態、習性的變化，其具體分為四個時期，卵期、幼蟲期、蛹期和成蟲期，在一個世代擁有四個時期的昆蟲，稱為完全變態昆蟲，沒有完全擁有四個時期的昆蟲稱為不完全變態昆蟲。當蝴蝶變態時，其幼蟲的某些細胞會死亡，體液則會被吸收變成成蟲的新組織，成蟲的器官就是由幼蟲體內的成蟲盤發育而成。[本圖為自CAN STOCK合法下載授權使用]

3-7 動物的行為

（一）動物行為學

　　地球上的生命以多樣的形式存在與繁衍，其中最大的類群為「動物」，行為是動物特有的表徵。數世紀前，自然學家與哲學家就已針對動物行為中的「為何」、「如何」、「何時」、「何處」等議題進行觀察及思索解答。

　　「動物行為」（Animal Behavior）泛指動物在生命史中表現出的所有活動，包括一切運動、攝食、繁殖、遷徙以及衍生出的社會行為等。

　　動物行為是動物對環境刺激的反應表現，在動物系群發生史中由演化塑造。傳統的動物行為研究包含這些動物的「表現及反應」等易於觀察描述的動作，但是近年來，動物行為研究者已逐漸深入探討動物在「研究者看不見」的狀況下的思考行為，包括比較心理學等概念與方法，皆被運用於動物行為研究上。

（二） 先天行為

　　動物行為可略分為兩大類：固定行為與學習行為。固定行為即本能行為，可經由遺傳使後代產生與生俱來的行為，如：反射、求偶行為、趨性與遷徙等。學習行為則指行為能經由經驗累積或是學習而有所改變者，且這類行為表現在不同的個體上具有差異性，即使是同一個體，在不同時期表現出來的某種特定行為反應也不盡相同。

　　當動物在第一次接受到重要刺激時，不必經由學習而可自然產生的行為反應，是該動物的本能行為，此類行為常是該物種的共同特徵，經由演化塑成。舉凡昆蟲的趨光性，或是雄性園丁鳥裝飾巢穴吸引雌性的行為等皆屬於此範疇。動物的本能行為可以經由遺傳傳遞至後代，使後代亦具有相同行為。

　　本能即先天行為，常以固定動作模式表現。信號標誌激發了先天的、本質上不會改變的固定動作模式，保障了行為表現的準確和不需演練。許多親代和子代之間的交互作用，即屬於本能行為。

（三）印痕

　　印痕是經由本能與學習交互作用後所產生的行為，是一種較特殊的行為模式，它經由一次或多次的經驗刺激，產生對特定主體的依附行為，印痕建立對於動物個體生命史的行為表現具有長遠影響。

　　印痕與其他學習行為不同之處，在於印痕行為的產生具有關鍵期，而且是不可逆的；亦即某動物個體在特定發育時期中，可以學習到某種特定行為，此關鍵期通常在出生或孵化後的短暫時間內。

　　自然界中的鳥類也普遍表現出印痕行為，通常幼雛在孵化後數小時內，將眼前行動緩慢並發出鳴叫聲的物體視為母親，建立印痕，因此視覺與聽覺的暗示線索對建立印痕行為是不可或缺的。

小博士解說

　　鮭魚回到孵化地產卵的能力，也屬於印痕作用；鮭魚能藉由孵化時對水中的化學物質建立印痕而於成年後找出出生地。

蜜蜂的搖擺舞

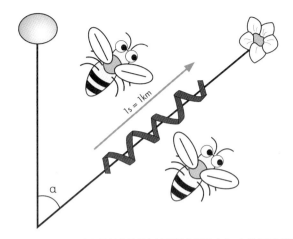

蜜蜂的搖擺舞，其直線搖擺方向與地心引力的夾角等於花朵所在位置與太陽的夾角，如此便可以讓其他蜜蜂知道花朵定位，而搖擺的次數越多，時間越長，發出的嗡嗡聲響越大，則代表蜜源越遠，經由計算發現，蜜蜂直線搖擺近1秒代表一公里的距離。

動物行為研究

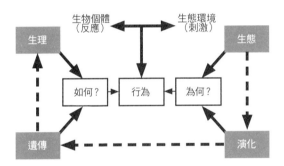

由生態學及演化機制的觀點探測及觀察此動物不同行為，可以對此動物「為什麼會」有這些行為提供解答；而由遺傳因素及動物生理的基礎研究此動物的不同行為，則可對此動物「如何能」產生不同的行為理出頭緒。

動物行為的神經生理機制研究

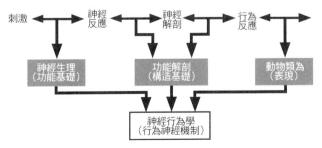

神經行為學者在實驗室以各種不同的方法，模擬研究動物在自然界接受的、具有生物意義的（biologically significant）外來刺激，進而分別從神經生理、功能解剖及動物行為三方面著手研究，該種動物反應行為的神經生理機制。

3-8 **動物的運動**

（一）小腦

　　小腦對於精確地執行計畫中的、意志性的，且需涵蓋多個協同關節的運動十分重要。對於初級運動皮質，小腦提供一張運動的藍圖，根據此藍圖，所有參與運動的肌肉與其控制的關節才能在對的時機，以適當的收縮力道，達到適當的運動。

　　小腦收到最高中樞的運動指令後，依據過去的經驗對此運動指令可能產生的運動結果做出預測；同時此運動指令亦交付給低層運動中心執行，如執行後的結果與小腦的預測不符時，則小腦將對此誤差進行修正。因此在小腦中，「想要做的動作」與「真正被做出的動作」一直被做比較，而兩者間的誤差則透過小腦內部的神經迴路修正。

（二）骨骼系統

　　骨骼系統由硬骨及相關的結締組織所構成，這些組織包括軟骨、肌腱及韌帶。軟骨比硬骨更具彈性，在胚胎及嬰兒身上的軟骨比例很大，軟骨所在的位置是未來硬骨生長的位置，整個軟骨架構也就是骨骼系統的模型。成年軟骨提供了固定又有彈性的支持。

　　肌腱和韌帶是強力的彈性纖維組織，肌腱銜接肌肉與硬骨，而韌帶則能穩定硬骨和硬骨的接合。

　　骨骼執行了兩個重要的機械功能：一為提供堅固的骨骼架構，並支撐及保護其他身體組織；二為其是一個堅固的槓桿系統，經由附著肌肉的力可以移動。骨骼易受到幾個類型的機械負荷，包括：壓力、張力、剪力、彎曲力及扭力，在骨骼內的力量分佈稱為機械應力，應力的性質和量決定傷害生物體組織的可能性。

　　骨骼的機械特徵以它的材料構造及組織上的結構為基礎，礦物質提供了骨骼的硬度及壓力強度，膠原提供了彈性及張力強度，皮質骨比海綿骨要硬要強，海綿骨則有較大的衝擊能力。

（三）骨骼肌

　　運動系統的肌肉屬於橫紋肌，由於絕大部分附著於骨，故又名骨骼肌。每塊肌肉都是具有一定的形態、結構和功能的器官，有豐富的血管、淋巴分布，在神經支配下收縮或舒張，進行隨意運動。

　　肌肉具有一定的彈性，被拉長後，當拉力解除時可自動恢復到原來的程度。肌肉的彈性可以減緩外力對生物體的衝擊。另外，肌肉內還有可以感受本身體位元和狀態的感受器，可將衝動傳向中樞，反射性地保持肌肉的緊張度，以維持體姿和保障運動時的協調。

　　一塊典型的肌肉，可分為中間部的肌腹和兩端的肌腱。肌腹是肌肉的主體部分，是由橫紋肌纖維組成的肌束聚集所構成，色紅，柔軟有收縮能力。肌腱呈索條或扁帶狀，由平行的膠原纖維束構成，色白，有光澤，但無收縮能力，肌腱附著於骨處，與骨膜牢固地編織在一起。

運動的神經控制

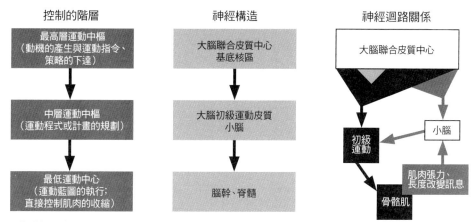

控制的階層

| 最高層運動中樞
（動機的產生與運動指令、
策略的下達） |
| 中層運動中樞
（運動程式或計畫的規劃） |
| 最低運動中心
（運動藍圖的執行；
直接控制肌肉的收縮） |

神經構造

| 大腦聯合皮質中心
基底核區 |
| 大腦初級運動皮質
小腦 |
| 腦幹、脊髓 |

神經迴路關係

脊椎動物運動的達成，在神經系統的控制上，可分三個層次。小腦除接受最高層次的運動指令外，也接受運動過程中，參與的肌肉與關節回傳的運動進行狀況（感覺）訊息。

肌肉的種類及其特徵的比較

項目	骨骼肌	心肌	平滑肌
位置	主要附著於骨骼	心臟	中空內臟的壁上（例如：胃腸、膀胱、子宮、血管等）虹膜、豎毛肌
神經控制	隨意	不隨意	不隨意
支配神經	體運動神經	自主神經節	自主神經
橫紋	有	有	無
顯微構造	多核、未分支的肌纖維	單核、具有間盤的分叉肌纖維	單核、梭形的肌纖維
肌節	有	有	無
橫小管	有	有	無
鈣的來源	肌漿網	肌漿網及細胞外液	肌漿網及細胞外液
粒線體	次多	最少	最少
肌纖維長度	100μm~30cm	50~100μm	30~200μm

運動單元

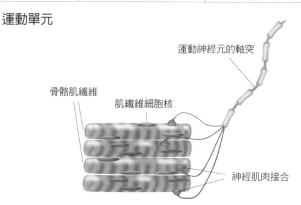

骨骼肌纖維

肌纖維細胞核

運動神經元的軸突

神經肌肉接合

每個運動單位由一個運動神經元及其所支配的肌纖維所構成。[本圖為自CAN STOCK合法下載授權使用]

3-9 嗅覺與味覺

五官的感覺系統當中，味覺與嗅覺屬於化學感覺系統，也就是說負責味覺與嗅覺的接受器，是針對特殊的味道分子與氣味分子產生反應，味覺與嗅覺之間也息息相關：品嚐食物時，有 80% 的滋味是由嗅覺提供的（分別從鼻孔與口腔後方進入鼻腔），剩下的 20% 才是味覺。因此，在感冒鼻塞時飲食無味，是共通的經驗。

（一）嗅覺

嗅覺的產生是藉由分布在嗅覺細胞上的嗅覺受體，將所接受到的外界刺激傳遞到腦部，大腦再將這些訊息組合、處理，以感受到特定的氣味。

就解剖學上而言，嗅覺黏膜位於鼻腔頂部兩側，這些神經上皮是一種柱狀偽複層上皮，主要包含三種細胞：嗅覺感受細胞、支持細胞、分布在基底膜上之基底細胞，大約有一億個嗅覺感受細胞分布在支持細胞之間。

這些特化的嗅覺細胞是一種雙極的神經細胞，其中，含有嗅覺受器的一端上具有類似纖毛的構造以利氣味分子和嗅覺受器的結合，另一端則為傳到大腦的嗅球。

嗅覺受體位於鼻腔上端的內皮層薄膜，能感受外來的氣味。每一嗅覺受體只能感受到幾個氣味，而 1,000 個嗅覺受體可以偵測到幾千種的氣味。嗅覺受體屬於 G 蛋白連接受體（G-protein-coupled receptors），它會打開離子管道（ion channel）傳遞嗅覺訊息，最後則會傳到幾個腦神經部位。接著腦皮層會把每一種傳送到的氣味整理歸檔，將氣味的記憶留存在腦海裡。

（二）味覺

人體的舌頭含有一萬多個味蕾，每一個味蕾又含有受體細胞。這些受體是大型的蛋白質，它們會對食物和飲料的幾個基本化學成分引起感應。當這些成分和受體結合時，就會發出味覺信號。味覺信號會和嗅覺，以及其他偵測溫度、結構粗細或精緻與否的信號合併，進而判斷出食物的品質和風味。

味道感覺有 5 個基本因素：甜、酸、苦、鹹、甘，大部分味覺都是由這五味綜合而成的，5 種基本味道，並不包括辣味。辣是一種燒熱的特別感覺，科學家尚未找到能與辣味結合的味蕾和受體。

人類的味覺受器細胞位於舌頭表面的微小突起，並形成味蕾的構造；每個味蕾由 50~100 個味覺細胞組成，以類似橘瓣的方式排列，可與溶在口腔裡的味道分子結合，產生味覺辨識的則是位於味覺細胞膜上的受體蛋白質。味覺受體經由特定味道分子活化後，可在味覺細胞內產生次級傳訊分子（second messenger），或直接開啟細胞膜上的離子通道，進而造成細胞膜電位去極化，促使味覺細胞釋放出神經傳遞物，再活化與味覺細胞相接的感覺神經末梢。

小博士 解說

味道分子與受體蛋白的結合，有如鑰匙插入門鎖一般，因而開啟了後續反應。

嗅覺

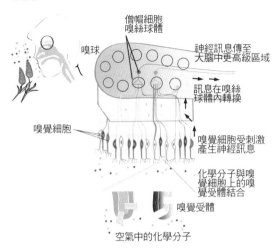

僧帽細胞
嗅絲球體

嗅球

神經訊息傳至
大腦中更高級區域

訊息在嗅絲
球體內轉換

嗅覺細胞

嗅覺細胞受刺激
產生神經訊息

化學分子與嗅
覺細胞上的嗅
覺受體結合

嗅覺受體

空氣中的化學分子

嗅覺的產生是藉由分布在嗅覺細胞上的嗅覺受體，將所接受到的外界刺激傳遞到腦部，大腦再將這些訊息組合、處理，以感受到特定的氣味。

味覺地圖

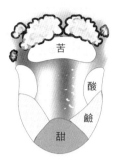

苦

酸

鹹

甜

味覺分布

「味覺地圖」的說法流傳了幾十年，長盛不衰。其實，分辨各種味覺的細胞存在於每一個味蕾內，而味蕾在舌頭表面和口腔內都有分布。

味蕾

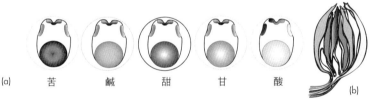

(a)　苦　　鹹　　甜　　甘　　酸

(b)

（a）舌頭上五種基本味覺的感受區並無不同，（b）每個味蕾內含有五種基本味覺細胞，各種味覺分別經由不同的神經纖維傳遞訊息。

舌頭解剖圖

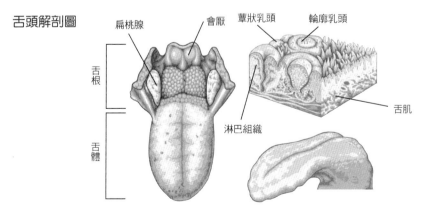

扁桃腺　　　　會厭　　蕈狀乳頭　　輪廓乳頭

舌根

舌體

舌肌

淋巴組織

有兩條腦神經支配著舌頭並主導味覺：顏面神經(顱內VII號神經)與舌下神經(顱內IX神經)。顏面神經主導舌頭前端三分之二的區域而舌喉神經主導後邊三分之一的區域。另一條腦神經(迷走神經) 則由嘴部後端傳遞味道的訊息。舌頭的肌肉，包括頦舌肌、莖舌肌、舌骨舌肌及顎舌肌，這些肌肉除了能移動舌頭外還能改變舌頭的形狀。[本圖為自CAN STOCK合法下載授權使用]

3-10 視覺

（一）眼睛

我們看到的，稱為「光」。不過，我們看到的只是全部「電磁波光譜」中的一小部分，由波長 400~700 奈米的電磁波。但是，響尾蛇能夠察覺紅外線範圍內的電磁波並發現獵物。

光線透過角膜、瞳孔和晶狀體到達視網膜。虹膜是控制瞳孔大小的肌肉，因此，也控制光線進入眼睛的多寡，虹膜也決定了眼睛的顏色。

玻璃狀體或玻璃狀液是一個清澈的膠狀物，提供不變的壓力來維持眼睛的形狀。視網膜是含有眼睛受器（桿狀細胞和錐狀細胞）的區域，可以對光線做出反應。受器則對光線反應產生電子脈衝，並走到眼睛外面經過視神經而到腦部。

（二）視覺機轉

脊椎動物的色覺始於視網膜裡的錐狀細胞，再透過神經細胞將視覺訊號傳輸到大腦。每個錐狀細胞都含有一種視色素，由不同型的視蛋白（opsin）與一個稱為視黃醛（retinal，非常類似維生素 A）的小分子相連而成。視色素一旦吸收了光線（更精確的說法是吸收了稱為光子的特定能量單元），新增加的能量就會改變視黃醛的形狀，因而引發一連串的分子事件，造成錐狀細胞的興奮。錐狀細胞興奮之後會活化視網膜的神經元，其中有一組神經元會引發視神經產生神經衝動，將相關的光訊息傳遞給大腦。

光愈強，視色素吸收到的光子數目就越多，每個錐狀細胞的興奮程度也愈大，所感受到的光也就愈亮。但個別錐狀細胞能傳送的訊息相當有限：錐狀細胞本身並無法告知大腦讓它興奮的波長有多長。這是因為錐狀細胞對不同波長的吸收能力不同，而且，每個視色素的差異在於其吸收光譜，也就是對不同波長的吸收率差異。

同一個視色素可能對兩種不同波長的吸收能力一樣好，但即使這兩種波長的光子能量不同，錐狀細胞也無法將之區分開來，因為這兩種光都會改變視黃醛的形狀，因而引發同樣的分子事件，造成錐狀細胞的興奮。錐狀細胞唯一能做的事，就是細數吸收到的光子數目。因此，強度強但不易被吸收的波長，與強度弱但容易被吸收的波長，可能會在錐狀細胞造成同樣的興奮程度。

（三）色覺的演化

脊椎動物的色覺仰賴視網膜裡的錐狀細胞。鳥類、蜥蜴、龜以及許多魚類都有四種錐狀細胞，但大多數的哺乳動物則只有兩種。哺乳動物祖先四種錐狀細胞一應俱全，但在演化過程中的某個階段，牠們大都成了夜行性動物，因此色覺不再是生存所必需，於是就喪失了兩種錐狀細胞。

某些舊世界靈長類的祖先，包括人類的祖先，從剩下的兩種錐狀細胞，透過突變而得到了第三種錐狀細胞。不過，大多數的哺乳動物依然只有兩種錐狀細胞。因此，即使將人類及其近親算在內，哺乳動物的色覺就是比鳥類差得多。

眼睛示意圖

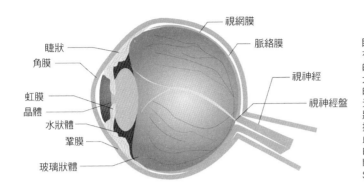

眼睛又被視為靈魂之窗，有關於我們的眼睛，人類的眼睛大約2.5公分長，大約重量有7公克，在所有的生物中可說是最精密。光線透過角膜，瞳孔和晶狀體到達視網膜。虹膜是控制瞳孔大小的肌肉，因此，也控制光線進入眼睛的多寡。虹膜也決定你眼睛的顏色。[本圖為自CAN STOCK合法下載授權使用]

眼睛示意圖標示：視網膜、脈絡膜、視神經、視神經盤、睫狀、角膜、虹膜、晶體、水狀體、鞏膜、玻璃狀體

錐狀與桿狀細胞的特性

錐狀細胞	桿狀細胞	錐／桿狀細胞並行
白晝視覺	夜晚視覺	微光視覺
明視覺	暗視覺	中介視覺
作用範圍：3.4至10^6 cd/m²	作用範圍：0.034至$3.4×10^{-6}$ cd/m²	作用範圍：0.034至3.4 cd/m²
對 555 nm 光波最靈敏	對 510 nm 光波最靈敏	
視銳度佳	視銳度差	視銳度減弱
彩色視覺	明暗視覺，無彩色	辨色力減弱
明適應	暗適應	過渡期
半數集中於視網膜小窩 周邊數量減少	主要集中於視網膜周邊 不存在於小窩	

人類的視覺神經路徑

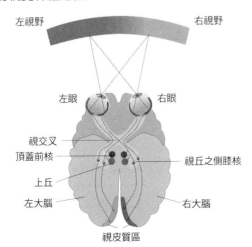

人類的視覺神經路徑標示：左視野、右視野、左眼、右眼、視交叉、頂蓋前核、上丘、左大腦、右大腦、視丘之側膝核、視皮質區

人類的視覺神經路徑(網膜→視交叉→側膝核→視皮質)，視神經由視神經盤離開眼球後，向後走經過視交叉(optic chiasm)而終於隸屬視丘一部份的側膝核。[本圖為自CAN STOCK合法下載授權使用]

第4章
植物

　植物是適應於陸地生活，且進行光合作用的真核生物。需要龐大的表面積來接受陽光，此一特點決定植物的基本結構。植物由根、莖、葉組成，目前多數的生物學家將植物界定義為：具有纖維素的細胞壁，且可行光合作用的自營性生物。

4-1　**植物的結構**

4-2　**異養植物**

4-3　植物的生殖

4-4　植物的防禦

4-5　植物的生物時鐘

4-6　植物的功能

4-7　植物激素

4-8　種子

4-9　植物對碳平衡和大氣的貢獻

熱帶雨林是地球的陸域環境中，生物多樣性最高的區域。生物學家曾發現在熱帶雨林的一棵樹上，同時棲息著兩千多種昆蟲；而一片綿延的草地，可能全是單一種植物所構成，可說是生物多樣性很低的環境。[本圖為自CAN STOCK合法下載授權使用]

4-1 植物的結構

（一）植物的器官

植物的莖以模組方式生長，有數點負責發育生長的細胞，這些細胞保留有再生發育的活性，和幹細胞有點相似。當這一個細胞分裂了之後，其中分裂的細胞中有一個仍會保有活性，可以不斷分裂。

植物的運輸組織，主要是韌皮部和木質部。其中韌皮部是由活的細胞組成，負責運輸有機養分；而木質部是由死細胞所組成，負責水分的運輸。因此可知運輸組織是由不同的組織所形成，不只是活細胞，有的甚至是一些死細胞。

由於木質部是死細胞所組成，故其運輸水分並不使用能量，是利用水的滲透作用；樹莖是一密閉系統，當葉片的氣孔打開的時候，氣體會進來，因水分的蒸發而使水的壓力減少，形成壓力差，水就因壓力而往上運到葉部。

韌皮部負責養分的運輸，如葡萄糖的運輸方向是由葉部到根部的，而運輸的方法也是利用壓力差的方法來運輸，但是有一點不同的是韌皮部是會利用到 ATP 來進行主動運輸。

葉片上面有一層角質層保護著，以防止水分的蒸發，但同時也阻擋了氣體的進出，所以於葉片的下面有了氣孔（保衛細胞）的設計，而保衛細胞的開關原理也是滲透壓的關係。

根部的功能是吸收地下的水分和少量的有機物。構造大致上和莖相同，都是有三種組織所組成，而負責運輸的亦是韌皮部和木質部；根有根毛，主是用來增大吸水的面積，根冠讓根可以深進入土裡，以吸收更多的水分，為了保護根，會分泌出「潤滑油」，幫助根減少與土壤的摩擦。

（二）植物的基本組織

分生組織由形小、壁薄、核大的細胞所組成，分布在植物體中生長迅速的部位，如根尖或莖頂處，此稱之為頂端分生組織，主要是增加植株之長度。此外，尚有側邊分生組織，如多 生根或莖的形成層及木栓形成層。

基本組織包括薄壁組織、厚角組織、厚壁組織。薄壁組織構成植物初生長之主要部分，具薄的細胞壁，中央有大液泡，細胞質呈薄層狀近貼於細胞壁上；其主要功能為貯藏養分，如甜菜的貯藏根細胞。

厚角組織，初生植物體中的機械組織，含活的內含物，細胞壁僅在角隅的地方增厚，使得細胞壁厚薄不均。主要分布在草本莖部外圍近表皮部分或葉片近中肋的上下表皮部分。

厚壁組織具厚薄均勻，多木質化的細胞壁，為強而有力的支持組織。大致可分為兩大類一為纖維，即兩端尖細，長度較寬度大數倍者稱之，木本開花植物中含量較豐，目的在增加樹幹及枝條的彈性及強度。另一為石細胞，為等直徑或不規則形狀之厚壁細胞，多存在於不可穿透的表面，如堅果的殼、大豆的種皮。

植物的生長模式

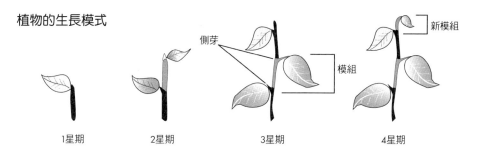

側芽

新模組

模組

1星期　　　　2星期　　　　3星期　　　　4星期

植物的生長方式是以積木式，一節一節的生長模式，由於植物並不能如動物般移動，避開危險，故此植物對外界傷害需要有很強的忍耐力，而積木式生長是為了當其中一節受到了傷害時，不會影響到其他節的生長。

植物和動物的對比

當寶寶8歲時　　　　當寶寶18歲時

當寶寶小時釘了釘子在樹幹上，寶寶長大後，釘子仍位於原本的高度，這是因植物是不同的單位生長所致。被釘到的單位沒有長大，只是長出了其他的單位而使其長高長粗。

植物細胞圖示

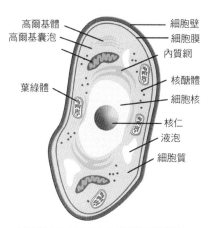

高爾基體
高爾基囊泡
葉綠體

細胞壁
細胞膜
內質網
核醣體
細胞核
核仁
液泡
細胞質

[本圖為自CAN STOCK合法下載授權使用]

4-2 異養植物

（一）肉食植物

肉食植物就是我們一般常聽到的食蟲植物，可是其捕食對象不一定是昆蟲，所以稱為肉食植物會比較恰當。什麼樣的植物有資格稱為肉食植物呢？通常肉食植物都具有四種行為：引誘、捕捉、消化和吸收。

肉食植物大多生長在貧瘠而偏酸的土壤上，尤其是泥濘浸水的環境。在這樣的環境下，土壤中的氮和其他植物生長所必須的營養素，容易被淋洗流失而缺乏，植物要生長便只能設法由動物身上獲取營養。歷經長期的演化和天擇的結果，使得肉食植物繁衍適生於這樣的環境。

其實肉食植物也和一般植物一樣可行光合作用製造養分，捕捉小動物只是為了補充生長所必需的氮、磷等營養元素。肉食植物沒有捕到小動物，本身依然可以生長，但若持續太久，可能出現營養不良的狀態，只有經常捕食小昆蟲，才能生長良好。

捕捉的行為主要是經由葉特化成的構造，這些構造又可分為捕獸夾、捕鼠籠、黏蠅紙、捕蝦籠和陷阱等許多類型。

（二）寄生和半寄生植物

半寄生植物和寄生植物雖同樣吸取寄主植物的養分、水分，但半寄生植物本身具葉綠素，在寄主植物養分供應不足時，可自身行光合作用製造養分加以補充，台灣產的半寄生植物有桑寄生科的植物。

寄生植物是指植物體本身不具葉綠素，且部分或全部組織生長於另一棵植株的根、莖、葉或其他器官上，並且靠寄主提供全部生長所需養分。台灣產的寄生植物以樟科（僅無根藤 1 種是寄生植物）、旋花科（菟絲子屬是寄生植腐生植物）、懲草科（台灣產 1 屬 4 種全是寄生植物）、列當科（台灣產 4 屬 4 種全是寄生植物）、蛇菰科（台灣產 1 屬 5 種全是寄生植物）等較常見，其他如大花草科（台灣產 1 屬 2 種全是寄生植物）及遠志科（台灣有 1 屬 1 種是寄生植物）則甚為少見。

（三）腐生植物

腐生植物是指植物體本身無葉綠素，無法行光合作用，生活在腐植質上，吸收真菌分解腐植質的養分生存，嚴格說來也屬寄生的一種形式。在台灣，這類植物有鹿蹄草科（台灣有 2 屬 4 種是腐生植物）、水玉簪科（台灣產 3 屬 6 種全是腐生植物）和蘭科的部分種類。

肉食植物

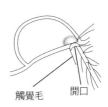

觸覺毛　　開口

茅膏菜屬（黏蠅紙）　　瓶子草屬（陷阱）　　捕蠅草屬（捕獸夾）　　狸藻屬（捕鼠籠）

肉食植物的作用方式

模式	肉食植物	作用方式
黏蠅紙	茅膏菜屬	有能產生黏液的腺毛，可以黏住昆蟲
陷阱	瓶子草屬	瓶子狀的捕蟲器能分泌一些吸引昆蟲的氣味，昆蟲被吸引到瓶口，若失足跌入瓶中，則無法逃出
捕獸夾	捕蠅草屬	在一個捕蟲器中，任意一根感覺毛被碰到兩次，或是分別碰到兩根感覺毛，捕蟲夾就會合起來
捕鼠籠	狸藻屬	捕蟲囊的開口處具有一個向內開的蓋子，平時緊緊地蓋住開口。捕蟲囊會不斷將囊內的水往外排放而使囊內產生負壓。如果水中的小生物觸碰到開口外的感覺毛時，蓋子便突然打開，捕蟲囊便將水連同小生物一起吸進來

大王花

大王花又叫霸王花、屍花，是世界上最大的一種花。生長於馬來半島及婆羅洲、蘇門答臘等島嶼。大王花無根無莖，是一種寄生植物，靠吸收葡萄科植物的養分為生。其直徑可達1.4公尺之大。大王花開花時奇臭無比，發出腐肉味的臭氣，靠吸引甲蟲為其傳粉。[本圖為自CAN STOCK合法下載授權使用]

4-3 植物的生殖

植物繁殖後代的方式很多，大致可歸納成無性生殖和有性生殖。

（一）無性生殖

植物行無性生殖時，沒有經過配子結合的過程，產生的子代的遺傳特性與親代完全相同，可說是親代植株的複製體。植物利用無性生殖方式來繁衍後代的情形遠較動物普遍，主要包括孢子繁殖和營養繁殖等。

1. 孢子繁殖：低等植物的生殖，通常以孢子行無性繁殖。蘚苔和蕨類等生物能產生大量的孢子。孢子散播到適當的環境中，即能萌發成新個體。

2. 營養器官的繁殖：高等植物的根、莖、葉是營養器官，利用這些器官繁殖後代的方法，叫做營養器官繁殖。如甘藷的塊根、馬鈴薯的塊莖，都可長出新芽，發育成為新的植株；草莓、蛇莓的匍匐莖都有節，當觸及地面時，即可長出新植株；洋蔥的鱗莖或落地生根的肥厚葉片經種植後，可長成新的植株。人們利用植物容易進行營養器官繁殖的特性，以人工的方法來大量繁殖植物，例如將玫瑰、榕樹、萬年青等植物切下一段枝條，插入土中，便能產生新的植株。農民和從事園藝的人，常利用這些方法繁殖農作物、花卉或盆景。

（二）有性生殖

植物行有性生殖，親代植株需先產生配子，當兩個配子結合並完成受精作用後，形成的受精卵再發育成新的子代。植物進行有性生殖的過程中，由於配子的形成與受精作用時，都可能發生基因的重組的現象，因此產生的子代，其遺傳特性與外表性狀與親代不盡相同。植物行有性生殖最大的優點是能增加同種生物中個體間的差異，讓物種更能適應環境的改變。

由於植物的種類繁多，有性生殖的過程會因植物的種類不同而有差異。因此，下列以被子植物（開花植物）說明植物行有性生殖的過程。

花是被子植物的生殖器官，一朵典型的花具有雄蕊、雌蕊、花瓣和萼片四個部分，下面有膨大的花托托住而與花梗相連。同時具有雌蕊、雄蕊的花，稱為兩性花，如百合與朱槿；只具有雄蕊或雌蕊者，稱為單性花，如玉米與絲瓜的雄花與雌花。

雄蕊頂端的花藥內有花粉粒，其內含有精細胞；雌蕊基部膨大為子房，子房內有胚珠，胚珠內有卵細胞。雄蕊的花粉粒經風、水、昆蟲或鳥的幫忙傳到雌蕊的柱頭上，於是花粉粒會萌發產生一條花粉管，將精細胞送入胚珠中和卵受精。。受精以後，胚珠會發育為種子，子房發育為果實。種子經播種後，會萌芽長成新個體，完成植物的有性生殖。

植物的生殖類型比較

	定義	特點	過程	舉例和應用
有性生殖	兩性生殖細胞結合	變異力強，生活力強，傳播範圍廣	雌蕊 → 子房 → 卵細胞 → 雄蕊 → 花粉 → 精子 → 受精卵 → 種子的胚	絕大多數種子植物都進行有性生殖
無性生殖	不經過兩性生殖細胞結合，母體直接發育成個體	後代性狀基本與母體相同，產生後代速度快	直接用莖、葉來進行生殖，如馬鈴薯切成帶芽小塊，可直接長成植株	少量植物如椒草、馬鈴薯。應用在組織培養，扦插、嫁接等，動物中：桃莉羊

世代交替

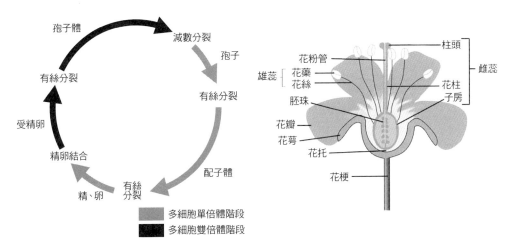

所有的植物都有世代交替的生命週期，以「配子體」為主的「單倍體多細胞階段」，交替轉換成以「孢子體」為主的「雙倍體多細胞階段」。

花（生殖器官）的構造。[本圖為自CAN STOCK合法下載授權使用]

二倍體、單倍體、多倍體的概念

名稱	體細胞染色體組數	形成原因	舉例	特點
二倍體	2個	受精卵發育而來	果蠅	
四倍體	4個	體細胞染色體數目加倍	馬鈴薯	
三倍體	3個	配子中染色體數目加倍	香蕉	1.器官增大 2.營養物質增多
多倍體	≥3個	紡錘體異常	花粉	
單倍體	1個	雌配子發育而來	雄蜂	
單倍體	2個	雄配子發育而來	花粉發育的馬鈴薯	1.生命力弱 2.高度不育
單倍體	1個或多個與配子相同	單性生殖		

4-4 植物的防禦

（一）物理性防禦

植物在自然環境中常會遭受到的生物侵害，主要來自食植動物和各種病原微生物。在進化的過程中，植物也發展出許多的防禦機制。

表皮是最初的物理屏障，表皮上的刺或毛狀物可阻礙病原體入侵和減少草食性動物攝食。許多真菌入侵必須分泌酵素分解表皮角質層，才能入侵底層組織。

植物的外表結構特性，主要包括細胞壁的角質、蠟質、木質素、特殊的氣孔結構，可做為物理性屏障，構成一道早期的防禦機制，防止病原菌的侵入和在植物體中的散播。植物也可透過分泌抑制物、細胞內存在的抑制物、缺乏病原菌必需因子等機制，包括小分子抗病物質，如半胱氨酸蛋白水解酶抑制劑（phytocystatin）以及分解真菌細胞壁有關的葡聚醣酶、幾丁質酶、種子固有的抗真菌蛋白和能與真菌幾丁質結合的凝集素，破壞真菌細胞透性的蛋白質和核糖體失活蛋白等，防止病原菌的侵入。

（二）化學性防禦

植物可直接或間接偵測到病原菌的存在，繼而引發後天存在的（誘導的）防禦反應，這是因為植物細胞表面具有受體，而受體是接收環境刺激的主要物質。

病原菌感染後，誘使植物體產生過敏性反應（hypersensitive reaction）、活性氧、脂氧化酵素及細胞膜破裂、寄主細胞壁的強化因子、植物受病原菌刺激產生抑制物如致病過程相關蛋白質（pathogenesis-related proteins, PR），在植物受到病原菌攻擊、以誘導原誘使基因轉譯大量 PR 蛋白質，原來少量的蛋白質種類會急遽地增加而能毒害入侵的病原菌。

受傷害、生理刺激、病原菌等刺激產生具有殺菌及靜菌的物質局部性分布。在被侵入植物細胞及病原菌激發子可及之處，會產生植物抗菌素（phytoalexins）。

病原菌誘導的防衛系統又可分為局部和系統的抗病反應兩種。前者主要是指過敏性反應，即當植物受非親和性病原菌感染後，侵染部位細胞迅速死亡，使病原菌不易獲取養分，同時又誘導周圍細胞合成抑制病原菌生長的物質，從而限制了病原菌的增殖。在過敏性反應過程中的細胞死亡，是細胞凋亡。而後者（系統的抗病反應）是建立在前者（局部的抗病反應）基礎之上的，又稱誘導抗性。

小博士解說

水楊酸在植物受到病原菌感染後，產生防禦反應，包括過敏性反應以限制病原菌擴展、促進寄主細胞死亡和誘導植物產生系統性抗病。誘導系統抗性則是指由部分非致病性根圈細菌定殖於植物根部，誘發植物產生的整株系統性的抗性。而茉莉花酸（jasmonic acid）和乙烯則為誘發誘導系統抗性產生的關鍵訊息分子。

植物防禦

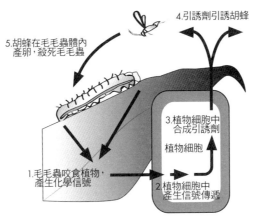

4.引誘劑引誘胡蜂

5.胡蜂在毛毛蟲體內
產卵，殺死毛毛蟲

3.植物細胞中
合成引誘劑

植物細胞

1.毛毛蟲咬食植物，
產生化學信號

2.植物細胞中
產生信號傳遞

當毛毛蟲咬食植物時，其物理性傷害及毛毛蟲唾液內的一種化學物質會引起細胞內的一個訊號傳導過程，導致細胞產生一種揮發性物質，這種物質會引誘胡蜂將卵產在毛毛蟲體內。

植物對無毒性病原體的防禦

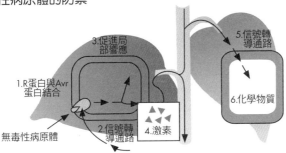

3.促進局
部響應

5.信號轉
導通路

1.R蛋白與Avr
蛋白結合

6.化學物質

無毒性病原體

2.信號轉
導通路

4.激素

Avr蛋白是一種訊號分子，這種訊號分子與受體（R蛋白）相結合時，就會引起一系列的訊號傳導，其結果是促進了局部的反應，使局部的細胞發生化學性防禦，將本身殺死形成壞死斑，也將病原體封閉起來，這樣植物仍可存活。

木棉

木棉主幹上的表皮布滿了瘤刺。[本圖為自CAN STOCK合法下載授權使用]

4-5 植物的生物時鐘

　　許多生物藉由生物時鐘（biological clock）來確保其體內的各種代謝、生理狀態與行為，皆能發生在每日 24 小時週期中的最佳時刻。研究顯示，某些基因最活躍的狀態僅發生在一天中的特定時刻，並且許多負責調控身體功能的基因往往是同一時間活躍。而控制這些身體狀態調節的便是生物時鐘，其調節作用常受到日光長短等外在環境因素的影響與誘發。

　　生物時鐘也幫助植物妥善管理其體內的碳代謝。白天時，植物葉綠體利用來自太陽的能量將二氧化碳與水轉換成糖分和氧氣，並將澱粉（糖分）暫時儲存在體內，至夜間時再分解提供植物能量，防止夜間因飢餓而抑制生長作用。

　　植物生物時鐘對於日照變化的彈性反應，是一項相當複雜的過程。目前已知的影響因素包含：日照光線、植物夜間作用基因於日間時的影響，以及日間作用基因於夜間的影響。

（一）光週期性

　　很多種植物都會在每年的同一時間開花，如花曆般的顯示季節的進行。日照的長短給予植物最可靠的訊息，指示即將來臨的季節，以及生物測定日長的能力，即所謂的光週期性（photoperidoism）。但光週期性僅是植物的一個基本規律的外在顯示，也就是所謂的生物時鐘。

　　光週期性的研究，主要集中在植物由營養生長到進入開花狀態的轉換。光週期性影響許多其他方面的發育，如根、莖的發育、落葉及休眠等。

　　植物被分為短日植物或長日植物，是依照本身的的行為相對於臨界日長的反應。當植物在日長短於臨界日長的時候開花的，稱為短日植物。而當植物在日長比臨界日還長的時候才開花，稱為長日植物。

　　植物能感應到日長，並非是測量日、夜的相對長短，也非光週期的長度，而是暗期的長度。一個暗期的誘導開花的作用，能夠被短暫光照打斷而使暗期歸零，但在一個長的光期中，「暗期的打斷作用」並沒有效果。對一個短日植物而言，在一種非誘導性的暗期中，有一個「光中斷」，將會縮短其暗期，使其短於長日暗期的最大值，故而促進其開花。

（二）光敏素

　　光敏素（phytochrome）是一種色素蛋白，在植物發育的每一階段扮演很重要的角色。在生理上有關於種子發芽與白化幼苗的生長，其具有特有對紅光及遠紅光的可逆反應，即植物對紅光反應可以隨後的遠紅光所逆轉之潛能；此種特性稱為光可逆性。光敏素的色素系統已知兩種型態存在：一是收紅光的稱為 Pr，另一個是吸收遠紅光的稱為 Pfr。

小博士 解說

　　一般光敏素以吸收紅光的Pr穩定形式，蓄積在黑暗生長的幼苗中。一但暴露於光照之下即轉換成Pfr。

紅光（R）和紅外光（FR）的可逆效應

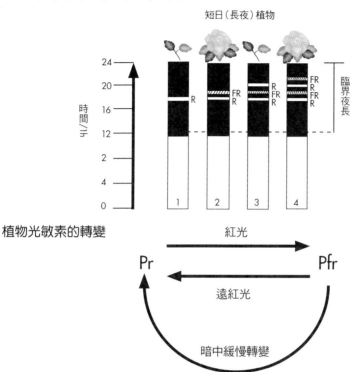

植物光敏素的轉變

紅光（波長650至760nm），形成Pfr 型式，在黑暗期或紅外光（波長> 760nm）時，會將Pfr 轉成Pr型式。短日植物如果Pfr無法完全轉成Pr則不開花，長日植物則相反。

植物的生理時鐘

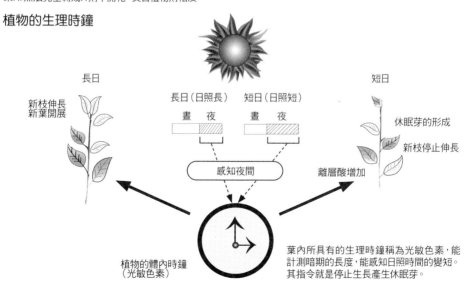

4-6 植物的功能

（一）在生態上的機能

1. 提供生物棲地：植物提供生物棲息、覓食、繁殖、躲藏的場所。由於不同的棲地提供不同的生物族群生存的條件，即使是海拔不到 500 公尺的山丘，從山稜、山坡以至於山谷都可以發現不同的植物族群，當然呈現的也是不同特質的生物相。

2. 提供食物來源：陸地上的植物種類常是決定動物物種的關鍵。

（二）在環境上的機能

1. 土壤汙染防治：植物有生態復育的功能。透過微生物或植物的使用，可以移去土壤中的汙染物質，如有機毒物或重金屬。適合種植在受重金屬汙染土壤中的植物，除了必須可以忍受重金屬的毒害，本身不會死亡或生長不良之外，植物體必須有龐大的根部，可以累積高含量的重金屬、可以快速地生長；較大型的植物可以移掉較多的重金屬。能累積高含量重金屬的植物種類相當多，一般常以「超級累積植物」來稱呼。到 2000 年為止，在世界各地所發現的超級累積植物約有四百多種。

假如這些植物的作用主要是穩定土壤，避免重金屬移動或土壤流失，植物必須有龐大的根系可以使重金屬汙染的土壤保持在原地。它們本身必須可以抵抗重金屬的毒害，而且重金屬不會在植物體中累積，或僅累積在植物根部而不往植物的地上部分傳輸。經由植物對土壤重金屬的穩定效果，可以把重金屬留在土壤中，避免因大雨而使重金屬移動，造成汙染的範圍擴大。

2. 空氣汙染防制：植物對二氧化碳的吸收量和植物種類與栽植方式有關。在環境中種植複層性植栽（包括大小喬木、灌木及草花），每平方公里 40 年間二氧化碳的固定量最高可達 1,100 公斤。若只是密植喬木，約可吸收 808 公斤的二氧化碳，密植的灌木叢在 40 年間只有 217 公斤的二氧化碳固定效果（如果是高大灌木叢，則可達 438 公斤的二氧化碳固定效果），而草花花圃的固定量約為 46 公斤。

3. 氣溫調節：植栽具有調節溫度的功能，在有強勁風力的地區，植栽更可以達到減輕風害的功效，進而形成生物棲息、躲藏的場所。具寬廣樹冠的植栽，在夏日則有降低高溫的功能，可以避免土壤和水體受日照影響危及動植物的生存。

4. 水溫調節：植物可以調節溪水的溫度，在夏日高溫持續曝曬下，庇蔭良好的區段的水溫變化可以低於無庇蔭區，使水體維持水生動物適生的環境。

5. 降低地表沖蝕：植物的樹冠具有阻絕降水直接沖蝕地表土壤的功能，密植植栽的地區，對地表逕流量的降低有明顯的功效。對於發育成熟的林相而言，不同層次的樹冠分布還有分層截留雨水的功能。

植物的土壤汙染防治

大氣

吸收移除重金屬

土壤

鎘　　　鋅　　　　鉛　鎘　鉛　　　鋅　　　銅

根部穩定重金屬

鎳　　　鉛　　　鉛　　　鎳　銅　　　鉛　　　鎘

植物根部把所吸收的重金屬轉移到莖或葉中，或利用根部使重金屬穩定在土壤中，都是植物可以用來處理土壤重金屬的方式。

棲地破壞

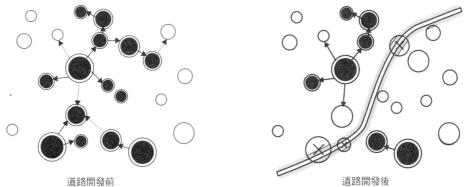

道路開發前　　　　　　　　　　　　　道路開發後

山林地的開發，減少了棲地的面積，也破壞了棲地原有的生態平衡，道路對棲地的破壞，使得大族群被切割為小族群，種源族群消失，受其補給的小族群也連帶消失。

熱帶雨林

熱帶雨林是地球的陸域環境中，生物多樣性最高的區域。生物學家曾發現在熱帶雨林的一棵樹上，同時棲息著兩千多種昆蟲；而一片綿延的草地，可能全是單一種植物所構成，可說是生物多樣性很低的環境。[本圖為自CAN STOCK合法下載授權使用]

4-7 植物激素

（一）植物生長素

植物的枝葉向著光生長的特性稱為向光性，向光性是植物的一種適應特徵，它使得植物能夠獲得最大量的光，有效的進行光合作用。胚芽鞘之所以向光彎曲，是因為背光的一側中一種化學物質的濃度較高，所以細胞長的較快，這種物質就稱為生長素。

一種植物激素的作用如何，決定於它在植物體內的作用部位、植物的發育階段以及激素的濃度。在大多數的情況下，不是單一的一種激素在發揮作用。控制植物的生長和發育是幾種不同濃度比例的激素發揮作用。

生長素的主要功能是促進發育中的幼莖伸長。從植物體中分離得到的生長素是吲乙酸（IAA）。IAA 主要是在植物莖的頂端分生組織中合成，然後由頂端向下運輸，使細胞伸長從而促進莖的生長。

IAA 對根的影響與對莖的影響完全不同，不能促進莖生長的低濃度的 IAA，對根的伸長卻有明顯的促進作用；反之，對莖的生長起促進的 IAA 濃度，卻明顯抑制根的伸長。

（二）細胞分裂素及赤霉素

細胞分裂素是促進細胞分裂的激素。在進行組織培養時，向培養基中加入細胞分裂素會促進細胞的分裂、生長和發育。細胞分裂素能延遲花和果實的衰老。

赤霉素，其作用是調節植物的生長。已知的赤霉素有 70 多種，植物體內合成赤霉素的部位是根尖及莖尖，主要是促進莖和葉的生長。赤霉素和生長素在一起，也能影響果實的發育，形成無子果實。

（三）脫落酸及乙烯

對於一年生植物，種子的休眠特別重要，因為在乾旱和半乾旱地區，萌發後沒有適當的水分供應就意味著死亡。影響種子休眠的因素有許多種，其中脫落酸（ABA）似乎是最重要的，它是生長抑制劑。這類植物的種子在土壤中處於休眠狀態，只有在大雨將其中的 ABA 洗淨後才開始萌發。

決定種子是否萌發的因素是赤霉素與脫落酸的比例，而不是它們的絕對濃度，芽的休眠也是由這兩種物質的比例決定的。ABA 幫助植物度過不利的環境。如因乾旱而植物失水時，ABA 就在葉中積累，使氣孔關閉，減少蒸發作用，減少了水分的損失。

果實的成熟是一個衰老過程，包括細胞壁的降解、顏色的變化（通常是由綠變黃），有時還有失水，這些過程是由乙烯引發的。乙烯在果實中形成，因為它是氣體，所以很容易在細胞之間擴散，也能夠通過空氣在果實之間擴散。一箱蘋果中，如果有一個蘋果過熟而變質了，那麼一箱中的所有蘋果都會很快成熟隨後變質。如果將未成熟果實放在一個塑膠袋中，它們很快就會成熟，因為乙烯會在袋中積累，加速果實的成熟。

落葉是由環境因素引發的，這些因素中首先是秋季的短日照，其次還有低溫。這些環境條件顯然引起了乙烯與生長素比例的變化。葉片衰老時，所合成的生長素越來越少。與此同時，細胞開始合成乙烯，乙烯又促進一些酶的形成，而這些酶可以分解細胞壁。秋季落葉是植物的一種適應，使得樹木在冬季不致乾枯。

禾本科植物的向光性

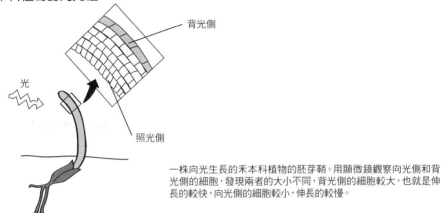

背光側

光

照光側

一株向光生長的禾本科植物的胚芽鞘。用顯微鏡觀察向光側和背光側的細胞，發現兩者的大小不同，背光側的細胞較大，也就是伸長的較快，向光側的細胞較小，伸長的較慢。

植物激素

名稱	主要功能	存在部位
生長素	促進莖的伸長；影響根的生長、分化和分支以及果實的發育，頂端優勢，向光性和向重力性	頂芽和根尖的分生組織，幼葉，胚
細胞分裂素	影響根的生長和分化，促進細胞分裂和生長，促進萌發，延緩衰老	在根、胚或果實中合成，由根向其他器官運輸
赤霉素	促進種子萌發、芽的發育、莖的伸長和葉的生長，促進開花和果實發育，影響根的生長和分化	頂芽的分生組織，幼葉，胚
脫落酸	抑制生長，使氣孔在失水時關閉，維持休眠	葉、莖、根和未成熟果實
乙烯	促進果實成熟，抵消生長素的某些作用，促進或抑制根、葉和花的生長和發育，因物種而異	成熟中的果實、莖的節和失水的葉子

目前已確定的存在於植物體內的激素有5種，細胞分裂素和赤霉素都不是一種純物質而是一類結構和功能都相似的物質。這5類激素都影響生長，也影響發育(細胞分化)。

蘋果果實各生育時期激素的動態變化

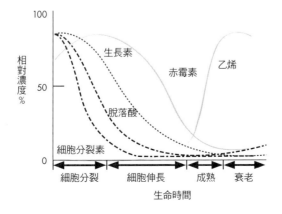

4-8 種子

（一）形成種子的策略

傳統植物應付嚴寒和乾燥氣候的策略是產生孢子，但是孢子是所謂的生殖細胞，在行有性生殖的生物裏面，孢子遇到適當的環境時，還必須再遇到另外一個孢子，才能經由細胞融合而變成雙倍體。如果生殖細胞是以孢子的形態存在，那麼當地球環境非常惡劣而且持續很久時，大部分的孢子是沒有辦法存活的。

此時，只有少數植物開始演化出一個新的生殖策略。這些少數的植物首先演化出「雌雄同體」，也就是在植物體內可以自己進行雌雄生殖細胞的結合，形成胚胎，胚胎開始發育到某一個程度時會停止，然後在胚胎的外層形成一個很堅固的外殼，就是所謂的「種子」。

當植物發展出「種子」這樣的生殖策略時，如果它剛好生長在沼澤區，這種植物在生存競爭上並沒有特別的優勢，因為環境周圍的養分非常充分。生殖細胞或胚胎不需要保護的那麼好，也可以活得很好！

但如果它剛好在一個非常乾旱的地區，能夠形成種子的植物就有非常大的生存優勢，因為種子裏的胚胎已經發育到了一個階段，不需要像孢子一樣再去找另外一個孢子結合，同時種子裏面已經儲備了充分的養分，能夠提供後期胚胎發育的需要。所以種子植物就開始在嚴寒乾旱地區非常興盛的發展出來。

（二）形成種子的植物

可以形成種子的植物有裸子植物（Gymnosperm）和被子植物（Angiosperm）兩種。許多裸子植物的種子非常耐乾、耐旱，至目前為止，有些在墳墓裏面歷經千年以上時間的裸子植物的種子，遇到適當的潮濕環境，仍然可以發芽生長。

所以，一個種子可以保存的年限比單倍體的孢子更久，能夠抵抗惡劣環境的能力也比孢子強。裸子植物後來又發展成被子植物，而被子植物最重要的發明就是將種子藏在果實中間。這項發明可以讓植物、動物和昆蟲之間有正面的互動。

被子植物產生花粉來吸引昆蟲，使昆蟲可以幫助這些植物散播花粉。後來植物發展出將種子包裹在甜美的果實之內，來吸引動物的食用，一方面可以增加交配的機率，二方面可以將種子帶到更遠的地方。所以當被子植物出現之後，產生非常多樣性的種類，植物和動物才真正有非常密切的互動。

（三）種子的壽命

各類植物種的壽命有很大差異，其壽命的長短除與遺傳特性和發育是否健壯有關外，還受環境因素的影響。有些植物種子壽命很短，如巴西橡膠的種子生活僅一週左右，而蓮的種子壽命很長，生活長達數百年以至千年。

小博士解說

實驗證實，低溫、低濕，黑暗以及降低空氣中的含氧量為種子理想的貯存條件。

單子葉植物的種子

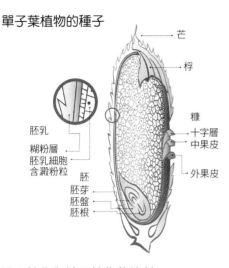

芒

稃

糠
十字層
中果皮

外果皮

胚乳
糊粉層
胚乳細胞
含澱粉粒
胚
胚芽
胚盤
胚根

種子包括種皮、胚及胚乳。圖為單子葉植物（稻子）種子。收割後，去掉殼的米，稱為糙米。糙米包括92%胚乳，3%胚芽，5%米糠層，米糠層是指果皮、種皮、糊粉層，為粗糙纖維組成，水份不易浸透，煮出的糙米飯較硬且粘性低。[本圖為自CAN STOCK合法下載授權使用]

裸子植物與被子植物的比較

項目	裸子植物	被子植物
胚珠	裸露,無子房保護	包於子房內
胞子葉	集合成毬花	集合成花
受精	單受精	雙重受精
胚	子葉二至多枚	子葉一到二枚
胚乳	為雌配子體細胞	為極核受精後的細胞
果	多為毬果	形式不一
根	常無根毛	多有根毛
莖	1.多為木本,無草本；2.木質部無導管 3.韌皮部的篩管細胞中有細胞核,無伴細胞	1.木本、草本兼而有之；2.木質部多具導管 3.韌皮部的篩管細胞無細胞核,有伴細胞
葉	螺旋狀排列、輪生或十字對生	多為互生、對生或輪生
花	1.多單性；2.多風媒花；3.多無花被,無柱頭 4.花粉粒落在珠孔上授粉	1.兩性或單性；2.蟲媒、風媒或其它媒介傳粉 3.有花被及柱頭；4.花粉粒落在柱頭上授粉

種子儲存過程中發芽率的衰退

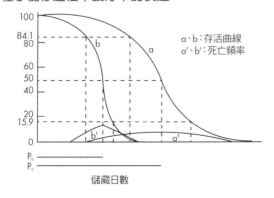

a、b：存活曲線
a'、b'：死亡頻率

儲藏日數

一般而言，儲藏條件越惡劣（即溫度越高或種子含水率越高），高活度的期間越短，發芽率下降的速度也越快。種子存活曲線(a、b) 很接近常態分布的反向累積頻率曲線，亦即表示種子族群在儲藏時間內的死亡頻率（a'、b'，或者說壽命頻率）的分布接近常態，也就是說一批種子中只有少數的種子壽命很短，也只有少數的種子壽命很長，種子壽命接近於平均值的最多。

4-9 植物對碳平衡和大氣的貢獻

（一）碳循環

大氣層中二氧化碳（CO_2）約佔 0.038% 的體積，是含量排名第四高的氣體（氮氣 78%，氧氣 21%，氬氣 0.9%）。

碳循環是在各種氣態和固態之間循環，可分為三種途徑。一是陸地與大氣之間的交換，即陸地上的生物透過光合作用與呼吸作用，利用 CO_2 使之循環。陸地上的森林藏有地表 86% 的碳，光合作用提供植物捕捉大氣中的碳合成葡萄糖，可直接消耗或以其他化合物形式儲存。

二是透過大氣與海洋間的交換，透過海洋裡生物光合作用與呼吸作用、生物形成的碳酸鈣沈澱與深海的溶解作用，以及 CO_2 分壓對水的溶解與揮發等作用，促使 CO_2 在大氣與海洋之間進行交換，此交換量每年約有 3,700 億噸。

三是火山作用與岩石化風化的溶解作用，前者促使 CO_2 釋出；後者則使 CO_2 分解，此交換量每年約有 1 億噸。

（二）植物與二氧化碳

生物圈的光合作用可說是地球上最重要的化學反應之一，植物透過光合作用可將水及 CO_2 轉換成氧氣以及葡萄糖，當春天到來、枝葉欣欣向榮時，CO_2 濃度因茂盛的光合作用會顯著的降低，由氣候學家進行的 CO2 濃度監測，每年都會有相同的升降規律。

植物是去除大氣 CO_2 的主角，全球大氣 CO_2 濃度在最近一次冰川後大約是 190ppm，如今已升高到 375ppm。CO_2 濃度上升是對燃燒化石燃料和大規模破壞森林的影響。

全球大氣 CO_2 濃度的增長導致了地球表面平均溫度的升高（大約 50 年升高 0.5℃），其原因是 CO_2 能吸收紅外線輻射。對植物而言，氣候模式的改變比平均溫度的微小變化更顯的更為重要。

（三）浮游植物

浮游植物（phytoplankton）包括矽藻與其他藻類等單細胞生物，居住的地區占據了地球表面的四分之三。全球行光合作用的生物所含的碳有 6000 億噸重，而浮游植物占的比例卻不到其中的百分之一。海洋浮游植物活動的最大效應，就是它們對於氣候的影響：這些身形奇小的海洋住民，能夠從大氣中擷取溫室效應氣體，即 CO_2，並將之儲存到海洋深處。

地球的碳循環之所以強烈影響全球氣候，端賴聚熱氣體 CO_2 移入與移出大氣與上層海水的相對量，而氣體在大氣與海水間大約每六年可以完全交換一次。這些微小的海洋居民，每年納入自己細胞中的碳，大約有 500 億噸；這個過程藉由光合作用來達成，通常受到風中沙塵上的鐵質所激發。浮游植物也透過生物泵將 CO_2 暫時儲存於深海：它們所吸收的碳，大約有 15% 沉到深海，而當死亡細胞分解時，再以 CO_2 的形式釋放出來。過了數百年，湧升流把這些溶在水中的氣體與其他營養鹽帶回陽光照耀的表層水域。

植物與碳循環

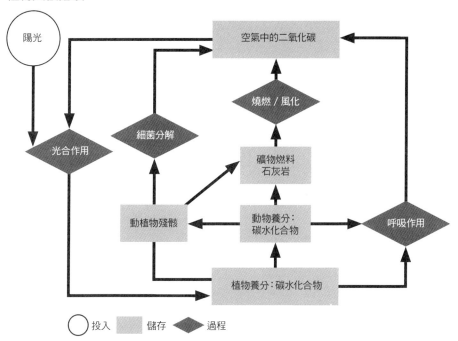

陽光

空氣中的二氧化碳

燒燃 / 風化

光合作用

細菌分解

礦物燃料
石灰岩

動植物殘骸

動物養分：
碳水化合物

呼吸作用

植物養分：碳水化合物

◯ 投入　▭ 儲存　◆ 過程

在地球生態系統中，所有的生物成員的作用都通過兩種循環，即碳循環（carbon cycle）與氧循環（oxygen cycle）而與大氣圈緊密聯繫。每一個循環內都有能量、養分和水的流動與轉移。

由於碳在環境中的數量有限，因此只得不斷地再循環（re-cycle）。光合作用使得植物利用空氣中的二氧化碳製造食物。這些食物一部分供應植物所需，一部分則為消費者所食用。消費者通過呼吸作用，把碳送回大氣圈。在這個過程中，還涉及使用氧來分解食物，以製造能量和生物所需的物質。分解者最後把植物和動物組織分解，使碳流回到空氣和土壤中，完成整個循環。

海洋中浮游植物生活的區域

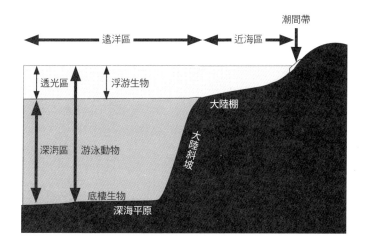

潮間帶

遠洋區　近海區

透光區　浮游生物

大陸棚

深海區　游泳動物

大陸斜坡

底棲生物

深海平原

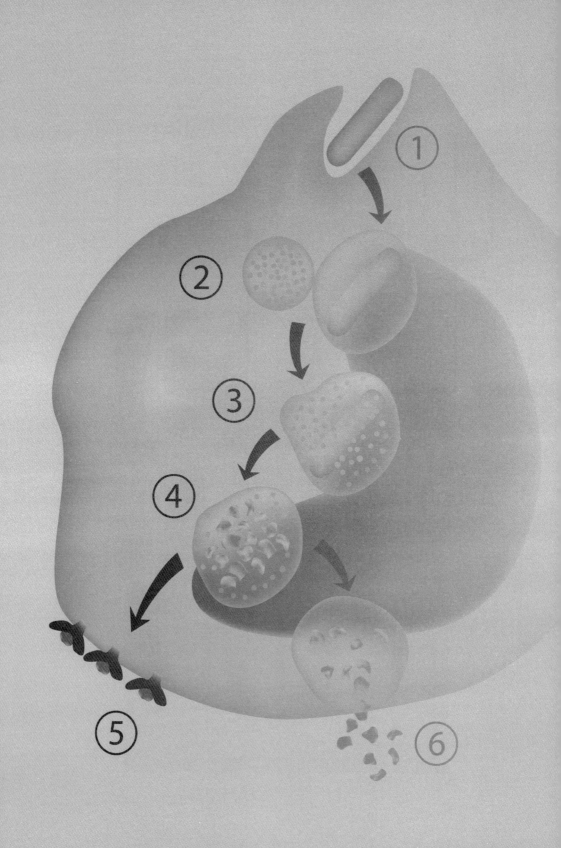

第5章
微生物與免疫

　　微生物分布廣泛，從冰冷的北極到熾熱的深海火山岩噴口，都可以找到其蹤跡。在生活環境中，如空氣、水、食物等，充滿著千百種、億兆個的微生物，它們無法以肉眼觀察，但幾乎無所不在，包括病毒、細菌、藻類、真菌、黴菌等。

5-1　微生物的分類

5-2　細菌的生活

5-3　植物與微生物的恩怨

5-4　微生物殺蟲劑

5-5　原核生物

5-6　普利昂

5-7　病毒

5-8　真菌王國

5-9　免疫系統──非專一性防禦機制

5-10　免疫系統──專一性防禦機制

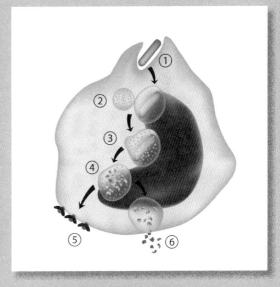

T細胞的活化需經過抗原辨識過程，抗原可經由抗原表現細胞（Antigen-presenting cell, APC）、共同刺激訊號、或抗原表現細胞所產生的細胞激素被辨識。[本圖為自CAN STOCK合法下載授權使用]

5-1 微生物的分類

（一）微生物概述

在眾多生物中，有許多種類是人類肉眼看不見的，統稱為微生物。包括病毒、類病毒、細菌、真菌、藻類及線蟲。

在這些微生物中，細菌是原核生物，真菌、藻類及線蟲是真核生物，而病毒與類病毒則因為本身不具完善的自體繁殖能力，有時候不被認為是真正的生物。雖然微生物的個別細胞只能用顯微鏡觀察到，但是有些微生物在其生活史中也會產生一些肉眼可以清楚看到的構造；如：各式各樣的菇類。其便是由一些真菌的子實體用來產生孢子以繁衍並散播下一代。

微生物是無處不在的，在土壤中、水中、動物及植物的體表或體內，都有它們的蹤跡。有些可以用人工的培養基培養，有些則只能生存在活體細胞中。對動物、植物或其他生物來說，有些微生物是有害的，有些則是無害或甚至是有益的；而牠們與其他生物的關係，有時也會因環境的不同而改變。隨著生物科技的發展，近年來可以針對微生物中特定的蛋白質產物或核酸分子，非常精準地偵測到其存在及數量。

（二）微生物形態學

細菌是微生物學中的要角。早期的細菌分類，純以形態特徵的區分為主。要開始研究細菌，首先須在無菌條件下操作進行純化分離，藉此取得純菌株。

1882 年赫斯（W. Hesse）發現從紅藻萃取出來的多醣類物質（也就是俗稱的洋菜）適合做為培養基固化劑。1884 年革蘭（C. Gram）發明了革蘭氏染色法，進行組織內細菌分染。1890 年羅福樂（F. Löeffler）研創細菌鞭毛染色法，1872 年柯恩（F. Cohn）把細菌分為球菌、短桿菌、長桿菌和螺旋菌 4 群，並且記載了黴球菌、細菌、桿菌、弧菌、螺旋菌、螺旋體等 6 屬。

（三）微生物的分類方法

微生物分類的準則是使用一系列微生物的特徵，當做對照和確認某個微生物在分類系統中的歸屬。微生物的檢定方法並不需要固定不變，主要需要能容易地在實驗室中進行，檢定的項目應該針對分類所需的主要特性進行分析，步驟和項目越少越好。

小博士 解說

伯杰氏細菌學手冊（Bergey's Manual of Determinative Bacteriology）一書提出了微生物分類準則，如細胞壁成分、形態特性、染色、氧氣需求和其他生化檢驗結果。現代微生物分類學家利用手冊內容，配合先前微生物演化系統研究，發展出一套完整的微生物分類準則。

微生物的分類

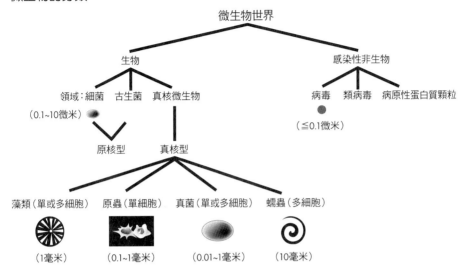

微生物世界
├── 生物
│   └── 領域：細菌　古生菌　真核微生物
│   （0.1~10微米）
│   ├── 原核型
│   └── 真核型
│   ├── 藻類（單或多細胞）（1毫米）
│   ├── 原蟲（單細胞）（0.1~1毫米）
│   ├── 真菌（單或多細胞）（0.01~1毫米）
│   └── 蠕蟲（多細胞）（10毫米）
└── 感染性非生物
    ├── 病毒（≦0.1微米）
    ├── 類病毒
    └── 病原性蛋白質顆粒

微生物分類的準則和方法

準則	方法和特色
染色	利用細胞壁成分的異同，染色的方法（例如革蘭氏染色法或酸性染色法）。缺乏細胞壁的細菌和細胞壁不穩定的古細菌則無法用這種方法來鑒定
血清反應	身體免疫抗體對具有抗原性微生物進行反應。可能某些不同種類的菌種，卻含有相同或相似的抗原成分
噬菌體感染性	噬菌體對微生物的感染性具有高度的專一性，它對細胞膜的成分有特別的選擇性
胺基酸序列	微生物的蛋白質序列，可以檢定DNA序列的異同，也可以判定微生物種類演化的異同，蛋白質序列相似性越高的，其分類種類越相近
DNA鹼基的組成	一般都是以鳥嘌呤（G）和胞嘧啶（C）總和的百分比來表示，理論上相同種類的微生物的（G＋C）的百分比應該相同，種類相似微生物的（G＋C）的百分比應該相近
DNA指紋	微生物經過DNA剪切酵素處理後，加以電泳分離，便可以判斷剪切過的DNA片斷長度是否相同
核醣體RNA序列	是目前最常用來測定生物的差異性和它們發生起源的差別，核醣體RNA存在所有的細胞裏，而且較為穩定，容易取得。可以利用聚合酵素連鎖反應和核醣體RNA的引子增殖核醣體RNA片斷，進行序列的分析
DNA聚合酵素連鎖反應	利用聚合酵素連鎖反應的方法，將微生物的DNA或核醣體RNA增殖，再利用特定DNA剪切酵素或DNA序列的方法，來檢定微生物的親緣關係
核酸雜交	DNA是一個雙股的基因分子，經加熱後，雙股會鬆弛並分開，成為兩條單股。如果將這單股的DNA固定在合適的材質上，再用已知的單股DNA探針和這固定的單股DNA反應

5-2 細菌的生活

（一）細菌的生活方式

　　有些細菌會行光合作用，具有紅、紫、褐、綠色等之光合成色素，和植物的葉綠素相比，有若干化學構造上的差異。此類細菌不需要氧氣，是屬厭氧性菌，行光合作用的同時，會產生硫化氫等簡單的還原型化合物（光合成自營菌），或將有機物（光合成自營菌）脫氫作用的同時，將二氧化碳還原而合成菌體成分。

　　細菌可分為只有無機物即可做為營養源而可生育的細菌（自營菌， autotroph），及需要有機物做為營養源才可生育的細菌（自營菌，heterotroph）二大類。而自營菌中，可分成光合成細菌，即具有光合成色素，能利用太陽能的一群菌；此外為氧化無機物（氫、硫黃、硫化物、氨）而獲得能量的化學合成自營菌。而除藻類之多數菌體（包括動物）均屬化學合成自營菌。

（二）內孢子

　　某些桿菌在發育到某一階段時，會在內部形成圓形或卵形的內孢子，又可稱為芽胞（孢），屬於細菌的休眠狀態。內孢子的形成通常是由於周遭營養供應不良，缺乏碳或氮的緣故。

　　在進入此階段時，首先有關生長性細胞的基因變為不活化，而有關形成內孢子的基因則致活並發生細胞質濃縮。等到水分剩下不到 40%，再形成多層厚膜。芽孢核心含有 DNA、RNA 蛋白質和酵素。外層則依次包括內膜、芽孢壁、皮質層、外膜、芽孢殼和芽孢外壁，不具通透性。內、外膜由細胞膜形成；芽孢壁在發芽後形成細胞壁；皮質層最薄，但具有耐熱性；芽孢殼無通透性，能抗化學藥物的滲入；芽孢外壁則較疏鬆。有時芽孢可抵抗 150℃乾熱滅菌一小時。

　　芽孢在適宜條件下（溫度、濕度和養分），會吸收水分和養料而膨大，在芽孢一端發生破裂，新的個體便由此長出而留下空殼，歷時 4 至 5 小時。

　　孢子萌發為生長性細胞，稱為發芽（ Sporulation ），可分為三個步驟：激活作用、觸發、生長。

（三）細菌的分布

　　微生物分布廣泛，從冰冷的北極到熾熱的深海火山岩噴口，都可以找到其蹤跡。一般觀念認為，微生物會感染各種動、植物，引起病變甚至導致死亡。然而，考量到微生物對大多數動、植物及人類所做的有益貢獻，仍然是瑕不掩瑜。

小博士解說

　　至今所知最大的細菌，是1999年在非洲的納米比亞海岸發現的。其菌體成圓球狀，最大的直徑有0.75公分，體積是一般細菌的數百萬倍，肉眼可見。這種細菌的細胞內充滿空泡，可以儲存大量養分，細菌本身也可透過調整空泡大小改變密度，以控制其在水中升降覓食，有如一部升降機。

植物與根瘤菌的共生關係

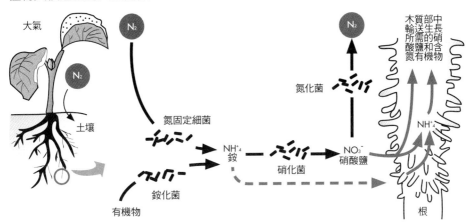

細菌可以得到植物光合作用的糖分,又可提供鹽類給植物利用,這是一種互利的共生關係。

微生物分類的準則和方法

名稱	特徵	圖例
中央芽胞	芽胞呈卵形,位於菌體中央,直徑與菌體直徑相等。	
近端芽胞	芽胞呈卵形,位於菌體中央與某一端之間。	
頂端芽胞	芽胞呈圓形,位於菌體頂端,使菌體呈鼓鎚狀。	

細菌的營生方式

營生方式	種類	說明
異營性	腐生菌	分解動植物遺骸→促進物質元素循環
	寄生菌	直接吸收宿主的養分而生活
	共生菌	由宿主得到養分,但不危害宿主,且對宿主有益
自營性	光合自營	行光合作用
	化學自營	利用外界無機物氧化所釋放之能量 1. $Fe^{2+} \xrightarrow{\text{鐵細菌}} Fe^{3+}$ 2. $H_2S \xrightarrow{\text{硫細菌}} S \longrightarrow H_2SO_4$ 3. $NH_3 \xrightarrow{\text{亞硝化菌}} HNO_2 \xrightarrow{\text{硝化菌}} HNO_3$

5-3 植物與微生物的恩怨

（一）危害植物的微生物

大多數的植物只能定點固著在土壤或水中終其一生，因而與其周遭的微生物有著密不可分的關係。有些微生物仰賴植物而生存，但許多寄生的微生物會對植物造成極大的傷害。

可以造成植物病害的微生物，主要包括病毒、類病毒、細菌、真菌及線蟲。有些病原微生物是絕對寄生性的，只能存活在植物活體細胞中，如：病毒及類病毒、白粉病菌、線蟲等。有些病原微生物則可以在沒有合適的寄主植物時進行腐生，如：植物病原細菌及真菌。

植物病原微生物危害植物的機制，其一是分泌對植物有害的物質；如分解植物細胞壁或細胞內含物的酵素、對植物有害的毒素物質、影響植物生長與發育的生長調節劑，或是多醣類化合物等。此外，病原微生物也會對植物生理產生極大的影響；例如改變細胞膜的滲透壓、阻塞水分及養分的輸送、影響光合作用及呼吸作用的效率、影響轉譯和轉錄效率等。

因為危害植物機制的不同，有些病原微生物會造成植物局部性病害；如：葉斑病、果腐等。有些病原菌則會引起整株植物系統性的傷害；如：植物青枯病（又稱為細菌性萎凋病）會因病菌產生大量的多醣體，導致維管束輸水困難，造成植株呈現全身性萎凋。

（二）有益植物的微生物

在自然界中也有許多對植物有益的微生物，可以促進植物生長、加強植物對病害或不良環境因子的耐受性。這類幫助植物生長或抵抗各種逆境因子的機制，包括對有害於植物的生物造成直接衝擊、促進植物自身的生長和健壯、與其他生物間產生協力作用等。對植物有益的微生物因其特質的不同，可以個別或以不同的組合，用來當做植物的生物肥料或生物農藥。

由於和植物相關的細菌種類很多，目前已經發現並應用的種類極為豐富。如根瘤菌是一群可以在植物根部產生根瘤的共生細菌，能夠幫助植物產生高效能的固氮作用；蘇力菌則會產生具寄主專一性的特殊有毒蛋白結晶，使取食植物的害蟲因腸壁穿孔而亡，但對於目標昆蟲以外的生物則無害。另外，有些具有殺菌活性的有益細菌，如枯草桿菌、鏈黴菌和假單胞菌等，可以利用產生多種抗生物質、競爭和超寄生等機制，達到拮抗植物病原菌的目的。

小博士解說

在植物有益真菌方面，最著名也是非常重要的是菌根菌。因菌種而異，這類真菌可以在植物的根部表面或內部生長與發育，其菌絲與植物根部纏繞在一起，不但可以幫助植物吸收土壤中的養分（尤其是磷）和水分，也可以幫助植物避免多種病原菌微生物的侵害，或增加植物對不良環境因子的耐受性。

危害植物的微生物與寄生、環境因子的關係圖

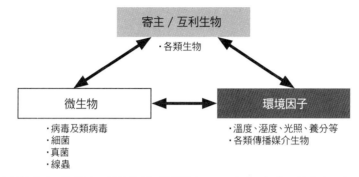

鏈黴菌產生的抗生素種類繁多且結構複雜，從結構上區分，大致可把農用抗生素分為下列六大類：

農用抗生素	說明	舉例
氨基醣類	屬於醣的衍生物，由醣或胺基酸與其他分子結合而成。在植物體內具有移行性，可干擾病原細胞蛋白質的合成	鏈黴素
四環黴素類	由四個乙酸及丙二酸縮合環化而形成，可以抑制病原菌核醣體蛋白	四環黴素
核酸類	含有核酸類似物的衍生物，作用於病原菌的去氧核醣核酸合成系統，抑制其前驅物或酵素的合成	保米黴素
大環內酯類	由12個以上的碳原子組成，且形成環狀結構，通常可和細菌的 50 核醣體亞基結合，以阻斷蛋白質的合成	紅黴素
多烯類	由 25~37個碳原子組成的大環內酯類抗生素，含有3~7個相鄰的雙鍵，可與病原真菌細胞膜上的類固醇結合，有破壞細胞膜的功能	治黴菌素
多肽類	把胺基酸用不同的肽鍵結合，經常形成網狀結構，可以抑制病原菌細胞壁的合成	純黴素

植物細胞受病原菌感染後所誘發的反應

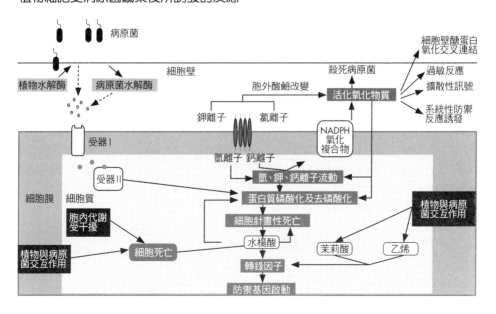

5-4 微生物殺蟲劑

　　微生物殺蟲劑是微生物農藥的一種，用來防治有害昆蟲，它是由活的微生物（病毒、細菌、真菌、原生動物或線蟲）或這些微生物產生的代謝物質，經製劑配方調製而成。

　　微生物殺蟲劑中使用的微生物，對野生動物、人類、非標的生物不具毒性和病原性，安全無虞，僅對單一類或單一種害蟲有毒性或病原性，它的專一性讓處理區的有益昆蟲不會受到直接危害（包括捕食性或寄生性天敵）。

（一）細菌殺蟲劑

　　大多數用於害蟲防治的細菌是桿菌，形狀呈桿狀，通常存在於土壤中，而且大多數殺蟲的品系來自土壤樣品。細菌殺蟲劑必須經害蟲取食才有效，並不是接觸性殺蟲劑。

　　蘇力菌為一種革蘭氏陽性桿菌，在於其生長過程中，細胞內會形成一具有厚壁的內孢子，同時在內孢子的旁邊也形成一個菱形的毒蛋白質晶體。當鱗翅目昆蟲（如蛾、蝶類）吞食能使其致命的蘇力菌以後，毒蛋白晶體會在此類昆蟲特有的鹼性腸道內（pH 值可達 9.5 以上）逐漸溶解，然後再經由腸內一特殊酵素的切割，使具毒殺性的蛋白質片斷釋放出來。此毒蛋白片斷使腸道細胞發生腫脹、崩解，最後使宿主昆蟲死亡。

（二）病毒殺蟲劑

　　許多昆蟲會受到病毒的傷害，但病毒寄主範圍窄，僅對單一的種類或單一屬的昆蟲有效。最具微生物防治潛力的病毒是桿狀病毒科，包括核多角體病毒屬和顆粒體病毒屬。超過 400 種昆蟲（大部分是鱗翅目），是桿狀病毒的寄主。

　　病毒和細菌類似，經取食後才能感染寄主。

（三）真菌殺蟲劑

　　真菌和病毒一樣，時常扮演重要的自然防治角色，能夠限制害蟲棲群的成長。真菌的分生孢子能直接在昆蟲體表發芽，而且產生特化的構造，使得真菌能穿透表皮進入昆蟲身體，不需被害蟲取食才能造成感染。在大多數的情況下，在感染的過程中，受感染的昆蟲是被真菌毒素所殺死，而非因寄生造成的慢性作用致死。

　　真菌感染害蟲的種類和生活期也有所不同，有些重要真菌的種類能攻擊許多害蟲的卵、幼蟲和成蟲，有些真菌則對幼蟲的種類具專一性。其中以白殭菌、黑殭菌、綠殭菌、蠟蚧輪枝菌的防治效果較好。

（四）原生動物與昆蟲病原線蟲殺蟲劑

　　在自然情況下，原生動物可感染相當多的昆蟲寄主。雖然這類病原菌能殺死昆蟲寄主，但重要的是其慢性作用會使寄主衰弱。受感染昆蟲後代的減少，是原生動物感染後的一個重要且常見的結果。

　　昆蟲病原線蟲會主動尋找寄主，侵染率及致死率高、寄主範圍廣，而對人畜和環境安全無害，可以利用發酵法大量生產。且其使用方便，能以專屬器械施用，目前已廣泛用於鑽孔性、土棲性等隱蔽性害蟲的防治。

蟲生真菌

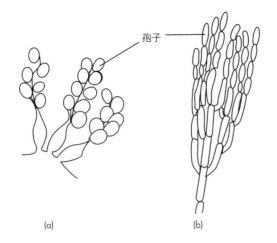

目前較受注目且具實用價值的蟲生真菌：(a)白殭菌及(b)綠殭菌。

蟲生線蟲的生活史

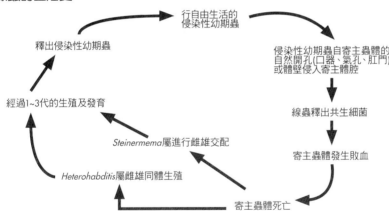

行自由生活的
侵染性幼期蟲

釋出侵染性幼期蟲

侵染性幼期蟲自寄主蟲體的
自然開孔(口器、氣孔、肛門)
或體壁侵入寄主體腔

經過1~3代的生殖及發育

線蟲釋出共生細菌

*Steinermema*屬進行雌雄交配

寄主蟲體發生敗血

*Heterohabditis*屬雌雄同體生殖

寄主蟲體死亡

已上市真菌殺蟲劑（舉例）

真菌名	產品名	目標害蟲	生產國家
Aschersonia aleyrodis	Aseronija	粉蝨、介殼蟲	前蘇聯
Aspergillus sp.	Asper G	甲蟲	日本
Beauveria bassiana	Naturalis-L.	棉鈴象、甘藷粉蝨、葉蟬	美國
B. brongniartii	Biolisa	天牛及其他為害桑樹和柑桔之害蟲	日本
Conidiobolus obscurus	Entomophthorin	蚜蟲	立陶宛
Metarhizium anisopliae	Bio1020	葡萄黑耳啄象	德國

5-5 植物的生物時鐘

（一）生命的濫觴

距今約 39 億年前，地球上出現了最原始的細胞，其後經過漫長的演化過程，得以孕育出現今所有的生物。最先出現的屬於非常簡單的原核生物，它們的細胞沒有細胞核，遺傳物質散布在細胞質中，細胞質中也沒有其他胞器。原核生物包含細菌和藍綠菌（念珠藻、顫藻）。

隨著時間的變遷，具有細胞核的真核生物逐漸演化出現，其遺傳物質保存在細胞核中，並且具有不同的胞器，如粒線體、葉綠體等。

原核生物細胞的構造與真核細胞的差異，主要在於原核生物缺乏細胞核膜及功能性胞器（如葉綠體、粒腺體、內質網、高基氏體等），其他如細胞核、細胞質、細胞質膜、細胞壁、黏膜層及莢膜、纖毛、鞭毛、孢子及核醣體等構造均一應具有，故其結構較為簡單。

在最新的分類上其分類地位高於界，以核醣體 16S ribosomal RNA、168 ribosomal RNA 序列的差異分類，將生物分成三個領域（domain）：真核生物、真細菌、古細菌。

（二）原核生物細胞壁

大部分的細菌都有細胞壁，可以抵抗滲透壓並且維持細胞的形狀，主要的成分是肽聚醣（peptidoglycan），但有些寄生在人體內的細菌沒有細胞壁。有些細菌除了有典型的細胞膜之外，在細胞壁外還有另外一層外膜。這兩種細胞在分類上很重要，因為用革蘭氏特製的染色劑可以將一大部分（雖然不是全部）細菌區分為革蘭氏陽性（Gram-positive）與革蘭氏陰性（Gram-negative）。

革蘭氏陰性的細胞壁位於兩層膜（外膜及細胞膜）之間，細胞壁比較薄。多了一層外膜雖然多了一層保護，但是與外界的溝通運輸就比較複雜。細胞膜上有蛋白質（孔蛋白）形成孔隙，可以讓不同大小的分子進出以做調控，就好像是城門一樣。在細胞膜和細胞壁之間的空間稱為細胞周質間隙（periplasmic space），含有一些可以分解外來的蛋白質或是消化脂肪或醣類等的酵素。革蘭氏陽性沒有外膜那一層，因此它的厚細胞壁雖然堅硬，但組織較鬆，有很多空隙可以讓物質進出。

小博士解說

抗生素盤尼西林（penicillin）可以破壞細胞壁的胜肽鍵的形成，使正在生長的細菌無法產生網狀結構的正常細胞壁，如此便無法抵抗滲透壓，細胞會因此而漲破，所以盤尼西林可以殺死正在生長中的細菌（但是不會殺死不再生長的細菌）。能夠抵抗盤尼西林的細菌可以分泌酵素來破壞並分解盤尼西林。這個酵素在革蘭氏陰性的細菌是分泌在細胞周質間隙中；而在革蘭氏陽性的細菌則是分泌此酵素到體外。

真核細胞與原核細胞之比較

項目	真核細胞	原核細胞
核仁	具核膜、有絲分裂 數個染色體，通常與粗蛋白結合	無核膜且無有絲分裂 單分子DNA，不與粗蛋白結合
呼吸系統	粒腺體	細胞質膜或中間體
光合作用	葉綠體	組織化內膜（含葉綠素）
細胞壁	多醣類(polysaccharide)	胜醣類(Peptidoglygen)
鞭毛	每條鞭毛由20條纖維組成	單一分子纖維組成
原生質內胞器	內質網、溶小體、高基氏體及80-S核醣體	— 70-S核醣體

細菌細胞壁

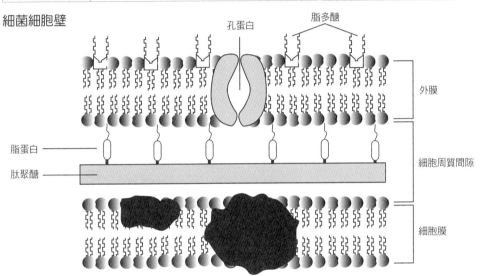

革蘭氏陰性（Gram-negative）的細菌細胞壁。

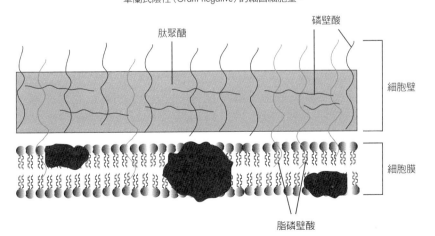

革蘭氏陽性（Gram-positive）的細菌細胞壁。

5-6 普利昂

（一）不可思議的病原體

引起人類和動物疾病的病原體種類繁多，按照這些病原體結構複雜度及個體大小可分成：真核多細胞生物、單細胞原生生物、原核生物以及不具任何細胞結構的病毒。

病毒已經簡單到只含蛋白質和核酸了，並且只能利用電子顯微鏡才能觀察到它們結構；更驚人的是，引起人類腦神經退化而成痴呆的庫賈氏症（Creutzfeldt-Jakob disease, CJD）的病原體—普利昂（prion），它只含有蛋白質！蛋白質具有傳染力並且引起疾病，實在是不可思議。

與 CJD 相類似的疾病還有人類的古魯症（Kuru）、山羊和綿羊的羊搔癢症（scraple）以及牛群中的狂牛症（mad cow disease）。它們都是由類似病原體引起腦神經退化，進而產生的疾病。

目前對普利昂變性蛋白質引起的疾病尚無任何有效治療方式，唯一有效避免受遭感染的方式，是避免食用受感染動物製造的肉品（尤其是腦組織、骨髓與神經部分）。關於普利昂的研究，未來仍有極大努力空間。

（二）能複製的蛋白質

蛋白質能複製嗎？生命科學的中心教條告訴我們：蛋白質的產生是依靠核酸上訊息的藍本，只有核酸具備複製能力，蛋白質無法自形模板加以大量複製。但如果普利昂只含蛋白，又如何解釋它進入動物體腦細胞後，竟然可以偵測到大量的普利昂呢？

普利昂蛋白又稱「蛋白質傳染性粒子」（PrP），變性普利昂蛋白可以獨自執行生理作用，在病體中找不到致病的遺傳物質。

致病的 PrP（PrPSC）和正常的 PrP（PrPC）結構上有所不同，正常的 PrP 形成四個 α-螺旋狀結構，而突變的 PrP 則為 β-片狀結構。突變的 PrP 會比較趨向於摺疊成 β-片狀結構，是因為突變的胺基酸使 PrP 無法形成穩定的 α-螺旋狀結構。一些生化的分析，也發現變異的 PrP 比正常 PrP 不容易被蛋白酶分解，顯示兩種蛋白的差異性。

PrPSC 和 PrPC 蛋白有相同的胺基酸序列，但結構卻不相同。蛋白質構型的改變並非來自基因突變，而是某種誘因讓其構型改變，造成細胞功能不同。PrPSC 是非水溶性的蛋白，會如纖維般堆積於腦組織內，導致腦細胞死亡。不正常的 PrPSC 蛋白質也會使正常蛋白質 PrPC 構型的改變為 PrPSC，其中的機制仍未明瞭。

小博士解說

研究認為，在腦中變性的普利昂蛋白，會阻斷合成 β 澱粉狀蛋白中的一種關鍵酵素。當 β 澱粉狀蛋白堆積在腦中時，會造成阿茲海默症。在早期阿茲海默症患者的腦中發現含有較少的 PrPC 蛋白，PrPC 似乎在抑制阿茲海默症這方面扮演一個重要的角色。

動物傳播性海綿樣腦病變

動物中之傳播性海綿狀腦病		
病名	第一次文獻	所感染之動物對象
綿羊搔癢症	1973	山羊、綿羊
傳播性貂腦病	1965	貂
慢性消耗性疾病	1967	黑尾鹿、白尾鹿、麋鹿
牛海綿狀腦病	1986	牛(畜養)
動物園海綿狀腦病	1988	有蹄動物、大型貓科
貓海綿狀腦病	1990	貓(畜養)

正常的普利昂蛋白質

正常的普利昂蛋白質存在於所有脊椎動物體內，是正常而無害的。但是變性的普利昂蛋白質具有致病性，且會誘導正常的普利昂蛋白質變性。PrP^C（如圖）跟 PrP^{SC} 在結構上的不同，因為 beta sheet 為主的結構易使 PrP^{SC} 凝聚並沉澱，此為組織病理上的一大特徵。[本圖為自CAN STOCK合法下載授權使用]

普利昂病變的發病機轉

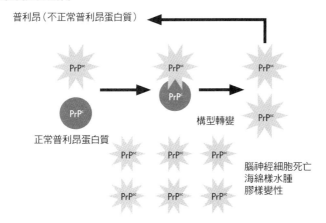

不正常普利昂蛋白質具有感染力，當它與正常普利昂接觸會使正常普利昂形態發生改變，也成為不正常的普利昂，這樣的過程經過幾次後，體內不正常的普利昂數量呈等比級數的增加而變得非常多量，如果這些普利昂累積在腦部細胞，就造成許多腦細胞的死亡，腦部變成類似海綿的空洞狀組織，這就是普利昂造成神經病變的原因。

5-7 病毒

（一）病毒的特性

病毒具有絕對寄生性，一定要透過寄生在宿主細胞內，才能發展生物活性。病毒一旦感染宿主，將控管宿主細胞，以進行自己繁殖所需要的所有機制（不具有功能性核醣體或其他細胞胞器）。

病毒不具有「細胞」結構，其構造非常簡單：主要以蛋白質外殼（鞘），內包核酸性遺傳物質，可能是 RNA 或 DNA 任一種，型態則可能是單股或雙股。而原核或真核生物的遺傳物質主要是 DNA。

某些結構較複雜的病毒，則在病毒鞘外圍再包有一層脂質外套膜；膜上具有一系列的病毒特有的接受蛋白。動物病毒的核酸有可能為 RNA 或 DNA；植物病毒大多數為 RNA 病毒，只有少數例外；噬菌體則大多為 DNA 病毒。

病毒繁殖方法不同於細菌的二分裂法，也不是真核生物的減數分裂法與有絲分裂，是用「組合」方式：病毒入侵宿主細胞後，會大量複製基因體，同時也合成多種結構蛋白質，然後兩者再進行組合，形成一顆顆完整且相同的病毒顆粒。

（二）病毒種類

病毒的種類包羅萬象，如：

1. 噬菌體：主要感染細菌，又稱為細菌病毒。

2. 菸草鑲嵌病毒：主要感染菸草，是一種植物病毒。

3. 人類免疫不全病毒（HIV）：引起人類愛滋病，具有兩條相同的單股 RNA 基因體構造，是一種動物病毒。

（三）流感病毒

流感病毒分為 A、B、C 三型。

A 型流感病毒：會感染人類、哺乳類及禽鳥類等宿主（野鳥是所有 A 型流感病毒的天然宿主，A 型病毒可說是一種交叉感染哺乳類動物的禽類病毒）。

病毒表面的兩種蛋白質抗原區，被用為病毒命名與亞型分類的依據，這就是 H1N1（新流感）、H3N1 命名的由來：

Hemagglutinin（血球凝集素，HA 抗原）：能與動物紅血球表面受體結合而引起凝血作用，共分為 16 種亞型，抗血凝素抗體能中和流感病毒。

Neuraminidase（神經胺酸酶，NA 抗原）：具有活性可以水解唾液酸，當流感病毒以出芽方式離開宿主細胞時，病毒表面的血球凝集素會透過唾液酸與宿主細胞維持連結，神經氨酸酶能夠水解血球凝集素以切斷宿主細胞與病毒的連繫，協助增殖後的子病毒脫離被感染的宿主細胞，共分為 9 種亞型。

B 與 C 兩型兩種流感病毒：宿主域非常窄，大部分只感染人類，而且病毒毒力不強，故對人類不會造成太大的傷害。專門感染人類的病毒，因為人體免疫反應能識別之，因此只要曾與其相處過，人體大都能對抗與適應，不會產生致命危險。

病毒構造示意圖

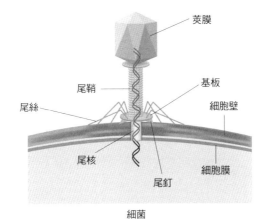

病毒的特性：蛋白質、核酸 (RNA／DNA)。[本圖為自CAN STOCK合法下載授權使用]

套膜病毒與無套膜病毒之比較

	有套膜	無套膜
性質	易受環境因子破壞（酸、清潔劑、乾燥、熱） 出芽或細胞溶解方式 複製時候改變細胞膜	對一些環境因子穩定（酸、清潔劑、乾燥、溫度、蛋白質酵素） 細胞溶解釋出
特性	保持潮濕才具感染力 不能在腸胃道中生存能 傳播不需殺死宿主細胞 引發細胞媒介免疫反應	容易散布 在腸子不良環境中生存力 即使乾燥仍具感染 引起保護性抗體反應

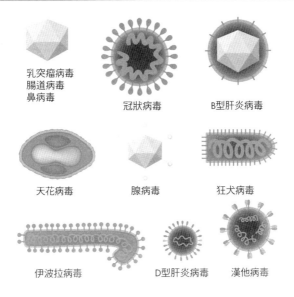

各種型態的病毒。[本圖為自CAN STOCK合法下載授權使用]

5-8 真菌王國

真菌界的生物包括酵母菌、黴菌及蕈類等，所有真菌皆為真核生物，其細胞具有細胞膜、胞器等高等生物細胞構造，細胞壁成分多為幾丁質，但沒有葉綠體，因此，多數真菌靠菌絲分泌酵素分解其他生物的屍體為生，在大自然扮演分解者的角色。

（一）菌類多樣性

菌類是僅次於昆蟲的第二大生物群。菌類不僅種數多，而且在地球上的分布也很廣，從空中、地表、地下、水域以及各種生物的體表及體內皆可能發現到。幾乎有生物生存的地方都可能有菌類的存在。

菌類的營養方式主要有腐生、寄生以及共生。由於對有機物質的獲取利用是由其他生物而來，所以在生態系中各類生物的存在及生活往往與菌類有密切的關係。因此在生態學的研究中菌類是不可缺的一環。

腐生型菌類可促進分解生態系中其他生物的殘骸，有助於生態系中物質的循環利用，對生態系的穩定性維持是不可或缺的。寄生型真菌往往可對其他生物產生致病性。共生型真菌演化成與其他生物間互利的共同生活關係。

地衣是真菌與藻類的共生體，在地球上有上萬的種類。許多植物在根部有真菌與其形成「內生型」或「外生型」的共生型菌根，能幫助植物的養分吸收。

（二）菌絲

多數真菌個體由菌絲構成，如麵包皮上的黴菌與食用的香菇、草菇。不過，酵母菌就沒有菌絲構造。許多菌絲結合在一起所構成的真菌個體，稱為『菌絲體』。其功能：（1）營養菌絲穿入營養物體內，分泌酵素，將大分子分解為小分子，再將小分子吸收入菌體內。（2）繁殖菌絲可分裂形成孢子，增殖與繁衍後代。

菌核（sclerotium）是一些真菌在土壤中行休眠、越冬或抵抗惡劣環境的構造，主要是由真菌菌絲特化纏聚而成，可以是簡單的菌絲團或腊質的原生質團（如黏菌多核的纖維質囊狀體在乾燥下結團），可以是一分化完全的實體。一般而言，菌核表皮層之細胞結構較緊密，且含有黑色素增強其防禦能力。除黏菌外，在眾多真菌中只有少數種可形成菌核。

（三）真菌與人類

大約有 50 種左右的真菌會造成人畜疾病，最主要是以皮膚病為主，如鬚毛癬菌（Trichophyton mentagrophytes）會引起香港腳。通常讓免疫不全（如愛滋病或是白血病）的病人致命的因素，都是因為真菌的感染。

真菌對於人類的間接害處就是，約有八千多種的真菌會造成植物的病害，如此也造成人類糧食的短缺。如稻米的枯葉病以及馬鈴薯的晚疫病。此外就是真菌的毒素誤食會造成中毒，嚴重還會致命，最有名的就是由黃麴菌（Aspergillus flavus）所產生的黃麴毒素。

真菌的菌絲體

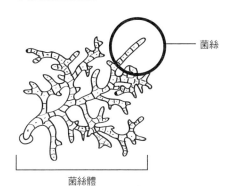

菌絲

菌絲體

冬蟲夏草

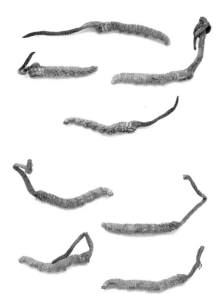

冬蟲夏草是一種動植物兼名，但實為真菌類的名貴藥材。它是冬蟲夏草菌 (Cordyceps)寄生在蝙蝠蛾幼蟲上的子座與蟲體，冬天蟲夏草菌寄生蟲體吸收其營養以後，在其體內繁演成菌絲體，夏季時長出一支像草的子囊座，下部是"蟲形"的菌絲體，上部是"草形"的子囊座。根據它的形象而命名，意思是說冬天是一條蟲，夏天則變成一枝草。實際上，它既不是蟲也不是草，而是一種真菌---「蟲草菌」。[本圖為自CAN STOCK合法下載授權使用]

真菌界的分類

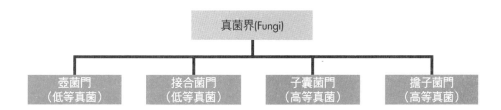

(一) 壺菌門：多為水生，個體小，生活史中產生具有單鞭毛的游動孢子。
(二) 接合菌門：接合菌沒有子實體，如黑黴、內生菌根菌。
(三) 子囊菌門：是真菌中最大的一群，一般熟知較小的子囊菌如酵母菌和紅麴菌，較大的如羊肚菌、冬蟲夏草等。
(四) 擔子菌門：擔子菌的子實體較大，一般在野外觀察到的以及生活中所食用的蕈類多屬此類。

5-9 **免疫系統——非專一性防禦機制**

　　非專一性免疫反應即是先天性的免疫反應，因身體的功能結構使得人類出生即可獲得防禦病原體的能力。提供人體對抗感染的基本性屏障，分為物理、化學、生物屏障。

　　儘管人體的專一性防禦機制功能強大，但很多病原體是因我們的非專一性免疫反應而無法進入人體。生病常是因為非專一性防禦機制出現漏洞（如胃酸分泌不足、皮膚受傷等），病原才有機可乘。

（一）物理性屏障

　　物理性屏障包含皮膚和黏膜。完好的皮膚是病原體難以穿越的物理屏障。黏膜位在消化、呼吸、泌尿、生殖道等處內襯，可以阻擋有害微生物的入侵。同時，唾液、淚液、體內黏液也會將入侵之微生物沖刷排出。

　　健康的人體，上呼吸道的特化細胞會分泌黏液排出入侵的微生物；且這種細胞也會特化成帶有纖毛的上皮細胞，靠著擺動纖毛把微生物、灰塵等物質推送出去。至於物理屏障的開口處，則倚靠化學屏障保護。

（二）化學性屏障

　　人體皮膚與黏膜也具有化學性的防衛機制以抵抗病原體。

　　皮脂腺分泌的皮脂，以及由汗腺所分泌出的汗液能在皮膚表面形成 pH3 至 5 的酸性環境，使得一般的微生物不易繁殖。至於那些能生長在皮膚上的菌群，則屬已適應乾燥與酸性環境類群。

　　從唾液、眼淚和體內黏液分泌物質中含有不同的抗微生物蛋白質，如溶菌酶（lysozyme）可以溶解許多種類的細菌細胞壁，並且將其細胞壁、細胞打洞，破壞進入上呼吸道以及眼睛內腔周邊的微生物。

　　胃液可殺死許多入侵的細菌。由胃腺所分泌的強酸胃液，足以殺死侵入胃部的大部分微生物，並破壞病原的細菌毒素。

　　補體蛋白是一群可以用來對抗微生物的一種蛋白質，約有 20 餘種蛋白質，平常補體蛋白以不活化的形式存在於循環系統中，當人體受到微生物入侵時會被免疫系統及微生物所活化。

　　干擾素是一種被病原體感染的細胞所釋放出的化學訊息，提供其他未被感染細胞警訊。

（三）生物屏障

　　由細胞直接參與防禦工作，仍屬非專一性屏障，並不獵取特定的敵人，只要不屬於體內的組成，就會進行攻擊。

　　嗜中性白血球：當身體有異物入侵時，嗜中性白血球會馬上前來吞噬。對急性免疫反應非常重要，所以當患了闌尾炎時，醫生會檢測白血球，白血球裡的嗜中性白血球若呈現暴增現象，表示身體有發炎狀態。

　　單核球：單核球是巨噬細胞的前身。在血液中單核球是一個小小的單核細胞，然而一旦離開血管後，會轉變成為巨噬細胞，可隨時吞噬大量細菌。

　　自然殺手細胞：是重要的免疫細胞，它常檢視各細胞的狀態，一發現不正常的細胞（包括腫瘤細胞），自然殺手細胞便會將之清除。

干擾素產生的機轉

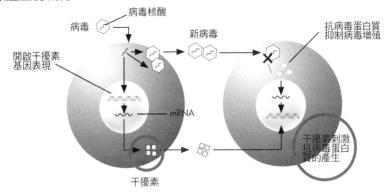

宿主細胞1：產生干擾素；但本細胞
會被病毒殺死

宿主細胞2：被干擾素保護而活下來

感染病毒的細胞能刺激細胞生產干擾素，以幫助鄰近的尚未被感染的細胞對抗或干擾阻止病毒的感染。在感染流行性感冒時，干擾素起了很大的保護作用，它在我們身體內產生非常微量的分子，具極大的效用。

淋巴結之解剖圖

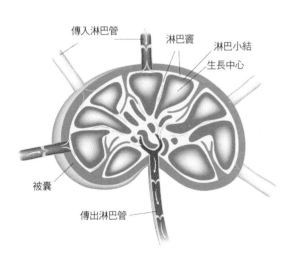

淋巴系統充斥著很多非專一性免疫細胞和專一性免疫細胞，而且淋巴系統與血液循環系統相連。是人體內的重要免疫戰場，由淋巴管及淋巴器官組成的網狀系統，內部充斥著組織液 (淋巴液) 及淋巴結。[本圖為自CAN STOCK合法下載授權使用]

淋巴系統

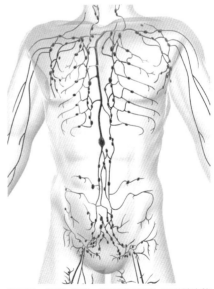

淋巴結、脾臟、胸腺，都是淋巴器官，而骨髓也能製造淋巴球，所以我們也稱它為淋巴器官，而其主要的功能，就是免疫。人體表面淋巴結的分佈位置，主要在兩側頸部、鎖骨上窩、腋窩及鼠蹊部或腹股溝。[本圖為自CAN STOCK合法下載授權使用]

5-10 免疫系統——專一性防禦機制

　　免疫系統除了特異性、記憶性、識別性之外還具有高多樣性，它不僅能對於數百萬種外來入侵物做出反應，能辨識入侵者的抗原標記（antigenic marker），同時也因含有大量不同型淋巴球族群，而每種淋巴球族群都有相對於抗原的受器，故具有高多樣性的特色。

（一）細胞免疫

　　特化後專門對抗某種外來入侵物的特殊細胞或蛋白質，以細胞直接對抗入侵者或病變細胞，稱之為細胞免疫。兩大專一性免疫細胞：B 細胞（B cell）和 T 細胞（T cell）。

　　哺乳類動物的 B 細胞由骨髓分化而來，它存在於骨髓內。骨髓內有血球幹細胞，血球幹細胞若是維持在骨髓內成熟，將成為 B 細胞，其表面會有接受抗原的受體。B 細胞能分泌專一性的抗體，可以對抗零星分布的病原。

　　成熟的 T 細胞表面有接受抗原的受體。T 細胞的免疫反應策略為細胞免疫，它直接攻擊那些已經被感染的細胞。

（二）抗體免疫

　　抗體是 B 細胞的產物。抗體是由 4 條胜肽鏈所組成的蛋白質（又稱為免疫球蛋白），由二條分子量較大的重鏈和二條分子量較小的輕鏈組成。輕鏈和重鏈的後端（也就是羧基端），其序列組成一致，不具變異性（又稱恆定區）；而輕鏈和重鏈的前端（也就是胺基端）具有變異性（又稱可變區），而不同抗體的前端具有不同變異結構，可對應各種不同的抗原。

　　可變區可產生高變化，製造各種不同抗體，因應對抗各種外來的抗原。

（三）過敏反應

　　過敏反應是身體的免疫系統對過敏原異常反應，主要引發機制在於某些特別的分子，如花粉，在體內誘發了 B 細胞，產生屬於 IgE 類群的抗體，該抗體的保守區，不變區位置很容易疊在肥胖細胞上，一旦第二次再碰到此花粉時，身體免疫系統接收到「病原入侵」信息，大量釋出組織胺，導致過敏患者流鼻涕、眼淚，並且持續大量製造 IgE 抗體。

小博士解說

　　依照抗體的恆定區特徵，可分成五大類 IgG、IgM、IgE、Ig A 及 IgD。除了都可以使用前端的特異區辨識抗原之外，其恆定區更可提供發揮不同的功能：

　　1. IgG：二次免疫中主要之抗體，活化補體、結合吞噬細胞的表面受體，可以從母體通過胎盤傳到胚胎。含量最高最重要的免疫球蛋白。

　　2. IgM：一次免疫主要的抗體，活化補體、結合吞噬細胞的表面受體，膜上之免疫球蛋白。過於巨大無法通過母親胎盤

　　3. IgA：主要分布在黏膜組織（初乳、腸道、淚液）中的抗體。

　　4. IgE：與過敏反應及消滅寄生蟲有關的抗體。

　　5. IgD：膜上之免疫球蛋白，功能尚未明瞭。

殺手T細胞作用機轉

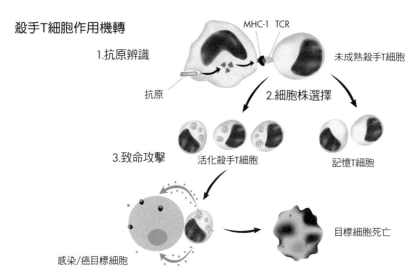

MHC-1 TCR

1.抗原辨識

未成熟殺手T細胞

抗原

2.細胞株選擇

3.致命攻擊

活化殺手T細胞

記憶T細胞

感染/癌目標細胞

目標細胞死亡

殺手T細胞(cytotoxic T cells)或自然殺手細胞(NK cells)對於病毒感染的細胞,只有殺手T-細胞或自然殺手細胞才有效,殺手T細胞透過主要組織相容抗原限制作用,辨認上病毒感染細胞的主要組織相容抗原/胜肽,而殺死病毒感染的細胞。[本圖為自CAN STOCK合法下載授權使用]

抗體作用模式

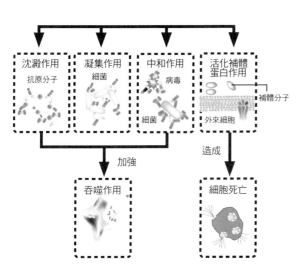

沈澱作用
抗原分子

凝集作用
細菌

中和作用
病毒
細菌

活化補體蛋白作用
補體分子
外來細胞

加強

造成

吞噬作用

細胞死亡

1.最簡單的抗體作用是產生中和反應,抗體與抗原分子結合成團,加速巨噬細胞的吞噬作用;或把抗原的毒性中和掉,使不產生毒害。
2.抗體也可產生凝聚作用,將外來物凝聚成團。
3.補體蛋白作用:如果有異物進入體內,補體分子就會活化,與抗體共同作用,造成外來細胞融解或被巨噬細胞吞噬。因此補體蛋白可媒介的細胞溶解作用,活化補體蛋白可協助把外來入侵者除掉。

T細胞產生抗原辨識過程示意圖

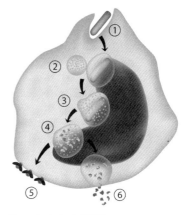

① 吞噬入侵細胞(抗原)
② 溶小體與吞噬小體融入侵細胞(抗原)
③ 酶開始分解入侵細胞
④ 入侵細胞破裂成小碎片
⑤ 抗原碎片表現於APC表面
⑥ 釋出殘存的碎片

T細胞的活化需經過抗原辨識過程,抗原可經由抗原表現細胞(Antigen-presenting cell, APC)、共同刺激訊號、或抗原表現細胞所產生的細胞激素被辨識。[本圖為自CAN STOCK合法下載授權使用]

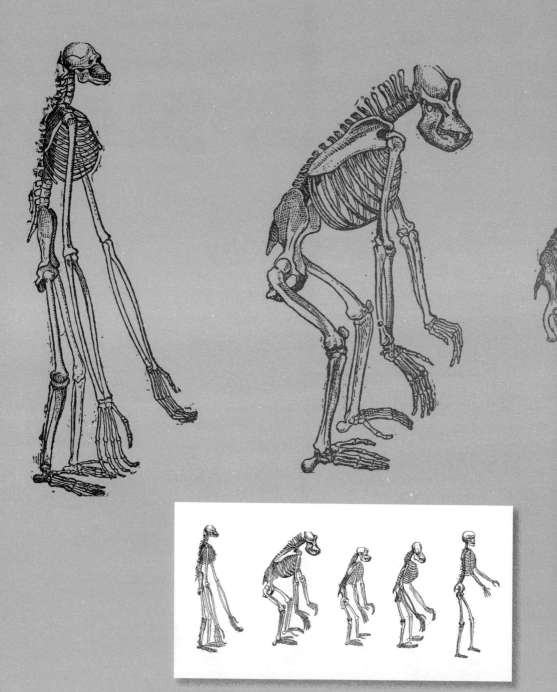

《人類在自然界中的地位》圖中顯示5種可能源自共同祖先的動物骨架。由左至右分別是長臂猿、紅毛猩猩、黑猩猩、大猩猩與人類。[本圖為自CAN STOCK合法下載授權使用]

第6章
演化與遺傳

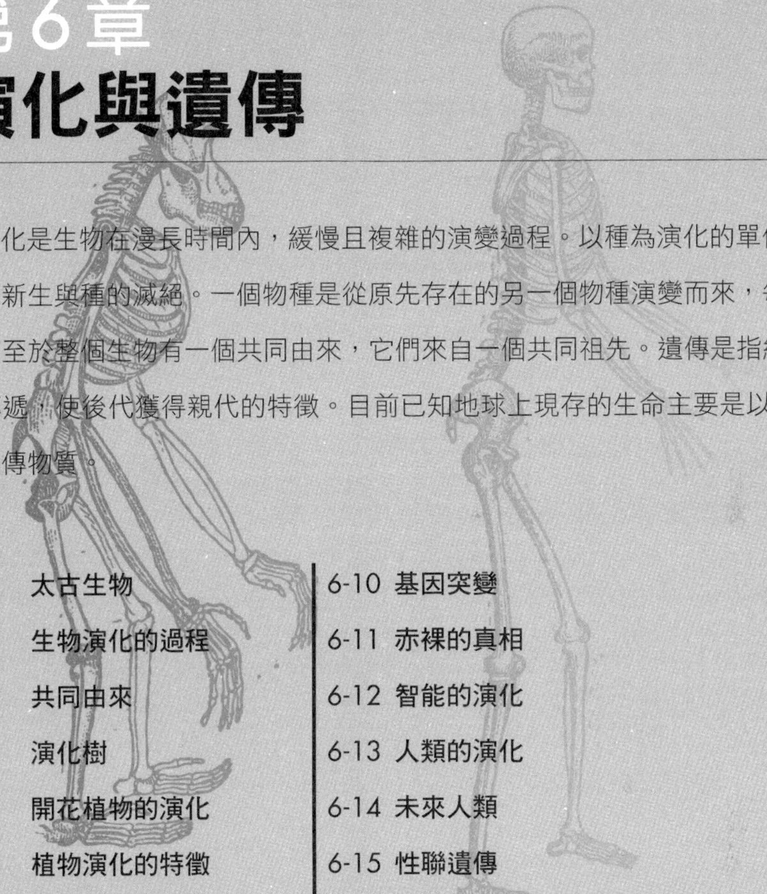

　　演化是生物在漫長時間內，緩慢且複雜的演變過程。以種為演化的單位，包含種的新生與種的滅絕。一個物種是從原先存在的另一個物種演變而來，每一個族群乃至於整個生物有一個共同由來，它們來自一個共同祖先。遺傳是指經由基因的傳遞，使後代獲得親代的特徵。目前已知地球上現存的生命主要是以 DNA 作為遺傳物質。

6-1　太古生物

6-2　生物演化的過程

6-3　共同由來

6-4　演化樹

6-5　開花植物的演化

6-6　植物演化的特徵

6-7　多細胞生物的出現

6-8　基因開關

6-9　蛋白質製造

6-10　基因突變

6-11　赤裸的真相

6-12　智能的演化

6-13　人類的演化

6-14　未來人類

6-15　性聯遺傳

6-16　數量遺傳

6-17　族群遺傳

6-1 太古生物

（一） 極端環境

1969 年，科學家從美國黃石公園的溫泉中，分離出一株生長在 70℃左右的高溫菌，推翻了生命無法在高溫下存活的觀念。

極端環境，是指地球上某些不太適合人類居住的惡地，這些地方有著極寒、酷熱、強風、大雨等惡劣氣候，或是擁有無氧、缺氧、強酸、強鹼、高壓、低營養源的惡劣地質。一般生物無法生存的環境，如溫度 70 ℃以上、酸鹼值 3 以下、壓力 400 大氣壓以上。

極端環境用物理或化學數值來定義的話。以溫度來說，從 0℃至 100℃以上；就酸鹼值來看，從 0 至 14；就鹽分含量百分比來看，從 0%至 30%的飽和濃度；就壓力來看，從 1 個大氣壓力到 1 千大氣壓力以上。

科學家認為，這些溫度、酸鹼值、鹽分、壓力，甚至氧氣濃度及營養源濃度的每一個點上，都可能有不同形式的生命存在。

（二） 太古生物的細胞特性

使用太古生物這個稱呼，是因為這些菌類很古老，老到地球上還沒有氧氣的時候它們就已經存在了。雖然對於大部分陸地動物來說，沒有氧氣根本不能存活，但是有些太古生物碰到氧氣就無法生存，如甲烷太古生物就是這樣。但也有些太古生物，無論有氧沒氧都活得很好，例如生活在海底火山附近的菌種。

太古生物的細胞膜脂質穩定，這也是極端環境中大都是太古生物的原因。這個原因說穿了，也只是一個鏈結上的改變罷了，原來太古生物細胞膜醚鍵的組成和一般細菌不一樣。在一般觀念裡，生物細胞膜是雙層的，但是太古生物的細胞膜可以是單層的，而且它的鏈結會隨溫度的增加而變化，在極端高溫時主要以單層膜為主。太古生物的細胞膜脂質結構，使它能夠抗酸、抗鹼、抗氧化，甚至能抵抗其他細菌產生的破壞脂質酵素。這樣的鏈結結構，能抵抗環境中的高溫、強酸、強鹼與氧化，而且能對抗其他生物的攻擊。

（三） 太古生物的發源地

海底火山常被認為是演化的起源地。在海底火山附近，高溫甲烷太古生物能利用氫氣和二氧化碳產生甲烷，提供碳源給甲烷氧化菌利用，住在海洋生物體內的甲烷氧化菌再把它製造的營養提供給寄主，架構了深海食物鏈的起始。而當它住在動物的腸內時，則是負責生物體內營養消化代謝最後一關的微生物，幫助動物消除體內其他微生物分解營養時產生的氣體，使消化降解作用能順利進行。它也會住在草履蟲等生物細胞內，幫忙利用氫氣，並趕走會利用硫的菌，免得動物細胞被有毒的硫化氫傷害。

小博士解說

高溫太古生物生產的耐極高溫DNA聚合酵素，是生物技術中大量複製DNA時所需要的酵素。此外，生產耐高溫和酸鹼的工業用酵素、開發抗鹽抗旱轉殖基因植物，藉以降低沙塵暴危害及地球沙漠化等都需要它們。

光能營養硫細菌的種類和性狀

科名	營養類型	氧化的硫化合物	其他性狀
紅螺菌科	兼性光能	低濃度硫化	紅假單胞菌屬內的3種，以鞭毛運動的狀細菌和紅黴菌
	有機營養	氮	屬內的一個種，卵形細胞一端或兩端生有長絲，芽殖
著色菌科	兼性光能	硫化氫、硫磺、硫代	科內10個屬均可氧化硫化合物。細胞球狀、桿狀或螺狀
	無機營養	硫酸鹽、亞硫酸鹽	運動中的種類以鞭毛運動的種細胞內有氣胞
綠菌科	專性光能	硫化氫和硫	科內5個屬均可氧化硫化物。細胞為卵狀或狀。運動的
	無機營養	磺	種以鞭毛運動，有的細胞內有氣胞

太古生物的種類和生活環境

種類	特性	生活環境
第1類	極端高溫下的太古生物	可生長在攝氏70至121度環境中，這類菌需要的酸鹼度是強酸（pH 2.0）或中性，至於有無氧氣都無所謂。
第2類	極端高鹽太古生物	這類菌生長在攝氏55 度上下，至少需要1.5至4.5 M左右的鹽，酸鹼度從中性到強鹼（pH 10.0），有無氧氣都能生存。它們利用紫膜蛋白吸收光，釋放質子，以進行光合作用而獲得能量。
第3類	會產生甲烷的太古生物	存活溫度是攝氏2至115度，在淡水或極高鹽的環境中都能生存，絕對厭氧。主要用氫、二氧化碳、甲酸、甲醇產生甲烷，這是它獲得能量的方式，地球上的甲烷主要是由這類生物製造出來的。

生命系統發生樹

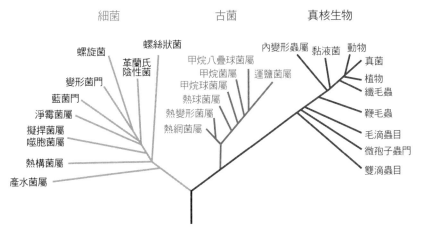

當今世上存在三種有機體：古菌、細菌跟真核生物。而古菌跟細菌又可被劃歸為原核生物。

6-2 生物演化的過程

（一）演化的意義

生物體經漫長歲月，循序漸進式的變化過程就稱之演化（evolution）。物種的構造可以由簡單趨向複雜，也可從一物種變成另一新的物種，「物競天擇，適者生存」就是詮釋生物與環境息息相關的理論。演化乃各種生物為適應生活環境而緩慢的進行生理變化的過程。生物的化石是演化的證據，如從滅絕的始祖鳥化石可以知道，鳥類是由爬蟲類動物演化而來。

（二）化石

對過去生物多樣性的了解，都是經由化石而來。但是化石的形成具有選擇性，年代越久遠者，岩層越不易保存；同時不具有硬物體（如外殼或骨骼）的生物體，越難形成化石。例如化石種中有 95% 是海棲動物，但是目前動植物的物種有 85% 生活在陸地。化石雖然不完美、但是目前不得不依賴化石，作為生物多樣性歷史紀錄。

目前最簡單的生物型式，為原核細胞生物，不具有胞器，也沒有細胞核。目前已知最老的化石，為具有纖毛的單細胞原核生物，出現於三十五億年前所生成之岩石中。該岩層位於西澳，為目前已知可能含有化石的最老岩層。實際上生命的生成應早於 35 億年前。

真核細胞生物為較複雜的生命型式，具有細胞核，同時具有胞器。目前已知最老的真核細胞生物化石，出現於十八億 前。由原核細胞生物演化為真核細胞生物，其過程約占了地球上生物演化過程之一半時間。

多細胞生物皆為真核細胞生物，目前已知最老的多細胞生物化石為多細胞藻類，約出現於十四億年前。

（三）寒武紀大爆發

寒武紀距今十分久遠，我們對當時的地貌幾乎一無所知。只知當時的大陸有一塊主要的和幾塊較小的，而當時的動物都住在海洋。寒武紀氣候溫暖，海平面升高，淹沒了大片的低漥地。這種淺海地帶為新的物種誕生創造了極為有利的條件，產生了一批具有堅硬的貝殼或內骨骼的動物。牠們形成化石很容易，因此和以前的軟體動物不同，寒武紀動物留下了大量遺體。

寒武紀生物空前的繁榮昌盛，可謂動物演化史上的大爆炸。新產生的動物有的到了寒武紀末已經滅亡，今天主要的動物類群都是在寒武紀出現的，包括我們人類所屬的脊索動物。

在這時期中，地球上首次出現了帶硬殼的動物。雖然寒武紀的動物是海生動物，但牠們很少遨遊大海，而是貼近海底生活。生物群以海生無脊椎動物為主，特別是三葉蟲、低等腕足類和古環動物；紅藻、綠藻等開始繁盛。

小博士 解說

生命現象的單一與多樣，歧化與趨同並行不悖。在生物界裡頭，看到趨同的情形，單一的現象，生命它都有自己的謀生法則。

地質年代中生物多樣性重要記事

代	紀	開始時間 (百萬年)	生物多樣性重要事件
紅螺菌科	第四紀	1.6	人類出現
	第三紀	65	被子植物、授粉昆蟲、哺乳動物與鳥類大幅多樣化
著色菌科	白堊紀	140	被子植物出現、爬蟲類及許多無脊椎動物於白堊紀末期滅絕
	侏 紀	210	裸子植物與爬蟲 稱霸、鳥類出現
	三疊紀	245	裸子植物興起、爬蟲類大幅多樣化、哺乳類出現
	二疊紀	290	許多海洋無脊椎動物於二疊紀末期滅絕、爬蟲類與昆蟲興起
	石炭紀	365	維管束植物形成高大廣泛的森林、兩生類稱霸、爬蟲類出現
綠菌科	泥盆紀	413	硬骨魚類大幅多樣化、兩生(棲)類與昆蟲出現
	志留紀	441	維管束植物與節肢動物進佔陸地
	奧陶紀	504	脊椎動物出現
	寒武紀	570	寒武紀大發生
	前寒武紀	4500	生命生成、真核細胞出現、多細胞生物出現

原核生物在演化時間表上的地位

地球上生命出現至今,大約有2/3的時間只有原核生物的存在,真核生物後來才出現,由單細胞到複雜的多細胞,最後才有無脊椎動物的出現。如果將比例圖形中的手放大,恐龍約在手心的位置出現,而人類約在手指第一節的位置才出現。所以在演化上細菌扮演非常重要的角色,也可以說我們的演化都來自於細菌。

演化的機制

天擇	當生物繁殖數量過多時會形成生存競爭,在這情形下,具有優良變異的演化個體便有較強的競爭力,故得以繼續生存;反之,不能適應環境者則將被淘汰
突變	基因上的分子序列可受環境因素的誘導而發生改變,這種改變就稱為突變
適應	若生物體的演化未能與環境的變化配合,則生物體最終會被環境所淘汰
隔離	在長時間的隔離狀態下,兩群本是相同物種的生物,各自在不同的環境之下累積更多的突變,兩者之間的差異性也隨之增大,最後成了兩個不同的品種

6-3 共同由來

（一）生命起源各有論述

地球大約在 46 億年前形成，地球上生命起源的說法，一直在變。

過去的主流想法以「化學演化」來說明地球生命的起源。早期認為，地球生命開始於小分子、大分子到聚合物；從組成細胞、複製遺傳基因至細胞分裂繁殖，生命就開始了。

有一種想法是，生命可能來自於冰團。當海洋表面結成冰時，在冰晶縫隙裡，有機小分子聚成了大分子，生命於是開始。另一種想法是，受到月亮牽引潮汐的影響，海水蒸發，濃縮有機分子，岩石表面催化小分子的聚合，生命就這樣開始。

1978 年提出的想法認為，生命應從熱鍋開始：海底裂縫冒出的滾燙海水，最高超過攝氏 300 度，海水中夾雜很多特異的化學分子，這些化學成分和岩石作用後，不僅產生了海水裡的重要成分，也可能成為了生命的起源。

（二）海口蟲——演化中的重要生物

海口蟲的肌肉已經分節，有消化道、尾巴、肛門與四對生殖腺，更重要的是，牠有一個脊索動物的特徵，而且具有軟的彈性構造。

脊椎動物的特質是脊索，在當時，我們的祖先沒有選擇堅硬的盔甲，反而長出背部的脊索以便彈性地應付這個世界；又因為捨棄盔甲選擇智慧，所以長出個大腦來。脊索與大腦，成為無脊椎動物與有脊椎動物的最大區別，而海口蟲兼具這兩種構造，牠被認為是生物演化過程中一個非常重要的環節，也是無脊椎動物演化成脊椎動物的典型過渡代表。

（三）演化發育過程

根據「演化論」的推論，生物個體的性狀差異在經由環境的篩選後，會變得更加顯著。由分子生物的層面來看，這些外在性狀的改變，其實是源自於細胞內遺傳基因突變的累積。雖然在 DNA 的複製過程中，有重重的關卡來確保新合成一股 DNA 的正確性，可是錯誤的發生仍然不可避免，這些在 DNA 複製過程中發生的錯誤就是突變。

如果突變發生在對生物有重要機能的基因上，造成這些基因失去功能，這樣的個體將不會存活，也不會有子代。相對來說，如果突變發生的位置只是稍微改變基因產物的活性，或者改變基因作用的時間或表現的位置，由於影響的層面有限，並不會讓生物個體死亡，甚至有極大的機會產生子代，這樣的突變便會遺傳給子代。

在演化的過程中，對生物有重要功能的基因，它的序列並不容易產生太大的變異；在這個基因中，如果產生突變，這些產生突變的位置應該不會影響到這個基因的功能。

小博士解說

在 DNA 序列比對中，可以發現人、猴子、家犬等哺乳類，DNA 序列的相似度可以高達 90% 以上，但是，我們無法分辨有重要功能與不具有重要功能的序列。

相同的推論可以應用在早期脊椎動物胚胎的發育過程上。在 1866 年，德國的動物學家 Earst Haeckel 提出了「發生重演論」繼他認為，在脊椎動物胚胎的發育過程中，胚胎外形在成長中發生的變化與演化過程中產生的變化極為類似。

海口蟲

海口蟲（立體復原圖），身長僅2至4公分，牠有個彈性的脊索和特別發育的腦子，是無脊椎動物演化成脊椎動物的典型過渡代表。

同源器官

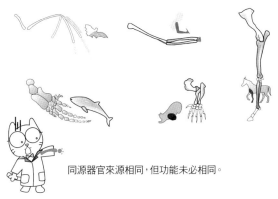

同源器官來源相同，但功能未必相同。

進化時間表

時期	百萬年	主要事件
第四紀	0.01	"人" 的進化
第三紀	12-2	雀，哺乳類，昆蟲，有花植物大量繁殖
白堊紀	135-65	恐龍和大量海底動物絕種，有花植物的時代
侏羅紀	180-135	恐龍，棵子植物，雀鳥進化，各大陸繼續分移
三迭紀	230-180	棵子植物，樹蕨和恐龍出現，各陸地分移
二迭紀	280-230	爬蟲世界，兩棲漸沒落，棵子植物出現
石碳紀	345-280	沼澤林，樹蕨，兩棲世界，爬蟲開始，昆蟲
泥盆紀	400-345	魚類，兩棲類的世界
志留紀	430-400	維管植物出現，魚類，軟體動物
奧陶紀	500-430	無脊椎動物，軟體動物，魚類，真菌類，陸地植物
寒武紀	600-500	無脊椎動物開始出現
前寒武紀	3500-600 4600-3500	海藻，細菌 太陽系開始

地質年代表

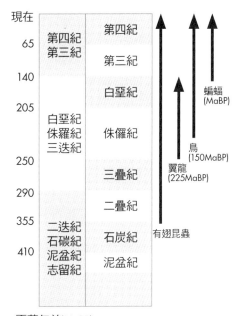

百萬年前(MaBP)

昆蟲、翼龍、鳥和蝙蝠雖然都有翅膀能在空中做有動力的飛行，但牠們的翅或飛膜只是外型相似、功能相同，卻是起源於不同的構造，彼此間並無親緣關係。也就是說牠們分別來自不同的祖先，只是因為都需要在空中活動，不約而同的發展出相似的外型。

6-4 **演化樹**

（一）演化樹的發展

生物之間的演化關係是現今生物學家最關切的問題。所謂演化，是指生物在變異、遺傳與自然選擇作用下的演變發展，物種淘汰和物種產生的過程。演化樹（evolutionary tree）又稱為「系統發生樹」，是表現被認為具有共同祖先的各物種間演化關係的樹，是一種親緣分支分類方法。在樹中，每個節點代表其各分支的最近共同祖先，而節點間的線段長度對應演化距離（如估計的演化時間）。生物的演變歷史，如同一棵樹，演化樹的建構可以協助了解演化過程及其歷史。研究生物的演化史的方法很多，我們可以將物種所遺留下來的遺骸或是化石做為研究依據，這是傳統的演化論研究。除依據化石證據外，可用物種分布、比較生物學、生物發育學等外觀上的證據，以生理構造或功能特徵判斷。隨著分子生物學的發展，可以從 DNA 或是蛋白質的序列來建構演化樹。觀察演化樹中物種的相對地位以及位置，可以充分的了解它們的演化過程及親疏遠近。

（二）演化樹的種類

演化樹可分為有根樹和無根樹兩類，有根樹是具有方向的樹，包含唯一的節點，將其作為樹中所有物種的最近共同祖先。把有根樹去掉根即成為無根樹，無根樹是沒有方向的，其中線段的兩個演化方向都有可能。

（三）演化樹的建構

建構演化樹的方法大致上可分為距離法及特徵法兩種型式。距離法是透過序列成對比較計算出來的一個距離矩陣，用於重建演化樹；特徵法是利用物種的外顯特徵（如毛髮、膚色或生物序列單元間的差異…）建構演化樹。

在特徵演化上分為兩種，同源性（homology）和類似性（analogy），同源性是指相似或相同的特徵來自相同的祖先，因此同源性是推論演化關係的主要依據；而類似性幾乎不被拿來當作演化關係的指標，因為其近似特徵不是來自同個祖先，然而類似性普遍發生於實際演化情況，稱為趨同演化。沒有趨同演化的特徵即被稱為是具有相容性的。

目前分析演化樹的方法有很多種，依據輸入資料方式的種類，有特徵法、距離法與序列法。用特徵演化樹的方法，是將物種之間的特徵值做比較的方法。如物種是否有翅膀、是否用鰓或是肺呼吸或用腳行走等，這些外表結構的差異性就是特徵比對所在。

距離演化樹的方法，利用了物種與物種之間的距離而建構出的演化樹。利用基因的序列計算出兩兩物種之間的距離，並且用一個 N 乘 N 的矩陣儲存距離，N 代表物種個數。

序列演化樹，是由多個物種之基因序列經由比對後，考慮 DNA 序列中核甘酸之排列情況。

小博士解說

目前的演化樹建構工具種類豐富，功能越來越強大。當輸入同一組的資料情況下，不同的演化樹建構工具中，所分析出來的結果，會產生不同的演化樹。

演化樹的模型

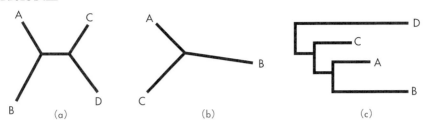

(a)及(b)為無根樹,沒有預設的共同祖先,沒有階層式的結構,只有物種間的演化關係。(c)為有根樹,有一個預設的共同祖先,就是根結點,所以有階層式的觀念,所有物種是由同一祖先演化而來。

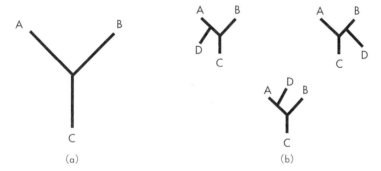

就無根樹而言,當物種個數為3個時,所有可能的樹為1顆(如圖a)。
當物種個數為4個時,所有可能的樹為3顆(如圖b)

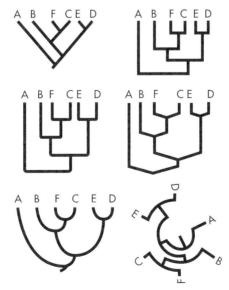

這6種圖形都可用於有根樹演化樹,最上面2種是最常用的型式。

6-5 開花植物的演化

（一）花的起源

　　侏羅紀晚期氣候改變，促使植物在惡劣的環境中得快速演化以適應環境，也因此醞釀出新的物種；銜接著侏羅紀晚期的白堊紀，因氣候回暖，傳粉者也逐漸變多，因此大多數的花化石都是在侏羅紀之後發現的。

（二）花的演化

　　從葉芽與花芽發育初期的相似性中，可以看到花葉由葉演變而來的關連性。葉芽與花芽的發育過程就像是人的發育過程，將成長為花芽與葉芽的葉原與花葉原就如同人發育過程中的「胚胎期」，兩者是很相似的，除了葉原較纖細，花葉原較寬圓；葉原或花葉原繼續成長到「嬰兒期」，葉原延展像葉片的縮小型，繼續成長為葉片；花葉原則發育成萼片，繼續的發育為花瓣、雄蕊、雌蕊，並包藏在萼片中，直到開花時，花瓣、雄蕊、雌蕊才深展開來。如朱槿葉芽與花芽的比較圖中，兩者初期的發育是很相似的，直到花葉原演變為萼片，而葉原演變為具有鋸齒狀的邊緣，才顯出兩者的不同。

　　在小孢子葉上的雄蕊，排列長成花粉囊，漸漸的花粉囊短縮、窄化，特化出花藥和花絲的形形色色雄蕊。由葉子包覆胚珠折合而成為心皮，心皮逐漸演化，受粉區域縮小，最後特成為柱頭、花柱和子房部位。

　　植物因繁殖的需求，開始將葉子演變成不再是專司製造養分的構造，特稱為花葉，這些花葉是著生在一個顯著短縮的莖軸上，此著生構造稱為花托，在花梗的頂端部位，支持花朵生長的結構。花托組織若向四周延展發育演變成筒狀、杯狀、盤狀似的構造，稱為花托筒，若向中央延伸發育演變成柱形、錐形、半球形似的構造，稱為花托軸。

　　外圍具保護及協助開花繁衍策略的花葉，稱為花被，如果有分工演化不同的構造，外圈主要保護花苞發育及支援開花過程的花被，每一片稱為一個萼片，一朵花的所有萼片，統稱花萼。

（三）開花植物的演化樹

　　被子植物又名開花植物或有花植物，在分類學上常稱為被子植物門。它是有胚植物中為數最多且最為人熟悉的一種。開花植物和裸子植物合稱為種子植物。

　　遠從侏羅紀就開演的漫長演化之路，由於化石材料的限制，對花的起源仍有不同的臆測：真花說（Euanthium Theory）認為被子植物的花是源自大而複合的兩性孢子穗。假花說（Pseudanthium Theory）認為被子植物的花源自小而簡單的單性大孢子穗和小孢子穗，還有認為可能來自種子蕨，一種葉像蕨卻具有種子的植物。

小博士解說

　　晚侏羅紀年代（約1億4500萬年前），長約10公分的「遼寧古果」化石，係屬於古木蘭亞綱古果科，是目前出土化石中最直接、古老的花的證據。

花的起源假說

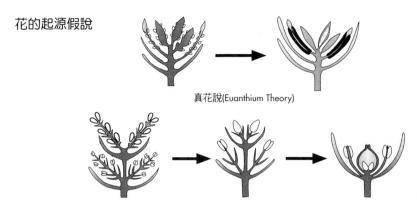

真花說(Euanthium Theory)

假花說(Pseudanthium Theory)

開花植物的演化樹

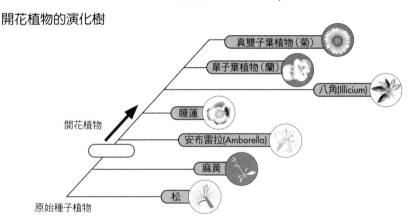

真雙子葉植物（菊）

單子葉植物（蘭）

八角(Illicium)

開花植物

睡蓮

安布雷拉(Amborella)

麻黃

松

原始種子植物

開花植物的演化

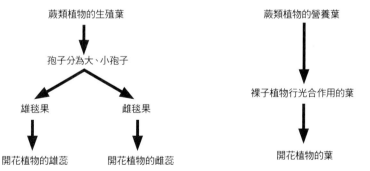

蕨類植物的生殖葉

孢子分為大、小孢子

雄毬果　　　　　雌毬果

開花植物的雄蕊　　開花植物的雌蕊

蕨類植物的營養葉

裸子植物行光合作用的葉

開花植物的葉

在蕨類植物中，其葉常可分為有長孢子囊群的孢子葉及不長孢子囊群的營養葉，又根據古老蕨類其孢子囊群生長方式，可推測營養葉將來就是演化為一般植物的葉，而生殖葉則會演化生殖的相關構造。裸子植物的雄毬果就是一片一片擁有小孢子囊雄性生殖構造的生殖葉所集中而成，雌毬果就是一片一片擁有大孢子囊雌性生殖構造的生殖葉所集中而成。而開花植物的雄蕊就是由擁有小孢子囊的生殖葉包捲而成，且孢子囊只位在雄蕊的頂端，雌蕊就是由擁有大孢子囊的生殖葉包捲而成，且孢子囊只位在雌蕊的底端。故由此可知開花植物的花中各部分的構造自葉子演化而來。

6-6 植物演化的特徵

（一）植物演化的一般特徵

適應輻射：植物和動物在演化上不同步，地球上並沒有發生大規模的植物滅絕，相反，在陸地變遷和高二氧化碳濃度時期，四大主要植物輻射就已經發生。被子植物很適應現在較低的二氧化碳濃度。

植物地理學：整個地球可以劃分為幾個植物地理區域，這些區域反映了現存陸地植物的分布，以及它們在過去 1.4 億年以來的漂變狀況。在這些區域之間植物仍存在這樣分布的關係，這和動物地理區域不同，尤其是在南部溫帶地區仍然保留著岡瓦納古陸期的植物區系。

隔離機制：植物在地理上或生態上存在隔離才能產生分異。在任何地方，生理障礙、傳粉障礙或染色體變化，尤其是多倍體植物，都會導致隔離。在任何地方，長期且穩定的氣候期可以形成更多的物種，這在多樣化的環境中尤為突出。

多倍體：如果染色體分離但細胞沒有分裂，它就會變成四倍體。如果這發生在生殖細胞中，則新植物將會是四倍體，並可能會與其親本二倍體植物產生生殖隔離。這種情況在雜交之後可以多次發生，並可恢復其可育性。大多數開花植物是多倍體。

物種形成模式：在熱帶和一些特定的地方的植物，比溫帶地區的植物更具多樣性。木本和風媒植物比草本或蟲媒植物要少。如最特化的蟲媒植物蘭花有很多物種。

（二）植物的發展

植物界是指一些行光合作用，並擁有細胞壁的生物。現在的植物雖多生活於陸地上，但其實植物是由水中進化而移居上陸地的，當植物自願或被強迫沖至岸上，它們就會離開了一個充滿了水和 CO_2 的環境，因此，到了陸地上的植物就得發展出一套為了適合陸地環境的系統。

陸地上的環境比水中大為乾旱，因空氣中的水分不多，而且蒸發情況嚴重。植物為了防止水分的蒸發，而於接觸到陽光的表層有了一層角質層，背面則有氣孔，以便作為交換氣體的通道；植物又為了固定自己於水分充足的地方，故有假根的形成，更可以作為水分吸收的主要器官，如苔蘚類植物。

有了角質層和假根的構造，基本上解決了水分不足和蒸發的問題；但至於氣體的交換，由於角質層會阻礙氣體的進出，便有了氣孔，作為空氣進出的場所，用以吸收 CO_2 和排出 O_2；其後更有了保衛細胞的出現，進一步控制氣孔的開合，使更有效的防止水分散失。

由於植物需要陽光來行使光合作用，因此，植物需要長得更高來吸收更多的陽光，但變高了之後，運輸和支持則出現了問題，所以有了維管束的出現，用以運輸由根部吸收的水分和葉部所製造的養分，以支持植物的構造。從此時開始植物界便可分為維管束植物和無維管束植物兩大類。

植物為了遺傳生殖的問題，最後發展出一種完善的系統——種子；因種子可以渡過惡劣的環境，到了環境適合的時候才生長，這對於物種的保存有極大幫助。而當花和果實出現，增加了新的演化空間，如植物利用動物傳播種子。

世代交替

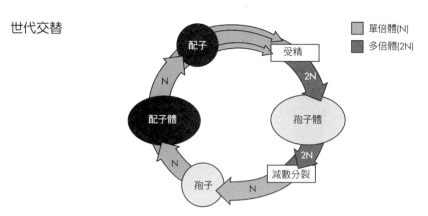

配子體和孢子體,兩個世代交替發生。

四類植物之2N染色體代的分量

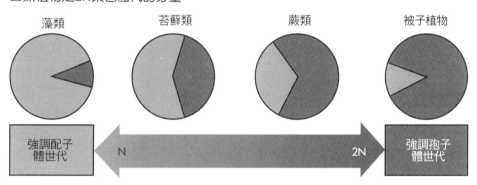

雙套染色體的世代,所佔的分量。

植物界四大成員檢索表

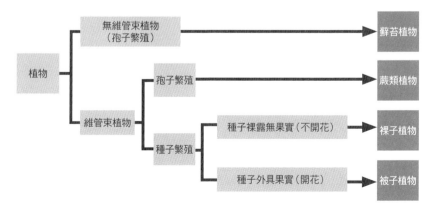

在植物的演化當中,越高等的植物,在其生活史中孢子體較為顯要,而配子體趨於簡單。顯著孢子體之優點為:可攜帶隱性基因(recessive gene),但此隱性基因被顯性對偶基因遮蔽,此點有助於物種於環境變遷中存續。

6-7 多細胞生物的出現

（一）單細胞到多細胞

地球上的單細胞生物為什麼會變成多細胞？

多細胞生物形成的首要條件就是兩個細胞必須能夠結合在一起。如果一個細胞的細胞核已經分裂成兩個，但是兩個子代細胞沒有完全分離，就變成擁有兩個細胞的生物。另一種可能是兩個細胞中間，如果在細胞膜上有一些分子能夠互相辨認，透過細胞膜表面的蛋白分子能夠像膠水一樣把兩個細胞結合在一起。

兩個細胞結合在一起，有什麼好處？如果食物有限，養分就必須分給另外一個細胞，這是不利之處。在單細胞生物的世界裡面，除了會行光合作用細胞可以自食其力之外，剩下的細胞必須靠其他的細胞來當作食物，所以早期的生物世界裡就有互相吞食的現象。兩個細胞如果在一起，因為比較大而不容易被吞食。而最重要的好處是許多細胞結合在一起時，才有分工合作的可能性，比較容易對抗惡劣的環境。

（二）黏菌

黏菌是類似阿米巴的單細胞生物，靠吞噬細菌維生。當環境良好時，各自吞食細菌而彼此不相干。當外界環境開始惡劣或食物缺乏時，單細胞之間就會彼此告知，並會開始進行一個細胞聚合的過程。在這個聚合的過程中，最重要的一件事就是細胞間的溝通。

當一群黏菌感到飢餓，其中一個特別餓的黏菌，就會開始合成環單磷酸腺苷（cyclic adenosine mono phosphate, cAMP），釋放到環境中作為訊號告訴周圍其他的黏菌。cAMP 訊號的釋放是一波接一波，形成一個 cAMP 濃度的梯度。距離越遠，濃度就會越小。

每一個黏菌表面都有 cAMP 的接收器，在接受訊號之後，除了要對這個訊號產生反應之外，還要將此訊號重複傳給其他黏菌。所以它也開始分泌 cAMP，並且將 cAMP 釋放出去，同時它還會「爬向」cAMP 濃度高的地方，也就是朝著一個化學濃度的梯度前進。

黏菌一方面把訊號往外傳遞，另一方面自己會往訊號的中心靠攏，這樣所有的黏菌就都動作一致，都會往中心聚集。同時，黏菌細胞膜的表面開始出現一些特定的黏合分子，可以使黏菌彼此黏合。

（三）細胞分化

多細胞生物出現的第一個條件就是彼此能夠結合在一起，還必須要發展出第二個重要的特性——細胞分化（differentiation）。在惡劣環境中，多細胞在一起時就必須想辦法分工。

黏菌會分化成兩類細胞，一類細胞會成為孢子（spore），可以暫時冬眠以確保在惡劣環境下存活。另外一類細胞就分化成支幹。支幹的細胞會開始往下走，把要變成孢子的細胞往上推，最後就形成一個特定的三度空間結構，當風吹過來時，孢子有可能散播到較遠的地方，碰到良好環境的機會就會增大。

細胞的增值與分化

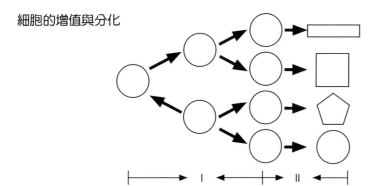

圖示中 I 過程表示由一個或一種細胞增殖產生後代的過程；II 過程表示形態、結構和功能發生穩定性差異的過程（細胞分化）。

黏菌生活史

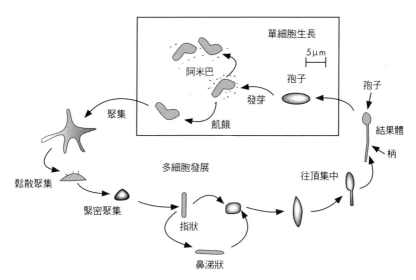

黏菌是一種原生生物，分類學上的名稱為「Mycetozoa」，意思是「真菌動物」，這樣的名稱表現了其外觀與生活型態。它們保有變形蟲的身體構造，但是也與真菌類同樣擁有能夠釋放孢子的子實體，而這些特徵也使他們看起來和黴菌相似。

單細胞與多細胞生物的比較表

	獨立性	依賴性	功能	細胞分工
「單細胞生物」的細胞	強	低	多	無
「多細胞生物」的細胞	弱	高	特定	有

6-8 基因開關

地球上的環境差異，造就了數以萬計的生命形式以求生存；然而，維繫著不同物種之間的，竟然是一群差異並不大的基因群。就算外型差異大，不同生物之間的基因其實相似性比我們所想像的還要高。

（一）生命形式的基因表現

生物間的基因相似性：在地球上數以萬種的生命形式之間，縱使外表上的差異極大，卻都擁有非常類似的基因，以及數量相差異大的基因序列。如老鼠約含兩萬七千到三萬個基因、線蟲約含一萬九千個基因、人類約含三萬個基因。

基因表現的意義：細胞核將 DNA 序列轉錄成 mRNA，再經由核糖體以及 tRNA 轉譯成蛋白質的過程，即稱為基因表現。然而，基因表現的關鍵並不在於基因本身，而是在於基因調節。

（二）基因序列

在細胞核糖，DNA 轉錄成的 RNA 會先經過修剪而成為信息 RNA（mRNA），之後再送出細胞核外來讓核糖體進行轉譯；這種方式大大的增加了基因的用途，這種基因表現能使得同一段基因轉錄後經過剪接及黏合能產生出不同用途的蛋白質。

以人類來說，就有約百分之三十左右有經過剪接，使得人類雖然只含三萬個基因，卻能製造出種類高達數十倍的人體蛋白質。

表現序列是產生蛋白質的密碼，其所對應出來的 RNA 將會以三個核甘酸為一組的核甘酸三聯體送到核糖體，再藉由核糖體以及 tRNA 轉譯成胺基酸，進而折疊成蛋白質。

插入序列最主要的工作在於調節，因此又被稱為調節序列；它只存在於真核生物以及病毒當中，主要的工作是在於基因調節，而它所包含的幾個重要部分如：

1. 啟動子（promoter）：啟動子是決定表現序列開始作轉錄的重要因子，當基因要開始做轉錄時，RNA 聚合酶會與該部位結合並且開始做轉。

2. 加強子（enhancer）：加強子又稱為強化子，當它被啟動時，會造成數個 RNA 聚合酶一起工作，轉錄的效率也會大幅提升。

3. 操作子（operon）：操作子是能操作轉錄以及結束轉錄的因子，當它與抑制蛋白結合時，轉錄工作來到這結合體時便會停止轉。

（三）基因開關

DNA 上有些特別樞紐，稱之為基因開關，這些序列不具合成蛋白質的訊息，而是控制基因的表現。所謂的基因開關，其主要構成是來自於加強子（enhancer）及轉 因子，轉 因子是由蛋白質構成的，當它與特定的加強子做結合時，會使啟動子作用，並使更多的 RNA 聚合酶開始做轉。

因為加強子與轉錄因子決定了基因表現的始末，它有如基因的開關的作用。每個基因都至少擁有一個加強子，而有些基因擁有自己獨立的加強子，這些加強子分別調控著專門的部位以及蛋白質，使得生物體在基因開關以及其他調節部位的作用下，展開了複雜卻有規律的基因表現網路。

mRNA的作用

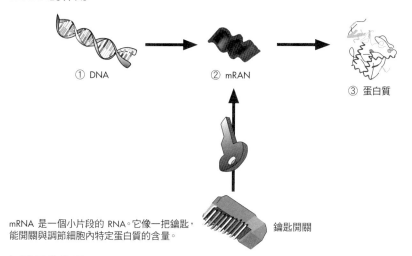

① DNA   ② mRAN   ③ 蛋白質

mRNA 是一個小片段的 RNA。它像一把鑰匙，
能開關與調節細胞內特定蛋白質的含量。

鑰匙開關

加強子的作用

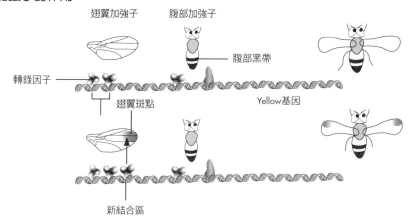

翅翼加強子   腹部加強子

腹部黑帶

轉錄因子

翅翼斑點

Yellow基因

新結合區

（1）果蠅翅翼上的yellow 基因加強子序列發生變異，多了一個可以與轉錄因子結合的結合區，使得它所產生的蛋白質高度活化，因此翅翼上出現黑色的斑點。

瘧原蟲

Duffy蛋白質

紅血球

紅血球

GACA

腦   脾臟   腎臟   紅血球   Duffy基因

失去功能的紅血球加強子

（2）人類的紅血球上有一種名為Duffy的蛋白質，使得瘧疾的瘧原蟲碰到了紅血球表面上的這種蛋白質會將其當成受體的一部分，藉以進入紅血球中。在瘧疾肆虐嚴重的非洲卻產生有利的變異型，在西非，幾乎所有的西非人因為紅血球表面Duffy蛋白質加強子序列的一個鹼基從T轉變為C，因此使得該加強子失去功能，無法製造Duffy 蛋白質的紅血球使得瘧原蟲無法侵入紅血球中，進而避免引發瘧疾。

6-9 蛋白質製造

蛋白質在生物體中扮演非常重要的角色，負責執行生物體內所有的生理功能。蛋白質的種類繁多，微生物有上千種的蛋白質，高等生物則有上萬種的蛋白質。這些蛋白質都是由一種蛋白質製造機——核醣體所製造的。

（一）轉譯作用

核醣核酸聚合酶（RNA polymerase）會以 DNA 上有遺傳訊息的去氧核醣核酸序列基因為模板，經過轉錄作用，用 4 種核醣核酸（A、U、C 及 G）合成出 RNA。RNA 又可再細分為 3 種，訊息 RNA（mRNA）、核醣體 RNA（rRNA）和轉移 RNA（tRNA）。

mRNA 的功能是攜帶遺傳訊息給核醣體，核醣體再依 mRNA 的核酸序列合成出蛋白質。當核醣體在讀 mRNA 核酸時，會以 3 個字母為一組，代表一種「密碼子」（codon），而一種密碼子只會對應到一種特定胺基酸，其中 AUG 這組密碼子是起始密碼，它就像是解密的起點。

核醣體會先找出起始密碼後再依序每 3 個一組地往下讀，直到遇上截止密碼（UAA、UGA 或 UAG），才會停止蛋白質合成。而 rRNA 是構成核醣體的元件，它會結合多種蛋白質共同組成核醣體。

tRNA 則是 RNA 語言和蛋白質語言之間的媒介，它的末端會攜帶 20 種胺基酸中的一種，且 tRNA 中有 3 個核苷酸會和 mRNA 的密碼子互補，這 3 個核苷酸稱為「補密碼」（anticodon）。

一種 tRNA 只會帶一組補密碼，也只會攜帶一種特定胺基酸，因此一組 mRNA 的密碼子只會和一組 tRNA 的補密碼配對，翻譯出一種特定胺基酸。

（二）核醣體

核醣體內有 3 個 tRNA 的反應位置，包括 A 位、P 位及 E 位。A 位（胺醯位）是密碼子和補密碼配對結合的位置，只有正確配對的 tRNA 可誘發往下的蛋白質合成步驟，不正確的 tRNA 則無這項功能，最後就會離去。P 位（肽醯位）是接有合成中蛋白質的 tRNA 所在位置，E 位（退出位）則是 tRNA 離去的位置。

當轉譯作用開始時，起始 tRNA 會和起始密碼（AUG）先在 P 位結合，第 2 個 tRNA 則會在 A 位和第 2 組密碼子配對，當配對正確後，核醣體會催化 P 位的 tRNA，把它的胺基酸轉移到 A 位的胺基酸上。這時 P 位的 tRNA 變成沒有攜帶胺基酸的 tRNA，A 位的 tRNA 上則含有以肽鍵連接的兩個胺基酸。

完成胺基酸轉移後，核醣體會往右移 3 個核苷酸的位置，來讀下一組密碼。因此原本在 P 位的 tRNA 移到 E 位，原本在 A 位的 tRNA 來到 P 位。空出來的 A 位就可和相對的 tRNA 配對，進行下次的胺基酸轉移，並延長胺基酸鏈。在 E 位的 tRNA 則會離開核醣體，由氨醯 tRNA 合成酶再次攜帶相對的胺基酸進行下次的反應。

小博士解說

因為生物體內並無終止密碼相對的 tRNA，所以當 A 位讀到中止密碼時，釋放因子（release factors）會接上 A 位，水解在 P 位上的胺基酸鏈，完成蛋白質合成。

密碼子表，64種密碼子和對應的胺基酸

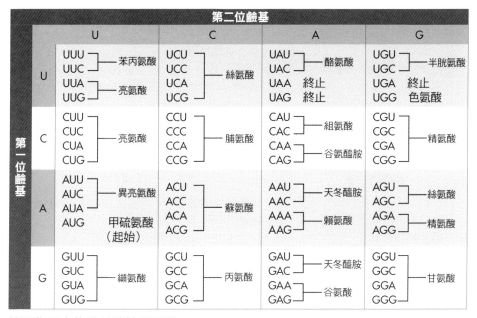

		第二位鹼基			
		U	C	A	G
第一位鹼基	U	UUU UUC — 苯丙氨酸 UUA UUG — 亮氨酸	UCU UCC UCA UCG — 絲氨酸	UAU UAC — 酪氨酸 UAA 終止 UAG 終止	UGU UGC — 半胱氨酸 UGA 終止 UGG 色氨酸
	C	CUU CUC CUA CUG — 亮氨酸	CCU CCC CCA CCG — 脯氨酸	CAU CAC — 組氨酸 CAA CAG — 谷氨醯胺	CGU CGC CGA CGG — 精氨酸
	A	AUU AUC AUA — 異亮氨酸 AUG 甲硫氨酸（起始）	ACU ACC ACA ACG — 蘇氨酸	AAU AAC — 天冬醯胺 AAA AAG — 賴氨酸	AGU AGC — 絲氨酸 AGA AGG — 精氨酸
	G	GUU GUC GUA GUG — 纈氨酸	GCU GCC GCA GCG — 丙氨酸	GAU GAC — 天冬醯胺 GAA GAG — 谷氨酸	GGU GGC GGA GGG — 甘氨酸

轉譯作用中的胺基酸轉移過程

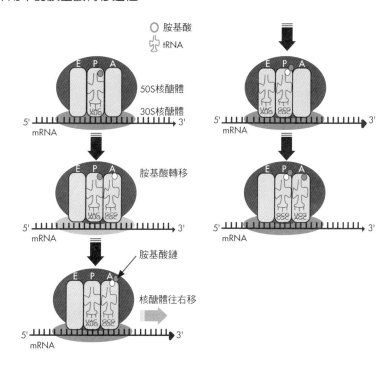

6-10 基因突變

（一）基因突變概述

基因隨著時間的流逝，不斷的發生變化，此即所謂的「基因突變」。

根據統計，每一個基因發生突變的機率是十萬分之一，對生物而言，這些突變通常是有害的，但若站在演化的角度來看，突變有時卻能夠幫助生物體適應環境的變遷，因此突變也成了物種進化的因素之一。突變的影響對生物體而言有輕重程度之分，最輕微的可能無生理上的變化，而最嚴重可能會造成死亡！突變的種類眾多，以染色體與 DNA 的變異來區分，可簡單地分類為：染色體數目或構造的改變、DNA 分子中鹼基的改變。

（二）鹼基置換

染色體上的基因若有永久性突變時，就會造成遺傳性疾病的產生，如地中海型貧血、黏多醣症等皆是，遺傳疾病一般可分為顯性遺傳、隱性遺傳及性聯遺傳，其中顯性遺傳及隱性遺傳皆是由 22 對非性染色體發生突變所致，如果一對染色體上僅有一個基因發生變異就會造成基因缺陷，則為顯性遺傳；若需一對相關位置的基因發生變異才會造成基因異常者，稱為隱性遺傳；至於基因變異發生在性染色體上的，則稱為性聯遺傳。

然而基因的變化卻不僅限於鹼基置換這種小變化。「重複」在基因演化、誕生上扮演重要的角色，假設某祖先基因因為某種機制而重複，如此只要一個基因就足以發揮祖先基因擁有的功能，重複的基因為了獲得新功能，將大膽體驗遺傳情報的變化。

這個假說認為基因重複在「一面保有既有的基因功能，一面誕生擁有新功能的基因」上有利，經由實際觀察生物的基因、基因組構造（如酵母等），也可找到「經由基因組層級重複而演化」的痕跡。

（三）引起突變的因子

突變依造成的原因又可分為自然突變及誘發性突變（以人為方式導致突變，如 X-射線，紫外線，亞硝酸鹽等）。

物理因素：DNA 主要可吸收波長 260nm 的光波，高能量的輻射線、紫外線、X 射線、γ 射線，會直接傷害 DNA，間接導致 DNA 複製不正常。100 至 380nm 紫外線波長，會使 DNA 斷裂或改變 DNA 的鹼基組成，造成異常的「胸腺嘧啶雙體」（T＝T，雙胸腺嘧啶）。

化學因素：亞硝酸、五溴脲嘧啶會造成 DNA 點突變，如亞硝酸可使胞嘧啶（C）失去一個胺基（-NH₂），變脲嘧啶（U）；使腺嘌呤（A）改變為「次黃嘌呤」。

生物因素：病毒感染細胞，病毒基因嵌入宿主細胞的染色體 DNA 中，轉變為癌細胞。

小博士解說

美國遺傳學家穆勒（Paul Hermann Muller）是第一位利用 X 射線來誘導果蠅發生突變，且對突變情形作詳細研究的科學家。

鹽基置換

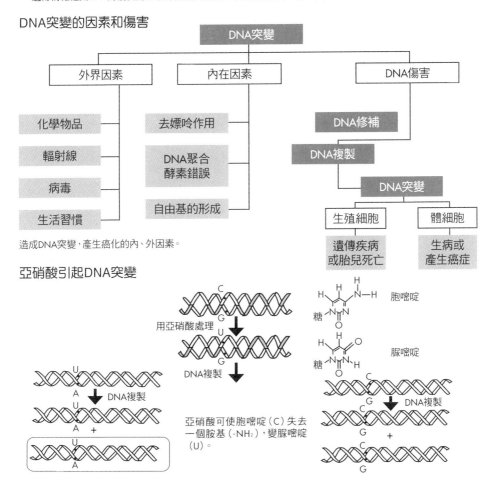

(a)
```
 141   142   143   144   145
 GCC   ATT   TTT   GGC   CTT …
```
⬇ Delete T
```
 141   142   143   144   145
 GCC   ATT   TTG   GCC   TT …
```

(b)
```
 35    36    37    38    39
 TCA   GAC   ATA   TAC   CAA …
```
⬇ Delete AT
```
 35    36    37    38    39
 TCA   GAC   ATA   CCA   A …
```

(c)
```
 329   330   331   332   333
 CCA   CTT   GTT   GAC   CGA …
```
⬇ Delete TTG
```
 329   330   331   332
 CCA   CTT   GAC   CGA …
```

(d)
```
 168   169   170   171   172
 GAA   ATA   GAT   AGT   CTT …
```
⬇ Delete ATAG
```
 168   169   170   171
 GAA   ATA   GTC   TT …
```

遺傳情報經由DNA的複製而正確的從親代傳遞到子代的過程中，會以某個機率發生誤差，而導致鹽基置換。

DNA突變的因素和傷害

造成DNA突變，產生癌化的內、外因素。

亞硝酸引起DNA突變

用亞硝酸處理

DNA複製

DNA複製

亞硝酸可使胞嘧啶（C）失去一個胺基（-NH₂），變脲嘧啶（U）。

DNA複製

6-11 赤裸的真相

（一）哺乳動物的體毛

毛髮在哺乳動物身上，具有重要的保護功能。但是，人類為何褪去一身濃密的體毛，變得如此赤裸？

人類屬於哺乳綱靈長目，而哺乳類的特徵是：溫血、哺乳、毛髮蔽體（禦寒）。

所有哺乳動物身上或多或少都有體毛，而且大多數相當濃密。毛髮能隔熱防寒，並避免皮膚受到摩擦、水氣、陽光和有害寄生蟲及微生物的傷害，它也可做為保護色來混淆掠食者，獨特的花紋有助同類生物互相辨識，有些哺乳動物還會利用毛髮來表現牠們的侵略行為或焦躁情緒，如當狗豎起頸部和背部的毛時，就是警告挑釁者別靠近的鮮明信號。

現生哺乳類，只有象、犀牛、河馬、海牛、豬、鯨豚、裸鼠體毛稀少或沒有體毛。鯨豚因在海洋中生活，脫掉體毛減少摩擦力，就能提升游泳速度。大象與犀牛，身體壯實又皮厚，因此不靠體毛禦寒。

（二）褪去體毛的好處

體毛脫掉後，人類至少要面對三個問題：身體表面直接受陽光照射；氣溫低時，體表易散熱；沒有大象、犀牛一般的厚皮保護身體。但是，人類不像其他的無毛哺乳類，人體頭、腋下與陰部的毛髮並沒有脫去。

人類祖先必須打獵維生。為了追逐獵物，非得脫去濃毛，增加皮膚中的汗腺，使身體容易散熱。

大象、犀牛和河馬，經常有體溫過高的風險，因此也演化出光禿的皮膚。動物的體積越龐大，相對於身體質量的表面積就越小，因此越難排除過多的體熱。

在距今 200 萬至 10 萬年前的更新世，犀牛、猛瑪象和其他現代大象的近親都是長毛動物，因為牠們生活在寒冷的環境，長毛的隔熱效果有助於維持體溫，減少食物攝取量。但今日所有大型草食動物都棲息在炎熱的環境，長毛反而會讓這些巨獸致命。

對靈長類來說（包括人類），最重要的散熱方式是流汗。排到皮膚外的汗液在蒸發時，會順道帶走皮膚的熱，讓身體冷卻下來。

由於許多寄生蟲都藏在毛髮裡，如蝨子、跳蚤，因此脫去毛髮後，就能避免寄生蟲以及寄生蟲帶來的病原侵襲。人類可以利用文化手段，彌補其他動物在脫毛之後必須克服的困難，如以火取暖，以衣蔽體。

達爾文認為光裸皮膚是透過「性擇」演化出來的，他認為皮膚不光滑的個體找不到配偶，因此沒有機會繁殖。

（三）褪去體毛的時間

寄生在人類身上的蝨子有三種：頭蝨、體蝨、陰蝨。體蝨並不藏身在毛髮裡，而是在衣服上。因此推論現代人的體蝨是衣服發明之後，才開始演化的。比較頭蝨、體蝨、陰蝨的基因差異，算出人類體蝨最近才演化出來，大約是七萬年至四萬年前，接近舊石器時代晚期（克羅馬儂人出現的時代）。

體毛多的哺乳動物

哺乳動物具有外分泌腺、頂泌腺及皮脂腺等3種腺體可以幫助散熱，大多數哺乳動物表皮有豐富的頂泌腺，這種腺體聚集在毛囊旁，分泌能讓動物的毛覆蓋一層油汗，當毛上的汗蒸發時，可以把熱氣帶走，但是，動物流的汗越多時，糾結的毛髮會阻礙汗水的蒸發，散熱效率變差。[本圖為自CAN STOCK合法下載授權使用]

光禿禿的人類

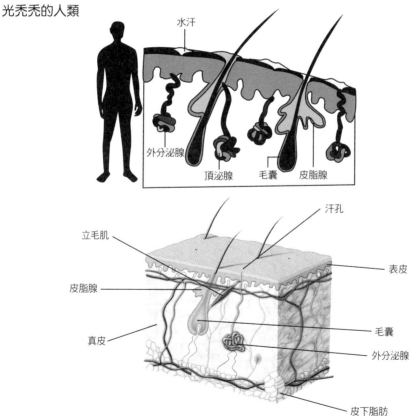

人類表皮以外分泌腺較多，這些腺體靠近皮膚的表面，會從毛細孔釋出稀薄的汗水，外分泌腺排出的水汗比頂泌腺排出的油汗，容易蒸發，降溫效果佳。而且人類光禿的皮膚容易排除多餘的體熱。[本圖為自CAN STOCK合法下載授權使用]

6-12 **智能的演化**

（一）人類心智的四大特質

雖然人類和黑猩猩的基因絕大部分是一樣的，但研究指出，在人類譜系和黑猩猩分開後，一些微小的遺傳漂變讓兩者的計算能力產生了巨大的差異。共有的遺傳組成在重排、刪除和複製之後，創造出具有四項特質的腦，構成了所謂的「人類獨特性」。

1. 衍生計算能力：它可創造出變化萬千的表達方式，它們可能是字的排列、音符的序列、動作的組合或一串數學符號。衍生計算包含了兩種運算：遞迴和組合。

2. 隨意組合概念的能力：我們經常串連不同領域的知識，結合我們對藝術、性愛、空間、因果關係和友誼的認識，產生新的律法、社會關係和科技。

3. 使用心智符號：人類會自動將所有真實或想像的感覺經驗，轉化為個人內在的符號，或經由語言、藝術、音樂或電腦編碼表達出來。

4. 抽象思考：動物的想法主要環繞著感覺和認知經驗，而人類有許多想法則沒有這樣的關聯。只有人類想得出獨角獸和外星人、名詞和動詞、無窮和上帝。

現代人類的心智何時成形，並沒有共識，但考古記錄明確顯示，大約在 80 萬年前的舊石器時代，它有了很快的轉變，並在 5 萬至 4 萬 5000 年前改變加速。

多零件組合成的工具、在動物骨頭上打洞製成的樂器、顯示出美學和來世信仰的陪葬飾品、生動描繪事件和感知未來的洞穴壁畫，還有學會用火；這項技術結合了日常物理和心理學，讓人類祖先能烹調食物並取暖，從而能克服全新的環境。

（二）複雜的腦

研究顯示，包括人類在內的脊椎動物，腦內細胞的類型和所使用的化學傳遞物大致相同，而且猴類、猿類和人類大腦最外層的皮質組織構造也近似。換句話說，人類許多大腦特徵和其他物種並無二致，不同之處只在於腦部某些區域的大小，以及這些區域的連結方式，而這些差異造就了人類在動物界中無可比擬的思考能力。

在連貫新事物時，最重要的部位是只有兩公釐厚的大腦皮質。人類的大腦皮質佈滿了皺摺，若是將它全部攤平，面積可覆蓋四張打字紙；黑猩猩的可蓋過一張紙；猴子的只有明信片那麼大；大鼠的則相當於一張郵票。

腦部的特化讓人類的靈活度和預見能力得以飛躍演進，遠遠超越猿類。腦部的特化可能牽涉到一個語言、計畫手部運動、音樂與舞蹈共通的核心技能，如果真是如此的話，它將更能解釋人類的智能。

對大部分的人來說，腦部掌管語言最重要的部位，是位在左耳正上方的位置。猴子缺乏這個左側語言區，牠們的發聲和人類的簡單情緒表達聲一樣，是利用位於胼胝體（連接左右腦半球的神經束）附近、一個較原始的語言區。

小 博 士 解 說

語言是最能界定人類智能的特徵：如果沒有語法（字詞的次序性排列），我們只比黑猩猩聰明一點點。

東非大裂谷

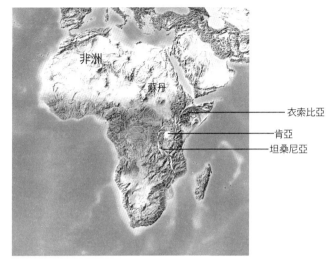

1,200萬年前形成東非大裂谷,這個天然屏障是人和猿分道揚鑣的關鍵,裂谷西方依然是茂密的濕潤的樹叢,不需作出太大的改變來協調。裂谷以東由於降雨量漸次減少,林地消失出現了草原,大部分猿類祖先族群因而滅絕,其中一小部分猿類適應了新環境,學習在地上活動。 [本圖為自CAN STOCK合法下載授權使用]

尼安德塔人的工具

尼安德塔人多在洞穴中發現,伴以大量的精巧的石器製品、薄石片、骨針、動物化石和用火痕跡等,他們可能開始穴居或半穴居生活,以火取暖和以火驅逐野獸,能用獸皮製衣蔽體等,尼人發明了葬儀,年長的成員會將生活經驗傳授後代。

手斧、卵形斧

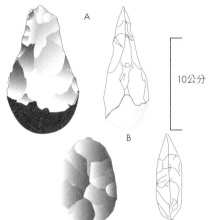

舊石器時代的手斧、卵形斧等器具,是由不定形的打制石器逐漸發展而來的,這一點是毋庸置疑的,雖然舊石器時代的人經歷了很長一段時間才使之從雛形轉變為精制成品。石頭特性影響著裂片的結果,但更有用、更方便形式的器具制作出來後被認為是值得模仿的,而在舊石器時代早期的歐洲以及其他一些地區,最終形成了大型的標準化措施。

6-13 人類的演化

（一）靈長類的出現

　　最早出現的靈長類是 5,000 萬年前的猿猴類，廣泛分布於北美洲、歐洲和亞洲。靈長類的特徵有：（1）第一指與其他四指對合；（2）指的末端有扁平的指甲；（3）前後肢具有靈活的關節；（4）立體視覺。在第三紀末期氣候變得寒冷和乾燥，猿猴類逐漸滅絕，少數演化成現代的猴類。

　　人猿類是在大約 3,600 萬年前漸新世時從一組猿猴類演化而來的。開始牠們主要分布於非洲（在亞洲也可能有分布），後來很快在非洲、亞洲和歐洲都有分布。人猿類分為兩支，一支演化成猿猴，另一支演化成為人類的祖先。

　　人和黑猩猩在演化路線上分開大約 500 萬年前，那時，靈長類中的一個小系，從樹上下來，將前肢的指節離開地面，採取後肢直立的姿勢，在身體構造的其他方面同時發生了與直立相適應的變化，於是便進入到人的演化階段。

（二）人類登上舞台

　　人類的演化最早發生在非洲，最早的人科化石是發現於非洲的阿法南方古猿（*Australopithecus afarensis*）。阿法南方古猿生活在迄今 390 萬年至 300 萬年以前，牠們的腦容量較小，大約僅是現代人腦容量的三分之一。化石證據顯示，在大約 250 萬年前，出現了更進步的人種西方古猿（*A. boisei*）和早期猿人（*Homo habilis*，又稱巧人）。

　　人類學家根據對爪哇人和北京人的化石研究結果，確定了另一個化石人類的物種，即直立人（*H. erectus*）。直立人的化石廣泛分布在非洲、亞洲和歐洲，因此他們是最早離開熱帶進入寒帶的人種。直立人的骨骼支架與現代人相似，身高約 1.5 公尺。

　　早期智人（*H. sapiens neanderthalensis*，又稱古人、尼安德塔人）生活在 25 萬年至 4 萬年前的舊石器時代中期。晚期智人（*H. sapiens sapiens*，又稱新人）出現於距今 4 萬年前。

　　早期智人與晚期智人都屬於同一個物種，形態上的差別在於後者的前部牙齒和顏面都較小，眉脊降低，顱高增大。晚期智人能製作複雜的工具，掌握了原始的繪畫和雕刻技術。

（三）現代智人

　　自從 600 萬年前人類始祖出現後，世上一直有一個以上的人類物種生存。即使 250 萬年前「人屬」物種出現了（如「巧人」），南方古猿仍繼續生存到 100 萬年前才滅絕。

　　智人的祖先大概 20 萬年前在非洲出現，當時世上已有尼安德塔人。15 萬年前的「人屬前輩種」已呈現現代智人的特色，與尼安德塔人截然有別。10 萬年前，現代智人的祖先甚至與尼安德塔人在同一地區生活過（今日的以色列）。到了 3 萬 5 千年前，尼安德塔人消失了。學者相信智人在 3 萬 5 千年前成為世上唯一的人。

小博士解說

　　現在世上只有一個人類物種，就是「人屬智慧（物）種」，簡稱智人。儘管我們憑感官經驗把世上的人分為三個「人種」：白人、黑人、黃人，可是這三個「人種」都屬於智人。

人類與猿類的特徵比較

共有特徵		其他靈長類	大猩猩	黑猩猩	人
骨骼與牙齒	臂長	前後肢幾乎等長	前肢長	手較長	後肢長
	犬齒	大	大	大	小
	拇指	長	短	短	長
頭髮		短	短	短	長
腹肌		小	小	小	大
臀部		瘦小	瘦小	瘦小	肥大
染色體		>42個	48	48	46
分子結構 (α-hemgloblin chain)		多處不同	一個胺基酸不同	一樣	一樣

人類的族譜

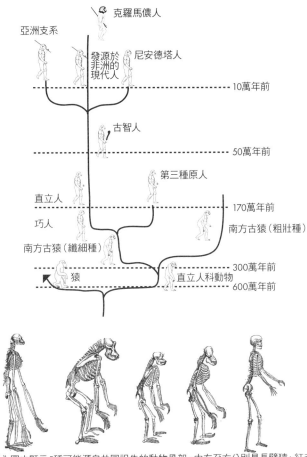

亞洲支系

克羅馬儂人

發源於非洲的現代人　尼安德塔人

古智人

第三種原人

直立人

巧人

南方古猿（纖細種）

猿

南方古猿（粗壯種）

直立人科動物

- 10萬年前
- 50萬年前
- 170萬年前
- 300萬年前
- 600萬年前

《人類在自然界中的地位》圖中顯示5種可能源自共同祖先的動物骨架。由左至右分別是長臂猿、紅毛猩猩、黑猩猩、大猩猩與人類。[本圖為自CAN STOCK合法下載授權使用]

6-14 未來人類

（一）人類的演化仍在持續

　　未來人類的模樣，讓人充滿想像的空間。有些人會提起舊時科幻小說的描述：額頭凸起、智商更高的大腦人；另外一派會說人類身體不會再演化，科技已終結了殘酷的天擇，只剩文化仍在繼續演化。

　　分析人類過去幾千代的頭顱化石記錄，可看出人類腦容量的快速增長時期很久以前就結束了。人類和其他生物一樣，在物種形成初期，體型會經歷最劇烈的改變，然而之後在人類的生理（可能還有行為）上，基因仍繼續引發著改變。

　　一般認為現代智人在更新世之後就不太演化，然而探討全世界族群基因資訊的新研究發現，人類演化速度在農業和城市發展後反而加快了。如果我們持續演化，一千年後，在經歷了環境和社會帶來的意外發展後，人類會是什麼模樣？

　　直到 5000 年前，至少還有 7% 的人類基因經歷過演化，大部分的改變都與適應特殊環境有關，而這些環境有自然的，也有人為的。舉例來說，大多數漢人和非洲人成年後都無法消化吸收新鮮牛奶，而在瑞典和丹麥，幾乎人人都能消化牛奶，這種能力是為了適應北歐有著豐富乳品的環境。

（二）不自然的天擇

　　近百年來，現代智人的處境再度改變。便捷的交通打通了過去地理造成的隔離，也打破了讓種族互不往來的社會藩籬，人類基因庫從來沒有像現在一樣，廣泛混合著以前完全隔絕的地方族群。事實上，人類的遷移能力可能讓各種族彼此越來越像。在此同時，科技和醫學也阻礙了人類受到的天擇，現在全世界各地的嬰兒死亡率都不高，原本帶有致命遺傳缺陷的人，現在也能活下來並結婚生子，生存法則中的自然淘汰已經不再適用。

（三）聰明又長壽的未來人類

　　篩檢遺傳組成將會成為司空見慣的程序，人們也可以根據檢驗結果選擇適合的藥物。改變相關器官中的基因（基因療法），或改變整個基因組內的某個基因，這些防止疾病遺傳至後代的作法，大行其道。

　　最新研究指出，老化並不是單純的身體器官耗損所致，而是原本設定好會衰退，主要由基因控制。果真如此的話，未來的遺傳學研究將可揭露許多控制老化的基因，並且修改那些基因。

（四）人機合體

　　比基因更難預測的是我們對機器的操縱，或者是機器對人類的操控。人類最後會演化成與機器共生的人機合體嗎？

　　人類製造機器來滿足自身的需求，相對的人類也為了機器而調整生活習慣和行為，當機器變得越複雜、機器間的聯繫越多時，人類也被迫適應它們。

　　人工智能正在以前所未有的方式「進化」，半個世紀的時間裡，人工智能在一些領域就已經超過了人類本身。另一方面，從人工心臟、人工視網膜到越來越智能化的假肢，在身體中加入了智能機器後，人類作為一個自然物種還會存在嗎？

未來的人類

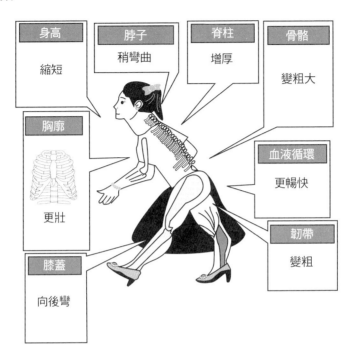

| 身高 | 脖子 | 脊柱 | 骨骼 |
| 縮短 | 稍彎曲 | 增厚 | 變粗大 |

胸廓 更壯

血液循環 更暢快

膝蓋 向後彎

韌帶 變粗

人類究竟會走向何方的大膽猜測

未來的人類	特徵
單一人	世界大同，人種融合
基因人	藥理超人，抑或怪物？
半機械人	人工智能，人機合體
天文人	征服太空，適者生存
幸存人	浩劫過後，人類分化

科幻小說的描述的大腦人

6-15 性聯遺傳

（一）性聯遺傳概述

性聯遺傳疾病大多是位於性染色體 X 上的缺陷基因所引起的，而這些疾病大部分是隱性遺傳疾病。由於女性的性染色體為 XX，若有一個隱性缺陷基因時，隱性缺陷基因通常會被另一個正常基因中和，所以並不會因而發病，成為攜帶不正常基因的帶因者；但是男性的性染色體為 XY，因為男性所帶的 Y 染色體比 X 染色體短，沒有一條相配對的 X 正常基因來中和致病基因，所以當唯一的 X 染色體上的基因有缺陷時，隱性不正常基因就會表現，故一般性聯遺傳的疾病患者都以男性為主。

（二）性染色體

大小僅次於第七號染色體的 X 染色體是一個奇特的染色體。它的同源染色體叫做 Y 染色體，X 和 Y 染色體就是性染色體，它們決定身體的性別。每個人都會從自己的母親身上得到一條 X 染色體，若是從父親那得到一條 Y 染色體，就是男性；若是得到 X 染色體，就是女性。

性染色體聯鎖的遺傳性疾病則是藉由性染色體中的 X 染色體來進行遺傳。父母所遺傳的基因，如果是顯性基因，一對染色體中，只要其中一個是異常，就會發病或是顯現出來；隱性基因則是，一對染色體中，兩個染色體都是異常才會發病或是顯現出來，如果只有一個則不會，但是基因還是會繼續傳給下一代。

（三）性聯遺傳疾病

蠶豆症：是一種很常見的 X 染色體性聯遺傳的先天代謝異常疾病。在體內中協助葡萄糖進行新陳代謝的重要酵素（G6PD），過程中產生保護紅血球的物質，以對抗特別的氧化物，此症患者因缺乏這種酵素，若身體接觸到具氧化性的特定物質或服用了這類藥物，紅血球就容易被破壞而發生急性溶血反應。

色盲：也稱「色覺辨認障礙」，是一種由於視網膜的視錐細胞內感光色素異常或不全，以致缺乏辨別某種或某幾種顏色的能力，通常色盲發生原因與遺傳有關，但有些色盲則與視神經和腦的病變有關，或由於接觸某些化學物質。

眼睛之所以能辨識顏色，是由於眼睛存在三種能辨色的錐狀細胞，這三種錐狀細胞分別能吸收不同波長範圍的光。如果任何一種或兩種，甚至三種之錐狀細胞功能變差或失去功能，則產生不同之色盲。

黏多醣症：是先天代謝遺傳疾病的隱性遺傳，由無症狀帶因的母親或父母雙方，將基因缺陷傳給子女，患有不同類型黏多醣症的患者，其遺傳基因缺少了不同的黏多醣分解酵素，令相對的黏多醣在體內堆積，損害各個器官。

血友病遺傳圖

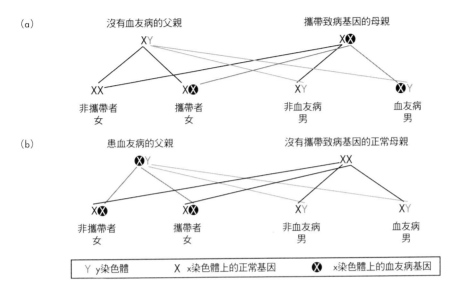

(a) 沒有血友病的父親　　　攜帶致病基因的母親

非攜帶者
女　　　攜帶者
女　　　非血友病
男　　　血友病
男

(b) 患血友病的父親　　　沒有攜帶致病基因的正常母親

非攜帶者
女　　　攜帶者
女　　　非血友病
男　　　血友病
男

Y y染色體	X x染色體上的正常基因	⊗ x染色體上的血友病基因

血友病中最常見的一種，是由於缺乏一種叫作第八因子（FVIII）的凝血因子而造成的。血友病病人的出血並不比正常人快，而是出血時間比正常人得多。圖a是母親為血友病攜帶者時的情況，每個兒子患血友病的機率是50%，每個女兒是基因攜帶者的機率也是50%。圖b當父親是血友病患者時的情況，所有的兒子都不會受影響，所有的女兒都是攜帶者。

性聯遺傳（控制性狀的基因位於性染色體上）

性聯遺傳的基因	大多為隱性，位於X 染色體上；Y 染色體上無性聯遺傳基因
顯性的性聯遺傳	躁鬱症、血脂肪偏高
隱性的性聯遺傳	紅綠色盲、血友病、肌肉萎縮症、蠶豆症、黏多醣症、白化症、免疫缺乏症、痛風、重症肌無力症、血小板減少症、裂顎

性連遺傳低磷酸佝僂症的遺傳可能模式

患病母親

正常父親	-	X	x
	X	XX	Xx
	Y	XY	xY

生下病童的機率是50%，而且男女患病比率均等

患病母親

患病父親	-	X	x
	x	Xx	xx
	Y	XY	xY

女兒的患病機率是100%，而兒子的患病機率是50%，另外50%男孩是正常的

正常母親

患病父親	-	X	X
	x	Xx	Xx
	Y	XY	XY

生下男孩是健康的且不帶致病基因，但如果是女孩則一定會患病

『顯性遺傳』的遺傳模式，就是只要有一個突變基因即會表現疾病，沒有帶因者，如果父親是患者不會遺傳給兒子。X、Y代表性染色體，XX代表女性，XY代表男性。大寫X及Y代表正常色色體基因，小寫x代表突變基因。

6-16 **數量遺傳**

（一）遺傳學

遺傳學一般可以概分成古典遺傳學與分子遺傳學兩大研究領域（古典的意義只是要與分子生物學中的分子二字對稱而已）。族群遺傳學及數量遺傳學，屬於古典遺傳學的研究領域。

遺傳學家先有了各式各樣的問題，因為要回答這些問題，所以遺傳學家發展出各種不同的研究方法，俾使其研究的目標更易完成。

遺傳學也常以其研究的對象為領域區分的標準，如微生物遺傳學、真菌遺傳學、果蠅遺傳學、人類遺傳學。

遺傳學是探討一生物個體其遺傳性特徵，在不同世代間如何傳遞，如何受環境因子的影響，遺傳密碼如何複製、如何表現、如何發生變異；生物基因體之基因定位與完全解碼，及在一生物族群中，遺傳基因在不同世代間出現的頻率如何受環境因子（如：族群的大小，環境的選擇，基因的突變和生物遷移）影響的一門學科。

（二）數量遺傳概述

人類的身高、智慧、膚色，植物果實的顏色、重量，動物的產乳量等性狀，是由兩對（或兩對以上）的基因所控制，且這些基因對該性狀的影響力有累加的效果，即依據顯性基因的數目決定性狀的強度，這樣的遺傳模式稱為「數量遺傳」，又稱為「多基因遺傳」。

數量遺傳是在討論生物的可計量的遺傳特徵，在親子代間的傳遞機制。

在族群中，表現型常呈現不同程度的連續差異，各種表現型呈鐘形常態分布曲線，族群中的分布情形多集中於平均值附近，極大值或極小值的個體較少。

（三）分離律

分離律是孟德爾提出的第一個定律，也是遺傳學上的第一定律，分離律是在一生物中，決定生物一遺傳特徵的成對基因在由父本傳至子代時會分開，分開的基因會各自進入一個配子中，在授粉時，由父、母本所來的配子結合，而會有基因的重新的組合發生。

以紫花與白花的雜交為例，紫花對白花為顯性，一般在植物學遺傳學家的表示法中，顯性的基因以大寫英文字母來表示，隱性的基因則以小寫的英文字母來表示。所以以 PP 來表示開紫花的碗豆的基因型；以相同的原則則可以以 pp 來表示開白花碗豆的基因型。當以開紫花的碗豆與開白花碗豆進行雜交實驗時，由於紫花為顯性，所以擁有 PP 與 Pp 的個體都擁有紫花的表現型，總共為 75% 的出現機會。擁有基因型 pp 的個體則為白花的表現型，其出現的機率為 25%。由這個計算，開紫花與開白花的植株在第二子代中數目的比值就為 3:1。其中的 X 表示雜交。

紫花和白花雜交的過程

P	PP(100%)	X	pp(100%)
F1		Pp(100%)	
F2	PP(25%)	Pp(50%)	pp(25%)
	表型都為紫花	表型都為紫花	表型為白花

孟德爾的分離率

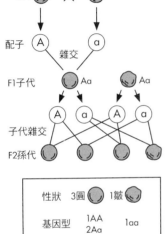

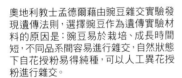

奧地利教士孟德爾藉由豌豆雜交實驗發現遺傳法則,選擇豌豆作為遺傳實驗材料的原因是:豌豆易於栽培、成長時間短,不同品系間容易進行雜交,自然狀態下自花授粉易得純種,可以人工異花授粉進行雜交。

膚色遺傳

AABBCC:膚色最深

↓

AaBbCc或AABbcc等:中間型

↓

aabbcc:膚色最淺

人數

黑色　　　膚色　　　白色

人類膚色(或身高)的遺傳由三對以上等位基因控制(以A、a,B、b,C、c……表示)。

巴斯卡原理的應用

```
              1
            1   1
          1   2   1
        1   3   3   1
      1   4   6   4   1
    1   5  10  10   5   1
  1   6  15  20  15   6   1
```

二對基因的多基因遺傳之表現型比例(五種表型)

三對基因的多基因遺傳之表現型比例(七種表型)

6-17 族群遺傳

（一）族群遺傳概述

族群遺傳學又稱群體遺傳學，是研究在四種演化動力的影響下，等位基因的分布和改變。這四種演化動力包括：自然選擇、遺傳漂變、突變以及基因流動，是遺傳學的分支學科。是以孟德爾定律及達爾文進化論為理論依據的學科，它的特色是利用數學的方法來研究受到選擇、突變、遷移、近親交配及其他因素影響下的族群基因結構。

從生態學的角度來看，了解一個族群的基因組成及其變化，就可以了解一個族群是如何地適應一個環境。因此，族群遺傳、生態變化乃至於物種的演化是分不開的。

（二）哈地溫伯格平衡定律

哈地溫伯格平衡定律（Hardy-Weinberg Equilibrium Law）有三個基本假設：

1. 考慮的族群必須是一個隨機交配的族群，而且族群必須大到可以忽略突變等隨機因素。譬如討論血型、色盲時，我們可以假設住在台灣的居民是一個隨機交配的族群，可是當考慮高矮膚色等因素時，這個假設就無法適用。在哈地溫伯格平衡定律裡，這是一個非常重要的假設。

2. 族群裡的生物均為二元體（diploid population），而且無性別之分。我們假設在基因座上有兩個對位基因 A 及 a，因此族群裡有三種可能的基因型 AA、Aa、aa，而其頻率（即百分比）分別為 P、2Q、R，P + 2Q + R = 1。

3. 族群中無天擇的干預，且假設世代不重疊。換句話說，我們假設第一代在第二代到達生育年齡之前死亡，或者考慮問題時不把第一代算在內。

（三）族群遺傳應用

依哈溫定律指出，假設某性狀為一個基因座上兩個等位基因，A 與 a 所控制，且分別以 p 與 q 代表其等位基因頻率，意即 $Pr(A) = p$ 與 $Pr(a) = q$；

則族群中各種基因型出現的頻率如下：

$$[Pr(A) + Pr(a)]^2 = [Pr(A)]^2 + 2[Pr(A)Pr(a)] + [Pr(a)]^2$$
$$[p + q]^2 = p^2 + 2pq + q^2 \rightarrow Pr(AA) + Pr(Aa) + Pr(aa)$$

因此，當調查族群中該性狀之各個基因型數目後，便可據此計算各等位基因頻率與基因型頻率。例如，不論是人類的杭廷頓氏舞蹈症（Huntington disease）、美人尖、捲舌與苯胺基硫甲醯基味覺等屬於體染色體上顯性遺傳性狀；抑或是屬於體染色體上隱性遺傳之地中海貧血症（Thalassaemias）、白化症（Albinism）、苯酮尿症（Phenylketonuria）與耳垂緊貼（無耳垂）等性狀，均可依族群中各種基因型人數推估基因型與基因頻率。

基因流動

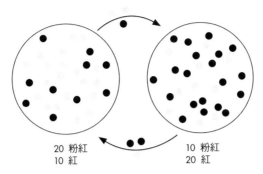

20 粉紅　　　10 粉紅
10 紅　　　　20 紅

在族群遺傳學中，基因流動（基因轉移）是從一個種群到另一個種群的基因轉移。

每二萬個新生兒中會出現一個白子(aa)：
設正常膚色基因A 頻率為p，白化症基因a 頻率為q

$$\because aa = q^2 = \frac{1}{20000} \qquad q = \sqrt{\frac{1}{20000}} = \frac{1}{141} \qquad p = 1 - q = 1 - \frac{1}{141} = \frac{140}{141}$$

$$\therefore Aa = 2pq = 2 \times \frac{140}{141} \times \frac{1}{141} = \frac{1}{70} \quad （每70人中就有一人為白化症基因的攜帶者）$$

基因頻率（等位基因在族群中所占有的比率）

族群總類 500	顯性 480		隱性 20
	AA320	Aa160	aa20
基因頻率	$AA = \frac{320}{500} = 0.64 \quad Aa = \frac{160}{500} = 0.32 \quad aa = \frac{20}{500} = 0.04$ $A = \left(\frac{320}{500} + \frac{160}{500} \times \frac{1}{2} \right) \times 100\% = 80\%$ $a = \left(\frac{160}{500} \times \frac{1}{2} + \frac{20}{500} \right) \times 100\% = 20\%$		

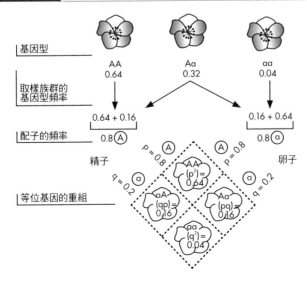

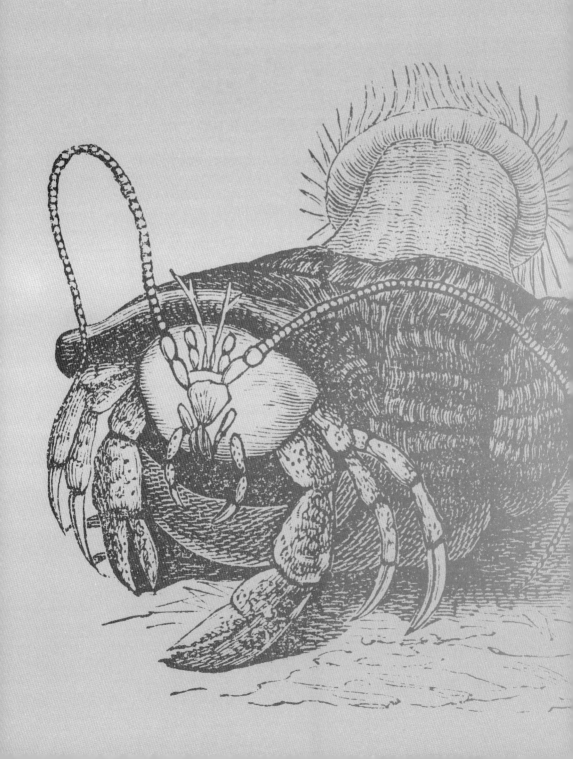

第7章
生態學

生物與環境是相互影響、相互依存而又不可分割。生態系統並不是完全被動地接受環境的影響，在正常情況下，即在一定限度內，其本身都具有回饋機能，使它能夠自動調節，逐漸修復與調整因外界干擾而受到的損傷，維持正常的結構與功能，保持其相對平衡狀態。

7-1 生態學的概念

7-2 台灣的生態

7-3 物理因子和植物分布

7-4 植物與其他生物的相互關係

7-5 魚類的生態

7-6 族群

7-7 生態工程

7-8 外來種

7-9 生態復育

7-10 生物種間的關係

7-11 生態旅遊

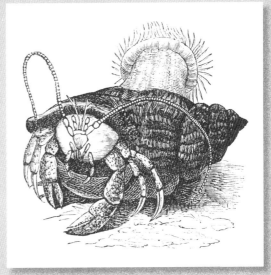

海葵與寄居蟹。大多數寄居蟹與刺胞動物的共生關係並非是絕對的，其間的關係亦非一對一；多數的關係是互利共生，海葵的刺絲胞能提供蟹某些程度的保護；而海葵可在殼上獲得棲息的硬基質、在蟹覓食時可獲得碎屑。在建立寄居蟹和海葵的共生關係時，雙方均可能採取主動，視種類而異。兩者均有固定的行為過程完成此一關係。[本圖為自CAN STOCK合法下載授權使用]

7-1 生態學的概念

（一）生物與環境互動的科學

生態學（Ecology）就是研究生物與環境互動的科學，其英文包含了 eco 與 ology，分別代表家（home）及學問（study）的意思，為研究生物個體與其所處自然環境兩者間的一門科學。生物與自然界環境關係錯綜複雜，藉由對生態學的研究，歸納出一些原則與條理，進而知道生物體如何調適以適應環境的變化，以及預測環境改變後對生物的影響。

科學方法是研究生態學最基本的研究方法，生物族群的變動分析、棲地研究、環境因子的影響等，必須透過長時間的觀察，甚至以田野調查的方法蒐集無數的客觀記錄予以分析，才能略窺生態作用的一點端倪。所以，敏銳的觀察與持續的毅力是研究生態學的另一個基本要件。

（二）生態系的概念

生態系就是在一定時間和空間內，生物與其生存環境，以及生物與生物之間相互作用，彼此經由物質循環、能量流動和訊息交換，形成的一個不可分割的自然整體。

生物包括多種生物的個體、族群和群落，其生存環境包括光、熱、水、空氣及生物等因子。生物與其生存環境各組成部分之間並不是孤立存在的，也不是靜止不動或偶然聚集在一起的，它們息息相關、相互聯繫、相互制約，有規律地組合在一起，並處於不斷的變化之中。

各個生態因子不僅本身作用，而且相互發生作用，既受周圍其他因子的影響，反過來又影響其他因子。其中一個因子發生了變化，其他因子也會產生一系列的連鎖反應。因此，生物因子之間、非生物因子之間，以及生物與非生物因子之間的關係是錯綜複雜的，在自然界中構成一個相對穩定的自然綜合體。

（三）生態系的構造層級

個體生態學：研究單一生物體與環境間的相互作用。其內容可包括個體生活史，環境對個體的型態、生理、心理的影響，以及個體對環境的適應過程和結果等。

族群生態學：研究同種生物形成的族群與其環境間的相互關係。內容包括族群形成的原因、成長、特性與變化，甚至探討族群在環境中的領域分配、行為特質以及環境對族群的影響等。

群落生態學：研究生物群落與環境間的關係。包括群落的成因、組成、分工、分層等，同時也可能探討氣候、季節、緯度等環境因素對群落的影響。

生態系統生態學：以生態系統中的生物組成與環境條件為研究對象，探討各種群落間的生態地位及彼此間的依附性與制約性，甚至分析環境因子對生物群落的刺激與影響等。

全球生態學：將整個地球視為一個生態系的觀念，就是將整個地球的能源流動、大氣循環、水循環、生物圈等當成一個整體性的相關範疇。地球的總體生命活動，其實與地球本身的溫度、氣候、化學組成等，均具有相互調節的動態平衡關係。

生態學研究範圍，應用領域是目前研究生態學的重要趨勢

範圍	學科
依據生物分類系統歸類	動物生態學、植物生態學、微生物生態學。魚類生態學、鳥類生態學、昆蟲生態學、藻類生態學
依據生物棲所歸類	海洋生態學、陸地生態學、河口生態學、沙漠生態學、湖泊生態學
依據應用領域歸類	農業生態學、漁業生態學、林業生態學、污染生態學、都市生態學、經濟生態學、人類生態學

生態系的模型

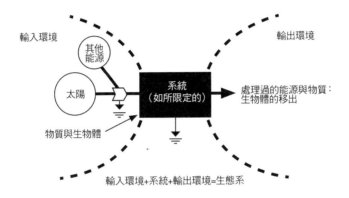

生態系的功能

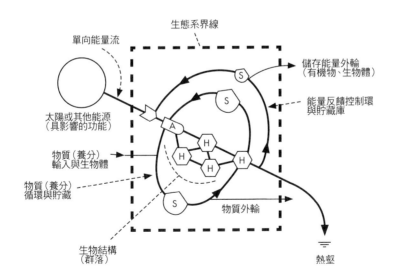

S 貯存，H 異營生物（消費者），A 自營生物（生產者）。

7-2 台灣的生態

（一）台灣的生態定位

台灣位在北緯約 22° 至 25° 之間，是屬於熱帶氣候區的北緣和溫帶氣候區的南緣，即亞熱帶地區，北回歸線橫貫其間。全世界相同緯度附近的區域多為沙漠，只有在台灣和雲南、緬甸交界處一帶是屬於相對溫暖多雨的森林生態系。

地質年齡頗輕的台灣，地形多變，造就多樣化微環境，提供許多生物棲息的空間。加上山勢高聳，隨著海拔變化分布著不同的生態帶，北半球的生態系濃縮、垂直分布在台灣山地。更由於曾是第四紀冰河期的生物避難所，因此有許多古老的生物。

（二）台灣的生態系多樣性

海洋生態系：由於黑潮暖流流經台灣海域，孕育許多海洋浮游生物，造成本島周圍有不少漁場。而豐富的魚類資源更吸引了大型的海洋哺乳動物迴游到本島附近，形成生物多樣化的大海區生態系。台灣島四周環海，各地海岸線地形與地理等環境不一，形成礁岸、岩岸、沙岸、泥岸等海岸及珊瑚礁地形，其生物量亦相當豐富，據調查資料顯示，台灣海洋生物種類高達全球物種的 1/10。

沼澤生態系：台灣海岸線長，較具規模的沼澤大都位於海岸及河口區，依植物的組成可概分為草澤及林澤。典型草澤優勢植物有蘆葦、鹽地鼠尾粟、鹹草等。林澤則以紅樹林為代表，植物以海茄冬、水筆仔、五梨跤等為主。

湖泊生態系：台灣高山湖泊和其他水域及水體均不相連，且位於溪流的源頭，故生物很難遷移進入，生物種類少是台灣高山湖泊在生態上的一大特色。植物資源較具特色者有夢幻湖的台灣水韭、鴛鴦湖的東亞黑三稜等。

森林生態系：就氣候型而論，單純以緯度而言台灣屬亞熱帶，但因受海拔高影響，卻具有熱帶、亞熱帶、暖溫帶、溫帶、冷溫帶、亞寒帶及寒帶之特徵，因此林相之組成相當複雜，孕育的森林資源相當豐富。

台灣生態棲地因近數十年來經濟開發而遭受嚴重的破壞，政府因而陸續規劃以自然保育為目的的各類型保護區，包括自然保留區、野生動物保護區、國家公園、國有林自然保護區等。

（三）孑遺生物眾多

台灣島約在邁入第四紀之際隆升出水面，其間部分時期與大陸相連，因此歐亞大陸第三紀古老物種得以進入台灣，之後有數次規模較大的冰河期，台灣都未覆冰，所以其生態環境未受到毀滅式的傷害。

一萬多年前最後一次冰河北退之後，地球氣溫回暖，逐漸上升的溫度使得適應冷涼的物種部分向北遷移，部分則移往高海拔地區，造成了高山生態環境和 方生態環境相似的事實。而台灣高山起伏，往高處遷移的物種，分散到各個山頭生存下來，於是形成不連續分布的現象，中國西南部和台灣具有類似的種類也是此一原因。

位於中海拔的涼溫帶針葉林帶，即檜木林帶，可能就是當時氣候的寫照，因此區內有許多當時的種類得以存活，如櫻花鉤吻鮭、台灣杉、紅豆杉等，這也是此一林帶古老、孑遺生物眾多的原因。

台灣森林生態分類、環境特徵與常見的植物

分類	植物群帶	區域	環境特徵	常見的植物
亞寒帶	高山植群帶	海拔3600公尺森林界限以上	年雨量約2800公釐，年均溫概在攝氏5度以下，風力強大，日照強烈，冬季有積雪	玉山圓柏、玉山小蘗、玉山杜鵑、刺柏、玉山野薔薇、玉山箭竹、阿里山龍膽、玉山佛甲草
冷溫帶	冷杉植群帶	海拔3100至3600公尺之間	冬季乾燥而寒冷，年均溫在15至18度之間，多為向陽之乾燥山坡或岩礫密布之處	台灣冷杉、玉山箭竹、玉山佛甲草、台灣龍膽、玉山龍膽、矮菊、高山白珠樹
涼溫帶	鐵杉雲杉林帶	海拔2500至3100公尺	年均溫在8至11度之間，年雨量3000-3500公釐	鐵杉、雲杉、華山松、台灣二葉松、台灣赤楊、玉山木薑子、漸尖葉木薑子、紅毛杜鵑、台灣馬醉木
暖溫帶	櫟林帶	海拔1500至2500公尺之森林	年均溫在10至20度之間，年雨量3000至4200公釐，為台灣山區雨量最豐富、最潮溼的地區	紅檜、台灣扁柏、巒大杉、台灣杉、鐵杉、紅豆杉、昆欄樹、森氏櫟、紅楠、巒大八角、赤楊
亞熱帶	楠櫧林帶	海拔500至1500公尺之間之森林	氣候溼潤溫暖，年均溫17至23度，土壤富含腐植質，森林鬱閉度高	大葉楠、台灣雅楠、山黃麻、楓香、台灣櫸、栓皮櫟、柳杉、杉木、油杉、孟宗竹、桂竹、麻竹
熱帶	楠榕林帶	海拔500公尺以下之平地或山坡地	年雨量變化頗大，一般於1000至4000公釐之間，年均溫在23度以上	構樹、牛奶榕、朴樹、稜果榕、澀葉榕、小葉桑、香楠、大葉楠、茄苳、青剛櫟、野桐、血桐、相思樹、油桐、桂竹、綠竹、麻竹、濱刀豆、林投、月橘、黃槿

台灣地理位置、海岸類型與海流變化綜合圖

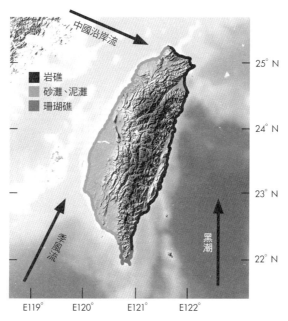

台灣位在北緯約22°至25°之間，是屬於熱帶氣候區的北緣和溫帶氣候區的南緣，即亞熱帶地區，回歸線橫貫其間。流經台灣海峽的海流則隨季節而異，夏季：西南季風盛行，將溫暖的南海海水吹向東北方，流入台灣海峽，東岸則有黑潮經過，兩者水溫都很高，因此，台灣沿海地區的濕度大，溫度也高。冬季：東北季風籠罩，中國沿岸較冷的海流向南流入台灣海峽，北部基隆、台北沿海溫度較低，而高雄、屏東沿海則受到黑潮支流的影響，氣溫較高，一般比北部高5度以上。[本圖為自CAN STOCK合法下載授權使用]

7-3 物理因子和植物分布

（一）植物生活的需求

　　所有植物對太陽能、水和營養物質都有著基本相同的需求。植物的分布取決於它們忍耐環境脅迫的適應性、自身的擴散能力以及生物間的相互作用。

　　溫度：在水分充足的條件下，群落中的植物種類隨溫度的升高而增加。對許多植物而言，霜凍是一種障礙，植物要防組織受凍以適應。

　　水分：世界上大多數地區，水的供應在一年中是有限制的，植物必須能夠忍受乾旱。熱帶山區降雨量大，溼度高，會導致蒸發作用降低，以致植物生長矮化。

　　養分和離子：土壤中各元素的總量和相對量隨深層地質構造、土壤形成時間和厚度的不同而有很大差異。各種植物對元素的需求和對有毒元素的忍耐能力各不相同，不同條件下的群落也不盡相同。

　　災害：週期或突發性的災害，例如火災、颱風、土石流等主導植物群落。稀樹草原上常發生火災，而針葉林一個世紀也難得發生一次大火，但火災的影響仍然是很大的。

　　冰川和植物遷移：過去的 100 萬年裡，北半球冰川的擴展和退縮，使得許多受冰川影響的地區只適於類似苔原的植被生存。各種植物遷移方式的差異造就了可變的群落結構，在熱帶，冰川期乾旱，使得熱帶雨林呈現更多的破碎化。

（二）熱休克蛋白質

　　生物體暴露在高於最適生長溫度 5°C 至 10°C 左右時，所誘導產生的特殊生理反應，稱為熱休克反應。熱休克反應除了抑制部分蛋白質的正常合成外，也會合成一類新的蛋白質，稱為熱休克蛋白質。

　　誘導熱休克蛋白質產生所需的時間和溫度隨生物種類不同而有差異，但此類蛋白質卻普遍存在各種生物體中：從低等的原核生物（細菌）到酵母菌、果蠅，乃至於大豆、水稻甚至人類等高等動植物皆有之。

　　由於熱逆境傷害細胞內的蛋白質，一方面已存在於細胞內的蛋白質會因高溫作用而變性，另一方面轉譯作用無法正常進行而造成許多不正常蛋白質的形成，而具備分子伴護功能的熱休克蛋白質，能結合這些累積在細胞內的不正常蛋白質，防止其凝集以免造成更嚴重的危害；或者保護這些蛋白質，使其能在高溫逆境解除後可以回復正常的功能。熱休克蛋白質可保護正在進行轉譯的蛋白質，使其能正常合成，或協助新合成的蛋白質轉運到適當的胞器。

各種形態的葉片

生長在高光度下的植物，其葉片較小，葉緣缺刻較深，在生態學上深具意義，即表示單位體積的葉片有較大的表面積，而有利於熱的散逸。

火災對於灌木和禾草的影響

（A）

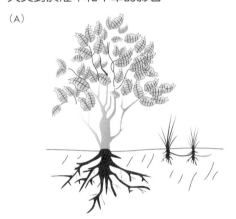

於沒有火的情況下，灌木排擠禾草的生存。

（B）

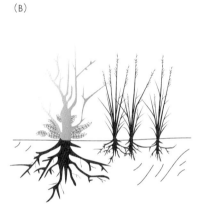

於林火過後，禾草恢復快速。

高、低海拔植物生態

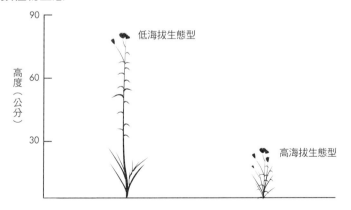

低海拔生態型

高海拔生態型

高度（公分）

90

60

30

生物體對特殊的地區產生特殊的適應，這就是這種生物的一種生態型。高海拔和低海拔的西洋蓍草植物的種子栽種於同一地區的生長高度。

7-4 植物與其他生物的相互關係

（一）食植作用

食植作用（phytophagy）包括動物咀嚼葉片、吸食汁液、攝食種子、引發蟲癭及潛入植物組織內等；可造成溫帶森林葉片失去3%至17%（平均8.8±5.5%）的面積，或可移除陸域植物生物量的18%，以及水域生物量的51%。

食植動物通常對植物有重大的影響，因其會造成植物體的直接受損，減低生長及繁殖，而在食植動物大發生時，葉片喪失極高，甚至可能導致植物死亡，有時也會改變植物和其他食草動物、共生生物及病原體的關係。

綠色植物代表著豐富的資源，且以植物為食最大的好處莫過於食物不會逃跑。覆蓋於植物細胞外除了幾丁質外，還包括建構細胞壁的纖維素（可消化性）及半纖維素（部分可消化性），以及木質素（不可消化性），這些成分使植物體纖維化，造成植物難以咀嚼或消化，也因碳/氮比值增加而降低其營養價值，且必須被緩慢的消化。

許多植物還含有各種不同的機械性和化學性的「防禦武器」，具有苦味，有毒，難聞的氣味，或具有抗營養的效用。

（二）動物傳粉作用

高等植物的有性生殖需要傳粉作用（pollination），即花粉從雄蕊的花藥上傳到雌蕊柱頭上的過程，而昆蟲、鳥類、哺乳類更是大多數顯花植物傳粉成功的功臣。

為了能夠吸引傳粉者，且成功地完成傳粉受精的目的，傳粉動物的相關特質（行為、體型、生理）便對花的型態構造產生了強烈的選汰壓力。

同時，植物也採用各種手段來選擇自己中意的媒人，比如藉由提供高養分的花蜜或花粉作為傳粉者的回饋，只不過傳粉者的演化相對地就很少受植物影響，因為特定的植物通常只是牠們食物來源的一部分而已。

（三）動物傳播種子

種子傳播是種子遠離植物母株環境，使族群一部分個體至另一新環境生長繁衍的運動過程。成熟的種子藉由動物的攜帶而傳播至它處繁衍，較常出現於現生高等植物，分別占裸子植物和被子植物科數的64%及27%。

小博士解說

植物藉由自力或外力擴展，離開母體（也就是逃避假說）的相關好處，已有不少理論。包括避免同種相剋效應，因為母樹會分泌具有抑制其他種類及同種的種子的物質至周圍環境；或隨離母樹的距離增加，種子密度隨之減少，與其他幼苗競爭的壓力減少，提高存活率。此外，不利種子和幼苗生長的因素，如病原、食植動物和種子掠食者的密度，也常隨靠近母樹而增加。

食植動物對植物的影響模型

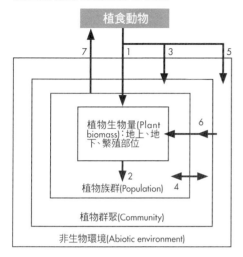

食植動物可能影響植物（極地和較溫帶地區）的概念模型，其中粗箭頭符號表示極地較溫帶地區的作用顯著。
· 動物取食造成植物地上和地下，以及繁殖部位生物質量降低；
· 植物大小及生殖輸出的改變造成植物族群之變動；
· 物種間之交互作用因植物群聚組成改變所造成的競爭型態而改變；
· 食植動物的存在影響非生物環境；
· 由於非生物環境的改變，影響植物個體的生長率和競爭能力；
· 植物群聚對於食植動物的選擇，運動和族群數量的改變的反饋作用。

傳粉動物與傳粉作用相關的性狀

	鳥類	蝙蝠	蝴蝶	蜜蜂	螞蟻
開花時間	白天	夜間	白天	大多白天	白天
顏色	鮮明，通常鮮紅色	通常黃褐色，綠或紫色	黃色、橙色、紅色	黃色及藍色為主	綠色
氣味	無	強烈，腐壞味	弱至適中	（如果有的話）	弱至無
花型	通常筒狀而無降落平臺	大，口寬；有時呈刷狀	花筒內有花蜜	通常複雜，深且降落平臺	小，開放
花位置	通常突出，但亦成水平	水平，通常位於樹梢	直立或水平	任何；通常突出	直立，接近地面
獎賞類型	花蜜	花蜜、花粉、	花蜜	花蜜、花粉、樹脂、氣味或無	花蜜
蜜源標記	很少	無	通常沒有	通常具有	無

動物傳播種子

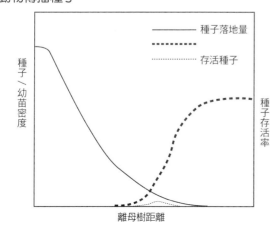

動物播遷種子對於種子萌芽及幼苗生長的可能影響，以及和母樹距離的關係。

7-5 魚類的生態

台灣的魚類根據估算，總數應在 2,450 種以上，亦即占了全球魚種種數恰好十分之一。

（一）高歧異度的魚類

「魚」的簡單定義是：「變溫、以鰓呼吸、具鰭及鱗的水生動物」。但是有些魚如鮪或鼠鯊，為適應在大洋中長距離洄游的需要，可以保持體內恆溫；肺魚、鯰魚、彈塗魚則可以週期性地利用「肺」或其他呼吸輔助器官，來離水生活。

魚的體型大小及形狀變化多端不一而足，小從需要由顯微鏡觀察，如體長 8 毫米已成熟的細鰕虎魚，大到逾 20 公尺的鯨鯊或 15 公尺的象鯊，令人嘆為觀止。

魚類歷經多次大滅絕後，迄今仍有超過 57 目、482 科與 24600 種活存在地球上，此數目已逾地球現生脊椎動物總數 48,000 的一半以上，且目前每年平均仍有兩、三百種新種的魚類被發現。

（二）魚類的適應

魚類除了在種數上的高歧異度外，它們在基因、形態、生態、生理、與行為等各方面亦非常多樣化。如在棲所方面，魚類幾乎已可適應生活在全球各地的水域，從極地 -2℃ 的海洋，到熱帶沙漠 44℃ 的水域；從 5200 公尺高山溫泉，或 3812 公尺的高山溪流，到海岸潮池、淺灘，萬餘公尺的深海、乃至缺氧的沼澤、暗無天日的洞穴均有分佈，可說是無所不在。

魚類不但是水生生態系中最重要的成員，也是脊椎動物亞門演化的第一步。

（三）洋流

洋流主要是由貿易風所造成的。這種水流不但分布到廣大的地區，而且形成一定的形態，稱為洋流系統。洋流同時也受地球自轉的影響，使其流向不完全和貿易風的方向一致。在深海，北半球的洋流流向，可由風向向右偏三十度至四十五度；在南半球則向左偏。地球上的洋流系統主要由大西洋洋流、太平洋洋流及印度洋洋流所組成。

全球上升流顯著的區域也都是魚產量較多的地區。海中的魚類對於海水溫度變化非常敏感，上升流海域一旦受到干擾而突然消失時，會對海中的生物造成很大的災難。如秘魯海岸原有秘魯洋流通過，1925 年初，秘魯洋流突然消失，其他暖水流流入，海水溫度驟升 7℃ 左右，並維持兩個月之久，結果造成海中生物的大量死亡。

小博士解說

洋流除了影響台灣的氣候與雨量外，也對生物影響甚鉅。冬天常迎接的「烏魚季」，就和洋流有關！原本棲息在大陸黃河流域沿海的烏魚，秋冬時節會找尋溫暖的海域產卵。冬至前後，中國沿岸流與黑潮支流會在澎湖附近交會，使得台灣西南海域的溫度下降至 20 至 22℃，正好是烏魚最喜歡產卵的溫度，因此吸引大批烏魚從北至南洄游產卵，漁民便趁此時捕獲許多烏魚和烏魚子。

腔棘魚

最為膾炙人口的活化石——腔棘魚,腔棘魚這類生物一度被認為是生存於八千萬年前的中生代。[本圖為自CAN STOCK合法下載授權使用]

影響魚類分布的因素

海流	能促成或阻止魚類的分布
水溫	各種魚各有其適溫範圍
鹽分	外洋性魚類好較高的鹽度,沿岸魚類可適應較低的鹽度
深度	造成水壓及光度變化,影響魚相的垂直分布
餌料	餌料生物的不同分布模式能影響外洋洄游魚類的分布
陸地的存在	造成地理阻隔
地殼變動	地理阻隔的消失或形成

洋流

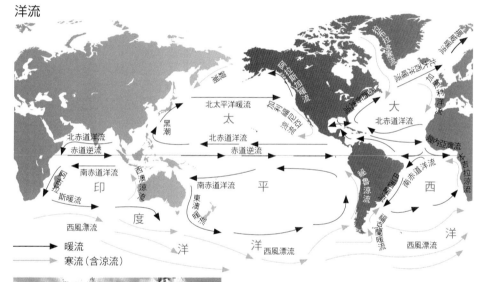

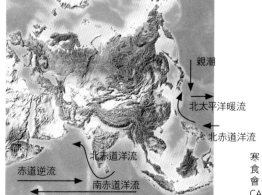

寒、暖流交會,帶來豐富浮游生物,吸引大批魚群覓食,變成重要的漁場。如日本沿海有黑潮、親潮相會,漁業資源豐富,是世界主要漁場之一。 [本圖為自CAN STOCK合法下載授權使用]

7-6 **族群**

個體聚集成為族群（population），不同的族群組成群落，群落再結合成為地球生物圈（biosphere）。族群的個體之間一般享有同一個基因庫。

族群又稱為種群，意指同種類的生物聚集在同一區域生活。族群如取得豐富的資源之後，會漸漸增加個體數目，使族群擴大，最後到達一個穩定的狀態；而後可能會因為資源不足而使族群漸漸衰退。

在自然界，族群是物種存在、進化和表達種內關係的基本單位，是生物群落或生態系統的基本組成，同時也是生物資源開發、利用和保護的具體物件。因此，族群已成為當前生態學中一個重要的研究方向。

（一）生物潛能

在自然界中一個生物族群究竟能發展到多大規模，是隨著該生物族群的生育率和死亡率兩種速率而定。當生育率大於死亡率時，該族群就會不斷的變大，相反，則該族群就會變小。

在最適合的生長條件下，一生物族群成長的最大速率就是所謂的生物潛能。生物潛能愈大，生物族群的成長愈快，依據這種說法，J 型圖的上升是幾近以垂直線上升的（指數式）。這種族群成長難道是永無止境的嗎？還是會隨著環境的條件而發生變化？

（二）族群分布

一般把族群個體的分布歸納為三種基本類型：隨機分布、叢聚分布和均勻分布。在自然界，個體均勻分布的現象是極少見的，只有在農田或人工林中出現這種分布格局。成群分佈的形式較為普遍，如森林中各個樹種或林下植物多呈小簇叢或團片狀分布。影響個體分布形式的因素很多，主要決定於物種的生態、生物學特性和環境條件的狀況。

1. 均勻分布：又稱為規律分布，在極為競爭的生存條件（如沙漠），每一生物個體都互不相容，搶佔自己的領域。

2. 叢聚分布：該種生物以群聚為其社會行為，或在地理空間的分布上，只有少數棲地，所以生物呈現聚集，在理想的自然資源，不同生物個體共享。

3. 隨機分佈：在地域上的生物個體，彼此沒有交互（共斥或吸引）的行為。

（三）最大利益的生存方式

生物在環境中該以何種生存方式才能得到最大的利益？分析如下：

‧ 生物體積越大，世代越長。如大腸桿菌只能存活 20 分鐘，大象則能生存數十年。

‧ 動物的死亡率與生育數量成正比，死亡率越高的動物，生育後代的數目越多。

‧ 生物最重要的目的在於生殖與維持生存，生物體若著重於繁殖上，則維持生存的相對能立變弱；若生物體著重於生存時，則生殖能力變差，這是一種形式上的能量交換。以一種浮游生物為例，當季節不同時，其體型形態會隨之改變。春天時，體型為產卵而作準備，夏天時，體型為防禦而改變，體內卵的數目隨即減少。

‧ 生物有一定的壽命，生物的生存形態決定其壽命的長短。

生物族群的成長變化

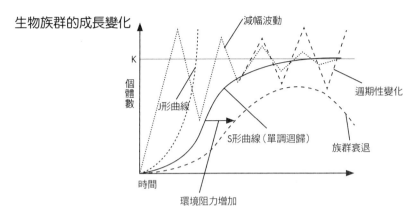

任何一種生物族群的成長變化依科學家的研究，都是在一停滯期後呈對數式的成長，其所呈現出來的生長曲線為J形。但是，生物族群的成長不會是沒完沒了的。

野兔族群與山貓族群消長圖

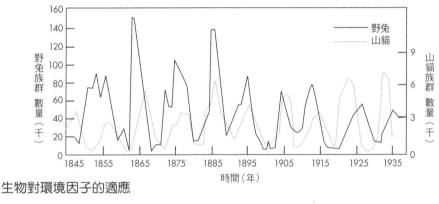

生物對環境因子的適應

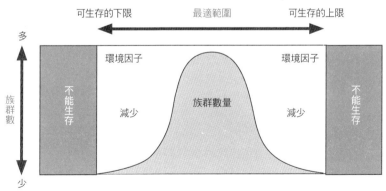

生物對於每種環境因子，都有特定的適應範圍，在最適合的環境下，生物生長得最好而且族群的數量最多；在不良的環境範圍下，因受到環境因子的抑制，生物雖然生長較差而且族群數量較少，但仍可存活；但當環境因子超過生物所能適應的範圍時，生物即無法生存。

7-7 生態工程

（一）生態工程的概念

在過去，工程師常常自豪「人定勝天」，逢山開路，遇水架橋。然而隨著氣候變遷和環境資源的破壞，科學家發現就生態學的角度而言，生態系其實一直處於動態平衡，而且在這個平衡機制中，無論是個體、群體和物種之間都相互關聯。當面臨天然或人為干擾時，生物有可能因為環境品質的不穩定或惡化而產生致死（急性）或非致死（慢性）的反應，進而表現在族群數量的增減中。

為了達成人類與自然永續共存的目標，最早由德國學者提出生態工程的概念，認為在整治河流時，應該以較經濟的方式減少人工建構物的介入，且盡量接近自然，保持天然景觀。

生態工程的概念，主張自然環境的整治應維護生態環境，注重人為環境與自然環境相互依存的關係。

生態工程就是盡可能在不破壞原有生態和環境景觀的原則下，就地取材，利用工程或保育方法進行環境的開發、整治、復育和改良的工作，使結構安全和當地的自然生態都能獲得保障，並讓生物能在人為擾動後的空間中繁衍和成長。

最重要的是，生態工程是一種系統性的設計。而傳統工程的施作，常常只是為了處理單一的課題或危機。

（二）棲地切割

棲地削減是公共工程建設中無法避免的事實。道路、軌道的構築必然會侵占棲地環境中的土地，然後隨之而來的干擾與障礙效應的影響範圍更深更廣，適合野生物種生活的空間與土地將受到壓縮。

運輸網路之分割使景觀破碎，將自然生態環境切割呈孤立的塊狀，造成生態環境區域化，使生長在其中的生物只能在更小的範圍內求偶和覓食，生存條件因此下降。如果隔離延續若干世代以後，則有可能發生種內分化，不利於生物多樣性的維護。

（三）生態工程的設計原則

最少干擾原則：除非必要不要破壞既有生態、景觀，盡量保全所有的生態結構與功能並維持其多樣性。

工程規模最小化原則：人為的構造設施越少越好，

生物多樣性原則：營造棲地的多樣性與生態過程多樣性。

自然環境自我設計原則：運用自然演替、物質循環與河川自淨能力，工程行為不應超過生態系之涵容能力。

生態景觀連續性原則：將人造環境和諧漸變地融入自然環境中。

能源使用最小化原則：使用綠色材料，善用太陽能。

汙染物與廢棄物最少化原則：不要增加環境壓力。

環再利用原則：建構循環型工程營建系統。

在地原則：地方特色、地方觀點、地方智慧、社區參與。

避免二次傷害原則。

生態工程應用的分類

利用自然或人造生態系統解決環境污染問題

人為工程建設與環境相整合設計理念互生態特性進行生態系統復育

運用自然生態特性進行生態系統復育

在不破壞生態平衡的原則下利用生態系統以滿足人類需求

陸路交通建設對生態的五大影響

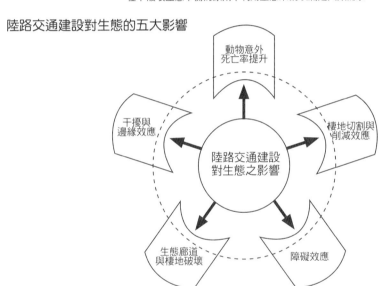

生態工程與傳統工程之區別

類別	傳統工程	生態工程
能源類型	石化燃料、非再生性資源	太陽能為主，非再生性資源為輔
構造物之組成	鋼筋水泥、人工材質	自然界取得
人類社會之定位	與自然區隔	為大自然的一部分
型態及組成	硬性、單一化	柔性、多元化
與其他物種之互動	排斥	共榮
生物多樣性	減少	增加、保護
永續性	低	高

7-8 外來種

（一）外來入侵種

外來種是指在某一段時間內出現於一個地區、由外地引進的生物物種。這些外來物種，從原產地被蓄意或非蓄意的引入後，經過一段時間的適應與歸化，常進而擴散入侵該地的自然生態體系。外來種生物的基本特性是傳播擴散能力強、適應環境能力強、同時具有較強的生命力，所以常能贏過原生生物，甚至取而代之。

外來入侵種（alien invasive species）係指「已於自然或半自然生態環境中建立一種穩定族群，並可能進而威脅原生生物多樣性者」。

從以上的定義，可以了解到入侵種可以是動物、植物或其他生物，如：微生物。只要有一種並不屬於原生態系的動物、植物或其他生物突然間被引進，並通過生態環境的考驗，而且能夠繁衍生存，就很有可能會對原有生態系造成嚴重的排擠或掠奪情形。

全球各地都有外來種引進的現象，其中包括有意引進及無意引進。有意引進主要是基於功能性、觀賞的考量。無意引進是指許多外來種隱藏在船艙、貨車中，或者是藏在蔬果、木材中而進入另一個新的生態系。

（二）外來種的五種障礙

任何外來種都需要經過對環境的適應後，才能生存下來。

第一個是「地理環境」障礙，也就是自然的地理障礙，讓該物種不容易跨越，一旦跨過並抵達到新生態系，就有了第二個「立足點環境」障礙，這時候該物種已經變成「外來種」，必須適應新生態系的氣候、土壤、物種、食物鏈。有了立足點之後，緊接著要面對的是「繁殖」障礙。

若是能夠繁衍子孫，但卻不能通過第四個「擴散」障礙，即使有危害也只是局限在某些地區，甚至可能會慢慢地融入當地生態系。若外來種具有擴散能力，且會對原生物種與生態系產生負面影響，就成為入侵種。

如果再順利通過第五個「干擾棲地」障礙，就會仗恃物種優勢干擾或侵占棲地，造成原生物種的減少，干擾的勢力範圍愈大，整個棲地就會成為入侵種的「自然棲地」，甚至消滅棲地的原生物種。

（三）危害台灣生態系的外來種

據調查目前台灣的外來入侵物種已有一百多種植物及 125 種動物，其中光是外來的農業害蟲就有 32 種，例如松材線蟲、水稻水象鼻蟲、非洲菊斑潛蠅及紅火蟻。

台灣是地球村的一分子，引進外來種已不可避免，而且隨著外來種的日漸增多，出現入侵種的機會也愈來愈大，不但可能干擾棲地，掠奪原生種的食物，甚至破壞農作物。目前已被列為對生態危害的入侵種不下數十種，其中以琵琶鼠魚、吳郭魚、松材線蟲、福壽螺、小花蔓澤蘭、大花咸豐草、銀合歡所造成的危害最令人憂心。

小博士解說

「預防勝於治療」是防治外來種轉成入侵種最重要的方式，一方面加強偵測通報，一方面強化檢疫措施，所有動植物進入台灣之前，都必須接受檢疫，以杜絕外來種利用空隙偷偷溜入台灣。

紅火蟻

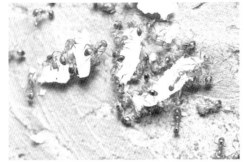

入侵紅火蟻原分布於南美洲巴拉那河流域,其蟻群分工嚴密,性喜群聚並好攻擊,對其棲地環境之生物相深具威脅。紅火蟻肆虐台灣各處,引發人蟻大戰。與一般螞蟻不同的是紅火蟻攻擊性強,毒液成分也相當特殊,被叮咬者若有過敏體質,可能引發過敏性休克。[本圖為自CAN STOCK合法下載授權使用]

台灣幾種主要外來入侵生物及其危害

生物名稱	分布	影響及危害
松材線蟲	全國各林地	為害松科植物。在台灣主要為害琉球松、黑松及台灣二葉松,引起松材線蟲萎凋病。嚴重時造成松樹死亡。10年間低海拔杉林消失,受害林地超過3000多公頃,嚴重影響水土保持。
入侵紅火蟻	台北縣、桃園縣、嘉義縣19鄉鎮	·喜食農作物的種子,也會搬運種子,導致種子分布與數量的改變。 ·會獵食土棲節肢動物及蚯蚓等,甚至是小型脊椎動物。攻擊性強,會利用螯針、毒液自我防禦。不會獵食人類但會因自我防禦而攻擊。 ·會啃咬包覆電線的絕緣體,造成短路或故障等問題。
福壽螺	全台灣	·喜食水稻秧苗、茭白筍、蓮花、菱角、荷花、芋頭、空心菜等,導致農民損失。
布袋蓮	全台的河道都有分布	·可以在稻田中存在而成為害草。 ·大量增值時形成優勢群落,排擠當地本土水生植物。 ·布袋蓮植株間的根及匍匐莖彼此糾結,妨礙船舶通行。 ·降低水中溶氧量,影響水中生物生存。
小花蔓澤蘭	台灣生長於1000公尺以下之中低海拔山野間開闊地、溪谷、荒地、荒廢果園及道路兩旁	·於中低海拔山區均可看見其蹤跡,被其覆蓋包住的樹木,常無法獲得充分光照與空氣,最後死亡,緊接著影響鳥類或其他野生動物的棲息,並導致農地、果園、人工林及保安林等受到相當之危害。
緬甸小鼠	花蓮吉安鄉木瓜溪北岸區域	·造成生態威脅或影響,危害水稻等農作物。
河殼菜蛤	台灣中部以北水庫與集水區等,如石門水庫、日月潭大觀電廠等	·影響水力發電,提高社會經濟成本和損失。 ·改變湖泊或河川生態體系,使生物相單調化。 ·影響水管系統正常運作。 ·影響水質與人體健康。

評估外來種的危害等級

生物名稱	分布
尚不具威脅性	野外尚未建立生殖族群,其生態習性可能不適應於台灣者
潛在威脅性	野外尚未建立生殖族群,但已有零星個體在野外存活者
具威脅性	野外已建立生殖族群,但仍屬局部分布,尚未全面擴散者
高度威脅性	野外已建立生殖族群,且有逐漸擴散並威脅臺灣原生種或生態者

7-9 生態復育

（一）生態復育的目標

　　生態復育具有某一程度的風險與未確定性，其主要以自然再生為基礎，成功的建立一自我維持正常生態過程的系統。而完備的生態規劃、決策架構，可減低生態復育的風險與未確定性，以最小成本達到復育計畫的成功。

　　復育（restoration）是恢復生態系到一個接近它原來非受干擾的狀態。復育可以大到整個生態系統，例如空氣污染的改善、酸雨的防止、棲息地的恢復等。也可以對特定殘塊體做小尺度的回復，例如濕地若無法恢復則可以用沼澤或生態池來取代。

　　生態復育最基本的方法是調查當地的動植物資料，因為動植物資料是最好判斷該地區生態復育潛力大小的關鍵因素。運用科學方式將被破壞或污染的地區重新復原當然是最理想的。例如一些受重金屬污染的農地運用植物復育法來解決。

　　目前有許多的區域，如高爾夫球場在開發前是農地，早已破壞該地區之生態，很難再回復成過去的樣貌，原來的野生動物可能早已絕種，因此只能運用生態設計，盡量恢復原來之棲息地面貌，或道法自然景觀之設計，讓未知的野生動植物可以棲息於此，稱為無目標性的設計。因此，許多城鄉綠地如公園、河濱、農地、林地、綠廊道、或高爾夫球場等，都應該以自然景觀的設計方法，讓殘塊體可以盡可能串連起來。

（二）生態復育的目的

　　生態復育的目的主要是：

- 創造一個更健康的永續景觀，特別是已成為殘塊體的區域。
- 維護動植物的多樣性。
- 保育特有的動植物基因及品種，使之能生存更好。
- 保育生態體系的完整性。
- 減少水土流失的機會並保育水資源。
- 提昇自然本身的美感價值。
- 低度的維護管理取代過度的使用化學物質。

（三）森林生態復育

　　新建的生態系若只有單一而純化的結構（如人工同齡純林）致未能達到預期的功能，或與自然資源的功能差距太遠，就不足以稱為生態復育。

　　依據林地破壞狀況及微環境的條件，復育地大致尚可分成三類：一為崩塌及嚴重地表逕流沖蝕地、火燒跡地；二為海岸不穩定之低生產力而自然更新困難的砂地；三為大面積受干擾而呈現之低密度林地或結構單一化的純林。

　　生態系受害越為嚴重，物理環境的改善越為重要。就一般復育基地而言，表面的粗糙化可減少地表逕流。若為崩塌地，必須重新塑造一穩定的地形；打樁、編柵即此種施業內容。

　　復育基地所殘存的林木、禾草類植物、枯枝落葉及腐植質會顯著改變微環境條件，但禾草類也會抑制其他植物的重建。木本植物是生態復育中較為有效及持續較久的植物種類，必須列為最主要的重建目標。

生態系統最初始的目標示意圖

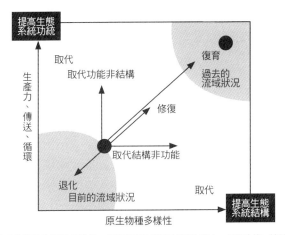

結構是指生態系統的原生物種多樣性，功能是指生態系統的生產力、水文功能、營養結構與傳送。

棲地復育

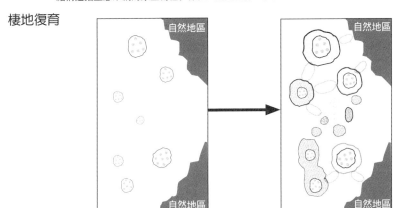

棲地復育可形成緩衝區、連結碎裂的區塊，幫助生物於各區塊間移動或棲息，形成完整生態網路。

森林資源的管理、保護與復育

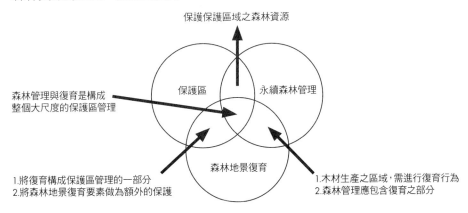

7-10 生物種間的關係

（一）生物之間有利關係

互利共生：指兩種以上生物生活在一起的現象，其間至少有一方得利，而無任何一方不利。可分為：

1. 義務性互利共生：為二種生物生活在一起，其間可互相均得利，共生關係是長久的且有義務（強迫）性。如白蟻及其腸中共生的多鞭毛蟲，白蟻以木材為食，但其消化道不能分泌消化木材的酵素。共生的多鞭毛蟲則有消化木材的酵素。二者共生互相得利，反之分開則均不能生存。

2. 非義務性互利共生：二種生物因生活在一起而互獲利益，但二者分開時，亦不會因此死亡。如寄居蟹與海葵的共生，寄居蟹偽裝且海葵有刺絲細胞可攻擊敵人。海葵因寄居蟹走動而獲得充分氧氣及食物，二者互獲利益。

片利共生：兩種不同生物間，其中一種因聯合生活而得利，另一方並未受害或得利。可分為：

1. 長期性接觸的片利共生：如蘭花等著生植物利用大樹作為附著物，藉以得到光線及其他生活條件。

2. 暫時性接觸的片利共生：印頭魚暫時吸附於鯊魚的腹部。

（二）生物之間有害關係

指兩種以上生物生活在一起的現象，有時至少有一方受到傷害。

抗生：兩種不同種類的生物在一起生活，其中一種所產生的物質，對另一種有毒害。屬於原生生物之渦鞭毛蟲類（甲藻），體呈紅色（紅潮），會產生有毒代謝廢物，對許多海產動物具有毒害甚至致死。

剝削及捕食：如螞蟻有奴役情形，*Polyergus* 屬的工蟻會侵入 *Formica* 屬螞蟻的巢穴，將其幼蟲和蛹帶回，等其成熟就需擔任建巢或飼育工作。在捕食過程中，捕食者加害被食者。如食蟲植物、草食、肉食或雜食動物。

寄生：當二種生物在一起時，一種寄居在另一種體內或體表，並依賴牠的營養生活之關係。通常捕食會殺死對方，但寄生不會。捕食者數量較獵物少，寄生反之。

（三）競爭

二種生物利用相同資源，就會發生競爭，包括食物、棲息空間。同種間與不同種間之資源競爭，以同種間較激烈。異種間具有相同資源利用時，會導致二種結果

1. 競爭取代（或排斥）：如二種草履蟲 *Paramecium caudatum*（金草履蟲）及 *P. aurelia*（尾草履蟲）。

2. 共域：特性取代，包括型態適應和生理上的適應，使重疊變小則競爭變小。

演化過程中減少競爭，對物種有好處，讓物種可以繁衍下去。如台灣的畫眉鳥種類有16種之多，牠們一樣利用森林，但用不同的生態區位（如樹冠層：白耳畫眉，樹中層：繡眼畫眉、山紅頭、藪鳥，底層：頭烏線），牠們對資源的區隔非常的明顯（包括食物、築巢），為一有效的資源分配。為何會有區隔呢？遠因是演化適應的結果。

海葵與寄居蟹

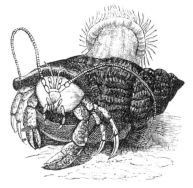

大多數寄居蟹與刺胞動物的共生關係並非是絕對的，其間的關係亦非一對一；多數的關係是互利共生，海葵的刺絲胞能提供蟹某些程度的保護；而海葵可在殼上獲得棲息的硬基質、在蟹覓食時可獲得碎屑。在建立寄居蟹和海葵的共生關係時，雙方均可能採取主動，視種類而異。兩者均有固定的行為過程完成此一關係。[本圖為自CAN STOCK合法下載授權使用]

生物種間的相互作用
〈○表無直接影響、＋表有正面影響、－表有負面影響〉

關係	A生物	B生物
互利共生	＋	＋
片利共生	＋	○
互容性	○	○
抗生	○	－
捕食	＋	－
寄生	＋	－
競爭	－	－
合作	＋	＋

兩種草履蟲的競爭取代

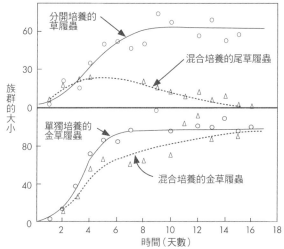

以兩種草履蟲的培養，表示生活在相同的生態位置的競爭現象，兩種草履蟲分開培養，各自生長良好，倘若混合培養，則尾草履蟲被消滅。

7-11 **生態旅遊**

（一）負責任的旅遊

生態旅遊（ecotourism）一詞最早見於 1965 年，學者赫茲特建議對文化、教育以及旅遊再省思，並倡導所謂的生態的旅遊，發展至今生態旅遊已成國際保育和永續發展之基礎概念。其將生態旅遊歸結出三大特點：生態旅遊是一種仰賴當地資源的旅遊、是一種強調當地資源保育的旅遊、是一種維護當地社區概念的旅遊。

生態旅遊，單純就字面意義可解釋為一種觀察動植物生態、自然環境的旅遊方式，也可詮釋為具有生態觀念、增進生態保育的遊憩行為。國際保育團體將其定義為：「生態旅遊是一種負責任的旅遊，顧及環境保育，並維護地方住民的福利」，也就是一種在自然地區所進行的旅遊形式，強調生態保育的觀念，並以永續發展為最終目標。

生態旅遊可能遭受的負面衝擊，在環境方面，如棲地破壞、污染；在經濟方面，如土地炒作；在文化方面，如強勢文化入侵、傳統文化滅絕。

（二）資源的適宜性

生態旅遊重視資源供給面的開發強度與承載量管制，透過「資源決定型」的決策觀念，進行基地之生態旅遊適宜性評估。評估指標包括自然與人文資源的自然性或傳統性、獨特性、多樣性、代表性、美質性、教育機會性與示範性、資源脆弱性。

高規格的生態旅遊活動，其實是包含許多環境使用的限制，諸如應保持地方原始純樸的景觀與生態資源，不因旅遊活動導入而大規模的建設交通與遊憩等相關硬體設施，或大幅度改變既有產業結構，且需力行在地參與，以小規模的旅遊方式帶領活動團體等。因此地方居民與業者之接受度與參與力等程度，應優先評估，評估指標包括居民對地方的關懷程度、對生態旅遊的接受度、當地主管機關或民間主導性組織的支持態度、居民與業者的參與程度及民間自願性組織的活力。

（三）消極及積極的旅遊

生態旅遊分為簡易型及深入型，建立在一個以「旅遊責任」為基礎的連續體上，一端為簡易型又稱消極的生態旅遊（同意任何型態、強度的活動發生），以滿足一般大眾需求，期望在滿足遊客自然體驗之餘，也能減少環境衝擊；深入型是積極性之旅遊（不允許任何衝擊產生），注重環境倫理，期望維護環境之健康狀態，深入型是負責任之旅遊方式但也往往伴隨專業取向，通常以特定人士為目標，故又稱專業型。

小博士 解說

為能確實推廣生態旅遊活動的成功、提升非消耗行為的生態旅遊意識，需透過瞭解遊客、居民與業者的認知態度及行為模式，提供經營管理者規劃適當的教育推廣策略，以導正參與者正確的環境倫理觀念、行為規範與學習體驗；並藉由生態旅遊基礎面的健全優勢，達到環境資源的保存與滿足遊憩需求的永續目的。

生態旅遊典範連續圖

在序列的右端，生態旅遊是不存在的，因為任何的觀光活動都會帶來衝擊，在序列的左端，則認為所有的觀光活動都可說是生態旅遊。

生態旅遊

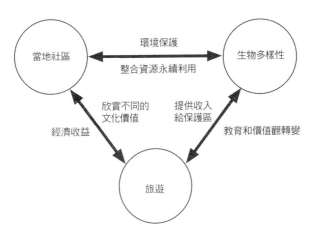

生態旅遊的典範：協調旅遊業、生物多樣性及當地社區三者之間相互的關係，居民、自然資源和旅遊之間會相互受益。

傳統大眾旅遊與生態旅遊的差異

項目	傳統大眾旅遊	生態旅遊
遊憩目的	自然與文化環境的破壞，首重經濟效益，普遍泛商業化	自然與文化環境的保護，以永續發展理論為主導，尊重生物多樣性
旅遊型態、特色	傳統消費行為，安排熱門觀光景點	深度體驗欣賞當地原貌和特色，環境生態解說
對環境資源影響	如利用不當，容易被破壞	強調尊重環境倫理，不損耗資源，強調永續利用
對旅遊地居民影響	僅開發單位與遊客受益，對當地社區與居民無回饋	開發單位、遊客、當地社區居民分享利益，即對旅遊地社區提供一定比例的回饋
對旅遊地文化影響	不特別重視，追求新鮮感	尊重當地傳統文化、風俗習慣和價值觀
旅遊後擁有	純粹帶來休閒上的效用，歡愉快樂	希望接觸生態、文化、心靈與知識的提昇

第8章
生物多樣性與環境變遷

　　生物多樣性是人類賴以生存的各種有生命資源的總匯和未來工農業、醫藥業發展的基礎。為人類提供了食物、能源、材料等基本需求，同時生物多樣性對於維持生態平衡穩定環境具有關鍵的影響作用。

8-1　生物多樣性的概念

8-2　生物多樣性的消失

8-3　生物多樣性的價值

8-4　生物多樣性公約

8-5　生物多樣性保育

8-6　大滅絕

8-7　島嶼生物多樣性

8-8　台灣生物多樣性

8-9　全球生物多樣性的威脅

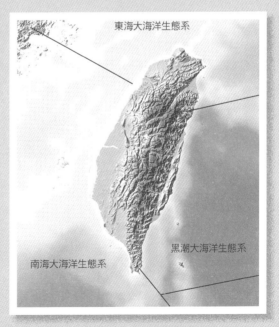

東海大海洋生態系

黑潮大海洋生態系

南海大海洋生態系

台灣附近的海洋也呈現多樣化的生態系，三大海洋生態系的條件不同，各自孕育了許多特有的生物資源。[本圖為自CAN STOCK合法下載授權使用]

8-1 **生物多樣性的概念**

（一） 生物多樣性概念的解構

生物多樣性（biodiversity，biological diversity）又稱為「生物歧異度」或「生命多樣性」，一開始泛指地球上所有動物、植物、真菌及微生物的物種種類。

生物多樣性的概念可以解構為一個整體、二種性質、三個層級、與二個角度。一個整體是指所有生命與其所賴以生存的環境，是一個環環相扣的整體，不可分割。二種性質為變異與可變異性，三個層級為生態多樣性、物種多樣性、與基因多樣性，二個角度為歧異度與豐富。

變異與可變異性的分別，如基因變異與基因突變能力、生物物種數量與物種之種化能力，或生態系內之生物組成與其能量與物質迴圈機制。變異只是表象，可變異性才是變異的背後驅動力。

生物多樣性並不完全等於基因多樣性、物種多樣性及生態系多樣性。生物多樣性是指生命現象中所有的變異。基因、物種及生態系這三個層次，只是生命現象中的三個非常重要的層次。

（二）生物多樣性的量化

生物多樣性的描述可經由適當的模式假設而量化成各種指數，藉由指數的測量，達到對群集客觀的評估，並得以進行多個群集的比較、或對時空的變化進行解釋。這些量化用來描述生物多樣性情況的工具，一般稱之為歧異度指數（diversity index）。

描述生物多樣性的生態歧異度指數，是由族群中的種類數與個體數所構成，可以反應群集的特性及功能。生物種組成的多樣性與群集的穩定程度有密切關係，亦即藉由生態歧異度，得以瞭解一群集之物種組成分布狀況，或是各群集間其內物種的差異，而描述的角度及方法有許多種。

自然界之群集需以 3 種層次來區分物種歧異度，分別為：某一特定群集或是某一生物階層、群聚之 α 歧異度；測量複雜環境梯度或模型之群集組成的改變程度，或是群集的變異程度，稱之為 β 歧異度；部分環境範圍內的一些群集樣本結合起來，同時包含 α 與 β 歧異度，這第三類可稱之為 γ 歧異度。

這 3 者的關係可以可簡單地表示為 $\gamma = \alpha \times \beta$。其中較為人所熟知的 α 歧異度，是指在均質生育地內所有物種的數量，即為生育地內的歧異度，可反映出某群集內部物種的歧異度或生態資源競爭分化的程度，亦可表示出種類的豐富度，以及適當測量一定面積內物種的數目。

（三）生物多樣性的重要性

- 提供人類民生必需之物資、藥物和工業原料。
- 提供農林漁牧品種改良的基因庫。
- 為人類提供穩定水文、調節氣候、促進養分迴圈以及維持物種演化等功能。
- 在育樂、美學、科學、教育、社會文化、精神與歷史各方面扮演著重要的角色。

生物多樣性

生態多樣性是指一個地區的生態系統的等級。森林、沙漠、草原、海洋、小河、湖和其他生物的群落和非生物環境之間的互動。環境需要有多樣性，才能提供各式各樣的生物棲息，形成各種不同的生態系。[本圖為自CAN STOCK合法下載授權使用]

生物圈

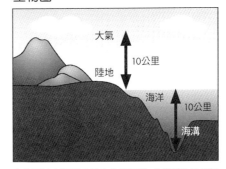

生物圈是人類所定義出來的區域，會隨著生物的發現或滅絕而擴大或縮小。生物圈包含了水域、低層大氣及部分地表等區域，大約是海平面垂直上下各10公里的範圍，只占了整個地球的一小部分。

關聯性資料甚多

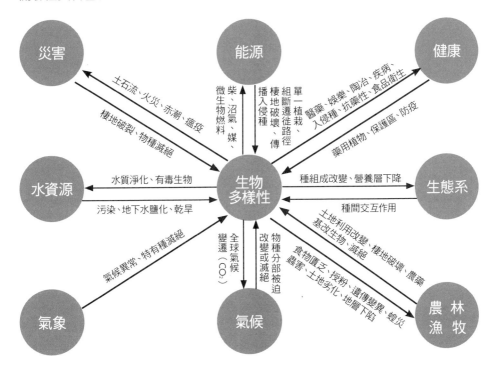

8-2 **生物多樣性的消失**

（一）生物多樣性消失速

生物多樣性的消失速度，以生態系多樣性最容易推估，物種多樣性次之；而基因多樣性則是最難推估，而且幾乎沒有辦法有一全觀性的估計。生態系多樣性消失速度的推估，牽涉到生態系的定義、分界與分類，以及生物群落的演替問題，常常會有不一致的估計。

目前，以溼地與森林生態系消失速度最快。以森林為例，到 1980 年代末期為止，全球有四分之三的原始森林、二分之一的雨林已被摧毀，或已被改變或干擾。

物種多樣性的消失速度，目前紀錄最完整的紀錄是鳥類與哺乳類。自 1600 年至今，已知約有 113 種鳥類與 83 種哺乳類完全消失。但這數字是被明顯低估，因為很多物種在科學家發現之前便已滅種。

雖然地球上所曾經出現過的物種，其中有 98% 已經絕種，但是目前的物種絕種速度更遠超於前。以哺乳類為例，人類文明出現前，平均每一千年會有一種哺乳類絕種，但在過去四百年，平均每十六年有一種哺乳類絕種，約為背景絕種速度之五十倍。

（二）生物多樣性流失的原因

生物多樣性迅速流失的主要終極原因，是近數百年來人類族群以及所耗用資源的爆炸性成長。而生物多樣性迅速流失的近程原因，主要是棲地減少與破壞、棲地破碎、外來種、過度獵捕與環境劣化。

人類由於農業、商業、工業、住宅等需要，大量且大幅改變天然棲地成為農田、牧地、城市、建地等土地類型。許多野生動植物無法生存在這些人類所主控的環境，只能生存在天然的棲地。因此，棲地減少常常造成生物的滅絕。

人類對各類生態系的減少與破壞，雖然程度不一，但是目前地球上所有的生態系都不可避免地受到人類的負面影響。其中以森林、紅樹林、濕地、珊瑚礁、溫帶草原等生態系所受到的破壞最大，關注也最多。全球主要的陸域生態系中，除了沙漠生態系與凍原生態系及高山生態系，因為人類生活不易，因此所受到的破壞較少。其餘所有的生態系都已經受到人類相當深遠的負面影響。

（三）棲地破碎

人類由於公路、溝渠及種種其他人為設施的建設，造成原本面積已大量縮減的天然棲地更形破碎，稱之為棲地破碎化。棲地破碎化造成棲地區塊間生物不容易互相補充，棲地區塊內的生物族群比較容易絕種。因此，整體性的棲地破碎化會導致生物物種減少。

小**博士** 解說

在棲地經營理論中，邊緣效應（edge effects）原本被認為對生物多樣性是有益的。所謂的邊緣效應是指棲地邊緣由於擁有不同的棲地類型，因此常常擁有較多的物種。但由於天然棲地日異破碎，在棲地邊緣由於微棲地環境常常大不相同，而且各項生物種間作用較易發生（例如捕食、寄生），造成物種死亡率較高。

大型動物的滅絕

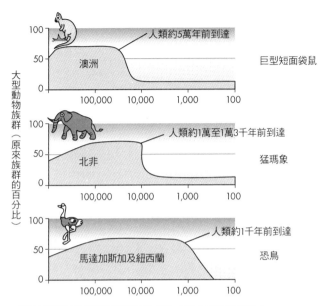

三種大型哺乳動物及鳥類的族群，因為人類大量獵捕而驟減。

污染對群落中物種多樣性的影響

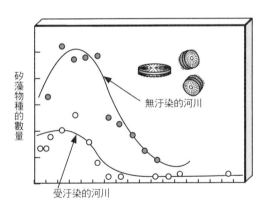

道路與軌道建設導致動物棲息地消失

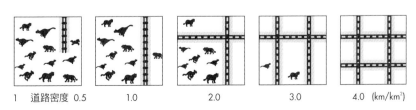

8-3 生物多樣性的價值

　　自然界中任何事物的價值與功能，是多元而複雜的。以不同的價值系統來評斷同一樣事物的功能，可能會得出正負相反的結論。

（一）生物多樣性的道德與倫理訴求

　　傳統上，人類對地球環境、生物及資源的對待方式，是以人類利益做為中心出發點，此即人本主義（anthropo-centrism）。此觀點認為人類對自然環境沒有道德關係，人類對待其他生物及資源的最高指導原則，是在於謀求人類的最高可能　。

　　近百年來，另一個相對的觀點漸漸興起。此觀點是以所有生命個體與生態體系的整體健全性為中心出發點，即生本主義（bio-centrism）。此觀點認為人類與其他生命皆為平等，並具有相等的道德關係存在，同時人類需要尊重並保存自然生態體系內互動互依的複雜關係網。

　　人本主義可以簡單區分為二類，狹義人本主義與廣義人本主義。廣義人本主義，就全球所有人類的長期　與永續發展為出發點，謀求全體人類的長期利益。狹義人本主義，以少數人類的短期利益為出發點，追求短期或狹域的人類利益。就人類普世道德而言，無疑問的，狹義人本主義應是被揚棄，廣義人本主義應是被推廣的。

（二）生物多樣性的實用價值

　　生物多樣性之價值，可分為二種：一為可用經濟價值衡量之實用價值，另一為難以用經濟價值衡量之公益功能。

　　生物多樣性之實用價值，可包含許多層次，如糧食生產、醫藥保健、工業原料、病蟲害防治、漁獵收穫及生態觀光等。

　　在全世界二十五萬種的維管束植物中，約有三千種被認為是可食用，其中大約有二百種已被人類馴化成為食物來源。目前全球有超過 90% 的植物性糧食，僅靠約 20 種植物供應，而其中的玉米、稻米、小麥更提供了全人類 50% 以上的熱量。

　　雖然人類所食用的植物，僅佔全球所有植物的一小部分，但是全球野生的植物物種或品種，可以提供一個相當龐大的基因庫，經由增加其產量、病蟲抵抗力或環境耐受力，　改善人類的培育品種。

（三）生物多樣性的生態功能

　　在 1990 年代，一個新的衍生假說被提出，即物種多樣性與生態系作用穩定性。分為幾個層面：

1. 生物對生態系內的各種作用（如光合作用、養分循環）具有關鍵角色。
2. 生物多樣性增加，會增加生態系內各種作用的效　。
3. 生物多樣性會增加生態系內各種作用的穩定性。

　　生物多樣性形成了生態系，提供了人類許多非常重要的環境服務，也就是生態系服務，諸如保持土表、維護集水區、提供授粉的昆蟲、益鳥及其他生物的地區性氣候、維持氮、磷、碳及其他元素的循環、保護表土、減少湖泊淤積、污水淨化、暴風防護及洪水控制緩衝干擾。

一般而言,經濟學者認為環境資源財貨之總價值,可以區分為使用價值(實際使用生物多樣性資源而產生的價值)與非使用價值(生態系統具有之功能而產生的價值)兩大部分

分類		說明
使用價值	直接使用價值	薪材、食物、醫藥、工業原料及生物科技所需素材
	間接使用價值	維持生態系統的基礎(土壤形成、水文循環)、啟智與育樂(美學、文化、休閒、娛樂及心靈方面資源)、永續發展之希望
非使用價值	選擇價值	未來有直接或間接使用價值
	存在價值	知曉資源的存在
	遺贈價值	在未 世代可以由該資源獲取效益

森林生態系

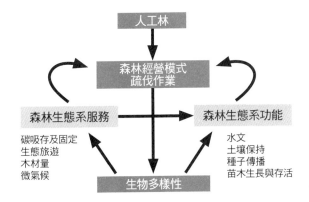

完整的森林生態系對於台灣本地的生物多樣性保育、生態系的服務、功能與碳吸存上,日益重要。我們應該積極的處理人工林,使人工林在未來能發揮上述的功能,以符合現代保育潮流及社會期待。

土壤生態系

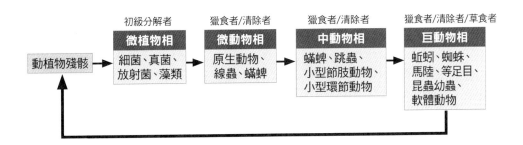

被遺落的一環:土壤生態系中的生物多樣性。土壤生態系提供許多的生態系服務,這些服務大部份來自於微生物的作用,以及微生物與微生物間所組成的食物網的性質。

8-4 生物多樣性公約

（一）生物種源

生物種源主導了人類文明的發展。生物種源的豐富與否，常常影響到人類歷史上文明間衝突的結果，生物資源豐富的文明，常常是站在勝利的那一方。

生物種源的取得也常常引發人類政治上的紛爭。如中國漢武帝欲買汗血馬不成後，派李廣利以數年時間遠征大宛，以求汗血馬的種源。今日，生物種源的保存與取得，更是影響全球經濟活動的興衰。

生物種源的取得與利用，在分子生物技術興起後，更為人所關注。生物種源的爭議，一般常分為南、北二大陣營。北方國家，多位於北溫帶，科技先進，但是生物多樣性貧乏。南方國家，多位於熱帶或南半球，科技較為落後，但是擁有豐富的生物多樣性。

北方國家在利用南方國家的生物資源（遺傳多樣性及物種多樣性）後，所衍生的利益，常常沒有分享給生物種源的原產國家或當地居民或機構。

南方國家與第三世界國家，多年一直謀求公平的對待，終於在 1991 年達成多數的共識，倡議種源是國家主權。這個共識具體地呈現於一年後的生物多樣性公約，因此南方國家得以據之在 WTO 智財權的協商中進一步提出相對於先進國的立場。

（二）生物多樣性公約的宗旨

《生物多樣性公約》（Convention on Biological Diversity） 是一項保護地球生物資源的國際性公約，1992 年由聯合國環境規劃署發起的政府間談判委員會第七次會議在內羅畢通過，由簽約國在巴西里約熱內盧舉行的聯合國環境與發展大會上簽署。

旨在保護瀕臨滅絕的植物和動物，並最大限度地保護地球上的生物資源，以達到永續生存與利用的目的。保護以及維持生物多樣性是《生物多樣性公約》所闡述之重點，同時亦是全球人類所必須共同關切的議題。

訂定《生物多樣性公約》最主要的目的就是要透過締約國的努力，來推動並落實公約的三大目標：保育生物多樣性、永續利用其組成及公平合作的分享由於利用生物多樣性遺傳資源所產生的利益。

《生物多樣性公約》不但包含就地和移地保育野生和畜養物種、復育工作，更跨過了生物多樣性本身和生物資源的永續利用，進而涵蓋遺傳資源的取得、分享利用遺傳物質所產生的惠益、技術取得和技術轉移等議題。

《生物多樣性公約》認為，各國對其生物資源擁有主權，同時各國也有責任保育它自己的生物多樣性，及以永續的方式利用它自己的生物資源。公約也述明，當生物多樣性因人類活動而遭受嚴重減少或損失的威脅時，應該斷然採取避免或減輕威脅的措施；而為拯救瀕危的生物多樣性，不僅應該補足資訊和知識，積極開發科學、技術和機構能力，還要提供充分的資金、適當取得有關的技術，以提高處理生物多樣性喪失問題的能力。

傳統的物種保育與生物多樣性保育的區別

	傳統的物種保育	生物多樣性的保育
保育目的與重點	物種及保護區保護為主	保護生態多樣性、物種多樣性、基因多樣性、文化多樣性，強調全面、整體與永續性
利用	限制利用	永續利用
參與人士	保育行政部門、保育人士	涉及影響、利用、保護、買賣生物多樣性之政府民間企業等單位
生物技術	未強調	利用生物技術開發新藥、食物等管制生物技術安全
利益	生態功能維護之有形、無形利益	長期、持續、利益分享
受破壞地區	閒置	保育生物、環境工程、遺傳工程指導下恢復或重建自然環境

生物多樣性國際相關公約彙整

名稱	通過時間	主要內容
華盛頓公約（瀕臨絕種野生動植物國際貿易公約）	1975	保護瀕臨絕種的野生動植物
拉姆薩爾公約（特殊水鳥棲息地國際重要濕地公約）	1975	重視特殊水鳥，加強濕地及動植物保育
倫敦廢棄物投棄公約	1972	界定含重金屬、有機氯化物等有害廢棄物的投棄標準
聯合國海洋法公約	1982	海洋環境的保護
長距離越境大氣污染條約	1979	越境大氣污染採取妥善的防止
遷移及野生動物保育公約	1979	跨國性遷移物種的保護
維也納公約	1985	臭氧層和破壞臭氧層物質的研究
國際船舶污染預防公約	1978	限制船舶及其他海洋設施所排放的油污及有害物質
蒙特婁破壞物質管制議定書	1987	控制氟氯碳化物(CFCs)排放量
巴塞爾公約	1989	有害廢棄物越境移動
海牙宣言(地球大氣)	1989	地球溫室效應的防止
赫爾辛基宣言(保護臭氧層)	1989	對破壞臭氧層縮物質加以限制
那德威克宣言(大氣污染與氣候變遷)	1989	控制造成溫室效應的二氧化碳等氣體濃度
里約宣言	1992	揭示永續發展理念
森林原則	1992	森林維持永續經營
聯合國抗沙漠化公約	1992	保護乾燥地、半乾燥地與濕地
京都議定書	1997	管制38個已開發國家及歐洲聯盟的溫室氣體排放
生物安全議定書	2000	確保生物多樣性，成立生物安全資料中心
斯德哥爾摩公約	2001	持久性有機污染物採取國際管制

全球生物多樣性資訊機構

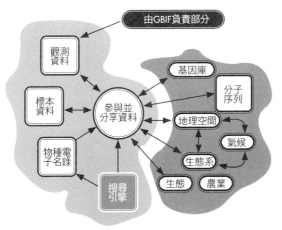

「生物多樣性公約」中要求各國要加強分類學之能力建設並推動全球分類學倡議，制訂全球生物多樣性資訊交換機制，於2001年正式成立了「全球生物多樣性資訊機構」(Global Biodiversity Information Facility, GBIF)積極蒐集、整合全球生物多樣性之相關資訊，並公平合理地與世界各國分享。

8-5 生物多樣性保育

（一）生物多樣性保育的目的

地球上的生物包括人類在內，彼此之間都有非常緊密的相互依存關係。假若以人類本位的立場來思考，生物不僅提供人類糧食來源，對於醫藥、生物防治、廢棄物處理等各方面，都有極大的用途。如近年來，科學家從植物中萃取出多種可以對抗癌症的新藥物。

生物多樣性是人類生存的生態與物質基礎。生物多樣性的保育，不僅可以保護人類將來可資利用的生物資源與遺傳資源，也可解決人類目前或未來可能面臨的問題。

生物多樣性的保育，不能完全以人類為本位來思考，因為生物多樣性保育最主要的意義在於保護自然界所有生物的生存權，以維持地球上整個生態系的穩定和平衡。

（二）保育的核心課題

生物多樣性保育的核心課題，乃是棲地和生態系的保育，因為生物棲地和生態系是瀕臨滅絕的物種賴以生存的家園。過去的生物多樣性保育，主要著重在拯救及保育瀕臨絕種或受到生存威脅的物種，而忽略了生物棲地和生態系的保育。

棲地和生態系的保育才是生物多樣性保育的根本，甚至比個別物種的保育還要重要且有效，因為遺傳、物種、生態系三個層次的生物多樣性彼此之間關係密切。某一物種的滅絕，往往是因為失去遺傳多樣性和生態系多樣性所致。

生物多樣性保育的關鍵，在於深切體認人類與自然生態環境密不可分的關係。當我們思考人類的生存時，不要忽略了所有生物都和人類一樣，都有權在這個地球上一代一代的生存及繁衍。

維持生物多樣性的方法很多，可歸納為兩種方式：域內保育與域外保存。前者是將生物保育在其自然棲息地內，維持域內物種繁衍不息及自然演化；後者是將特定生物種移出其自然棲息地外，而加以保存在某個特定地域內。此外域內保育生物多樣性的方式包含：設置國家公園、自然保護區、野生生物庇護區、原生區基因庫等；實施域外保存的手段可採行蒐集或集中飼養生物物種，如設置動物園、植物園、復育園、水族館或種子與花粉庫、胚質庫、微生物培養與組織培養中心。

（三）台灣的生物多樣性保育

就棲地保護而言，台灣目前有五類自然保護區，國家公園、自然保留區、野生動物保護區、野生動物重要棲地、國有林自然保護區。

有關物種保育，依據野生動物保育法，指定公告約 2,000 種保育類野生動物，包括瀕臨絕種、珍貴稀有、其他應予保育三類，其中大多為脊椎動物，且以哺乳類及鳥類居多。此外，依據文化資產保存法，指定公告 11 種珍貴稀有植物，包括台東蘇鐵、台灣油杉、台灣穗花杉、清水圓柏、蘭嶼羅漢松、台灣水青岡、鐘萼木、烏來杜鵑、紅星杜鵑、南湖柳葉菜及台灣水韭。

台灣自1961年開始推動國家公園與自然保育工作，1972年制定「國家公園法」之後，相繼成立8座國家公園

區域	國家公園名稱	主要保育資源
南區	墾丁國家公園	隆起珊瑚礁地形、海岸林、熱帶季林、史前遺址海洋生態
中區	玉山國家公園	高山地形、高山生態、奇峰、林相變化、動物相豐富
北區	陽明山國家公園	火山地質、溫泉、瀑布、草原、闊葉林、蝴蝶、鳥類
東區	太魯閣國家公園	大理石峽谷、斷崖、高山地形、高山生態、林相及動物相豐富
中區	雪霸國家公園	高山生態、地質地形、河谷溪流、稀有動植物、林相富變化
離島	金門國家公園	戰役紀念地、歷史古蹟、傳統聚落、湖泊濕地、海岸地形、島嶼形動植物
離島	東沙環礁國家公園	東沙環礁為完整之珊瑚礁、海洋生態獨具特色、生物多樣性高、為南海及台灣海洋資源之關鍵棲地
南區	台江國家公園	自然濕地生態、台江地區重要文化、歷史、生態資源、黑水溝

生物資源保育與利用之關係

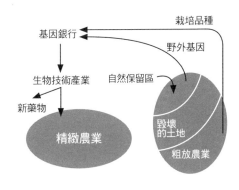

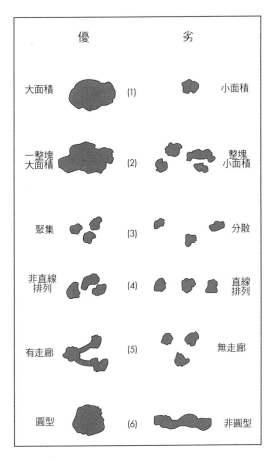

▶右圖

生態保護區或自然保護區劃定原則
(1)大面積比小面積好。
(2)同樣的面積，一整塊大面積要比好幾塊小面積好。
(3)生態系統完全維持比部分維持好。
(4)面積形狀為圓形比不規則型好。
(5)小塊的保護區之間最好以非直線的方式排列，使族群間的隔離愈短愈好。
(6)直線排列的小區域最好有「生態走廊」聯接或「踏腳石」維繫。
(7)保護區包括核心區(core area)及緩衝區(buffer zone)之設計與管理。

8-6 大滅絕

（一）大滅絕的特徵

一般而言，生物會自我變化，造成生物多樣化隨時間而增加。生物多樣化的速度，一開始相當緩慢，於寒武紀之後才比較快速。

如果在某個時代，數以百萬計的生物種類在短暫時間之內突然滅絕，就稱做大滅絕（mass extinction）。在地球歷史中，有五段時間生物物種經歷大規模的物種滅絕。

五次生物大滅絕中，最為人所知的是，六千五百萬年前白堊紀至第三紀之間的大滅絕，估計約有 50% 的生物種滅絕，其中包括恐龍與許多其他生物。

大滅絕的特徵是，比較進化的物種悉數滅絕，而比較原始、易適應環境變化及分布廣泛的物種才得以繼續生存。

（二）5+1 次大滅絕

大滅絕在地球上已經發生過五次。第一次大滅絕發生在距今四億四千萬年前的奧陶紀末期，大約有 85% 的物種滅絕。在距今約三億六千五百萬年前的泥盆紀後期，發生第二次大滅絕，海洋生物遭到重創。這兩次大滅絕的主要原因都是氣候變冷和海洋退卻。

第三次大滅絕發生在距今約兩億五千萬年前二疊紀末期，是史上最大最嚴重的一次，估計有 95% 的海洋物種和近 70% 的陸地物種滅絕。主因是地殼頻繁活動和盤古大陸形成引起的。第四次發生在約兩億萬年前的三疊紀晚期，80% 的爬行動物滅絕。

第五次大滅絕發生在六千五百萬年前的白堊紀，也是大家所熟知的一次。統治地球達一億六千萬年的恐龍滅絕。科學家的觀點傾向於「隕石撞地球」。此前地球上的生物種類已相當豐富，光恐龍就有近五百種。大滅絕後，陸地上僅剩 12% 的物種。

地球正面臨第六次生物大滅絕——更新世大災難。以目前每天有 40 種生物絕種的平均速度估計，一萬六千年後 90% 的現代生物便會從地球上消失，與二疊紀大災難所滅絕的物種相當。

科學家堅信，在第六次生物滅絕過程中，人類扮演關鍵角色。任何一個生態系統的正常狀態是其自我調節能力。但只要人類介入，自然調節便宣告失守，而進入危機狀態。

（三）大滅絕的成因

古生代末期（二疊紀）大滅絕是有史以來最大的滅絕事件。大多數的海洋生物消失殆盡，三葉蟲全數滅絕。大多數的研究者認為，這是由於大規模的火山爆發，或是盤古大陸的形成改變海流與氣候所致。

中生代末期（白堊紀）大滅絕導致恐龍和菊石等生物滅絕。白堊紀大滅絕可能肇因於隕石撞擊。隕石撞擊地球造成數十倍隕石重的爆炸落塵從地殼爆破上衝至大氣層中，遮蔽陽光，使光合作用暫時終止，因此食物鏈受到破壞，並且因陽光大量減少，地表溫度明顯下降，導致各種生物相繼滅絕。

此種論點的證據包括：在白堊紀與第三紀的交界發現銥元素含量異常高量的黏土層、地層交界有煤灰的出現、地層中含有因高壓而形成的斜矽石顆粒等。

過去曾經發生的大滅絕

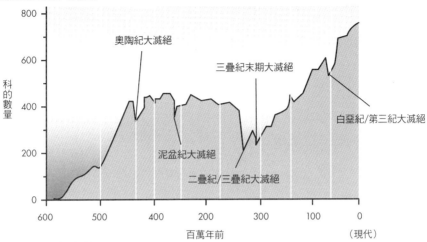

奧陶紀大滅絕

三疊紀末期大滅絕

白堊紀/第三紀大滅絕

泥盆紀大滅絕

二疊紀/三疊紀大滅絕

科的數量

百萬年前　　　　　　　　　　　　（現代）

地球主要的大滅絕事件

時間	事件	簡介
46至38億年前	撞擊滅絕	地球表面生物數次滅絕。
25至22億年前	氧的出現 ——雪團地球	厭氧細菌滅絕。
7億5千萬至6億年前	雪團地球事件	3至4次不同滅絕事件疊層藻和疑源類群的浮游生物大規模滅絕。
5億6千萬至5億年前	寒武紀大滅絕	短時間內所有地球現存的動物門全都出現，寒武紀後再也沒有新的門演化出現，且出現於寒武紀的部分門亦未留存許久，例如伯吉斯頁岩動物群。寒武紀大爆發之前發生一次滅絕事件－埃迪卡拉動物群消失，消失原因可能是與新演化物種的競爭，或環境突然改變。第二波發生前者事件後約兩千萬年，並持續數百萬年，第一種形成礁岩的生物（原細胞海綿類群）、三葉蟲和早期軟體動物群，滅絕原因似乎與全球海平面改變和底層海水開始缺氧有關。
4億4千萬至3億7千萬年前	奧陶紀和泥盆紀大滅絕	1.海洋動物群銳減，無陸地生物紀錄。消滅超過20%的海洋生物「科」。 2.是否由撞擊造成尚待求證，但溫度變化、缺氧和海平面改變是較為採信的。
2億5千萬年前	二疊紀 ——三疊紀事件	1.最嚴重的一次，50%海洋生物「科」滅絕，絕種之物種比率80-90%。 2.成因：(1)海床上被隔離的沉積物在短期內排出二氧化碳作用，海洋生物因此中毒死亡，且溫度上升5至10度，持續1至10萬年；(2)火山爆發噴發的火山氣體。
2億2百萬年前	三疊紀末大滅絕	1.50%的屬消失，海洋生物受創嚴重。 2.成因：巨大外星天體撞擊，加拿大魁北克的曼尼古根隕石坑，直徑100公里，存在2億1千4百萬年；海洋改變使淺水呈現缺氧。 3.陸地生物不詳。
6千5百萬年前	白堊紀 ——第三紀事件	1.包括恐龍在內的50%或更多物種滅絕。 2.義大利、丹麥、紐西蘭發現白堊紀—第三紀地層的鉑元素高濃度。 3.1984年幼發現50處以上白堊紀—第三紀地層的銥元素高度集中、以及被撞擊過的石英微粒。 4.全球大氣存量改變、溫度劇降、酸雨和世界野火。
現代	1萬2千年前最後一次冰河結束	1.全新世成為滅絕率顯著上升的時期。 2.海洋瞭解不深，不知變化為何，但冰融及化學污染愈趨嚴重，海中滅絕率應該會上揚。 3.美國國科院雷文預測2300年2/3的物種消失。 4.成因：「智人」不斷增加。

8-7 島嶼生物多樣性

（一）島嶼生物的族群遺傳

島嶼的面積大小與隔離程度，會影響島嶼生物的許多層面，包含族群遺傳結構、族群動態、生理生態、行為生態、生物種間關係及物種多樣性等。

島嶼無可避免的宿命是隔離，生物的遷入與遷出會受到限制。

島嶼可分為全新生成的島嶼，以及舊陸塊的地理割裂。新生島嶼如海底火山爆發所生成的島嶼，像印尼的 Krakatoa 島。舊陸塊的地理割裂，就如台灣一樣，在過去曾與其他陸塊連結。

新生島嶼內的物種，幾乎都是由其他地方所遷入，因此播遷能力較高的物種才比較有機會遷入且建立族群。舊陸塊割裂所造成的島嶼，可以包含原有陸塊的生物物種。

舊陸塊割裂成島嶼後，原先陸續分布的生物物種，會因地理隔裂的生成，而成為多個隔離的族群，而逐漸產生異域種化，由於生物遷入與遷出受限，個體競爭程度較低，因而容易保存古老基因。島嶼隔離程度越高，越容易保存古老基因，如馬達加斯加的狐猴、紐西蘭的奇異鳥。

島嶼由於生物遷入與遷出受限，基因交流受限，加上生物族群量較低，容易近親交配，造成遺傳結構較單調。島嶼面積越小，遺傳結構一般越單調。

（二）島嶼生物的適應

由於個別島嶼所受到的天擇壓力多異於大陸，島嶼生物的體型常常會異於大陸上的姐妹種或是同種生物。就動物而言，有些動物體型會更加巨大，此為島嶼巨型化；如：加拉巴哥群島的象龜、印尼科摩多島的科摩多龍。也有些島嶼動物，有些動物體型會更加嬌小，此為島嶼微型化；如：印尼峇里島的峇里虎。島嶼由於面積受限，生物族群量較低，造成物種較易受到災難性事件而局部滅絕。面積越小，生物越容易滅絕。

（三）島嶼生物的種間關係

島嶼由於整體生物種類較少，加上生物遷入不易，造成物種間競爭關係較緩和。面積越小、隔離程度越高，種間競爭程度更低。種間競爭不劇烈，造成物種的族群密度常常較高。島嶼的生物種類愈少，生物族群的單位密度常常愈高。

島嶼由於種間競爭並不劇烈，加上遺傳結構大多單調，造成物種應變能力低，競爭力低。島嶼的生物種類愈少、地理狀況愈隔離，生物競爭力常常愈低。

島嶼由於整體生物種類較少，整體生物數量也不高，造成食物網較扁平、營養階層較少，缺乏大型掠食動物。島嶼的面積愈小、地理狀況隔離，食物網愈扁平。

由於島嶼的食物網較扁平，整體種類較少，植物抵抗植食動物的機制常常退化或消失，動物逃避掠食性動物的行為也常常退化或消失。

島嶼生物由於分布範圍受限，族群物量較低、基因變離較低，因此更容易受到人為擾動而絕種。人類所帶來的擾動，以外來種及棲地流失的威脅最大。

島嶼與物種數量

(a) 加勒比海島嶼

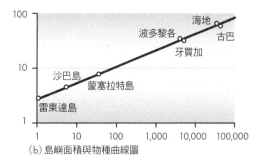

(b) 島嶼面積與物種曲線圖

島嶼生物之平衡定律 (equilibrium theory)，歸納出：(1) 島嶼面積愈大，物種數量愈多。(2) 島嶼距離大陸地區愈近，物種數量則愈多。(3) 當島嶼生物滅絕與移入之速率相等時，此島嶼之物種數量將達到平衡。

島嶼與生物的滅絕

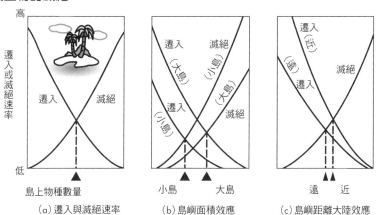

(a) 遷入與滅絕速率　　(b) 島嶼面積效應　　(c) 島嶼距離大陸效應

島嶼由於面積受限，生物移動受阻，造成物種不易遷入。隔離程度越高，物種就越不易遷入。
島嶼由於生物族群量較低，物種較易局部滅絕，造成整體物種較少。島嶼面積越小、隔離程度越高，物種就越少。
島嶼的隔離程度越高，物種就越少，而且較容易形成特有種。在二個機制拉扯下，隔離程度很高的島嶼，特有種生物比例會特別高。

島嶼棲地破壞面積與物種數量

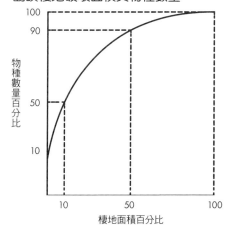

島嶼生物地理學可用來預測由於生態棲境遭破壞而可能滅絕的物種數及其比例。
・若一個島嶼(棲息地)50%面積被破壞則該島上分布的物種會有10%消失。
・當90%面積被破壞則該島上的物種會有50%消失。
・當99%面積被破壞則該島上的物種會有75%消失。

8-8 台灣生物多樣性

（一）台灣的地理特性

台灣地處熱帶與亞熱帶地區，氣候溫和、雨量豐沛；又受到地板塊活動、地質史的影響，地勢起伏、山川陡峻，呈現獨特的生態環境。這些因素目前仍然模塑著台灣的地理環境，造成眾多複雜的微環境與微棲地，此環境又影響生態系的生命及其演化史，而演化出豐富的生物多樣性與高比例的特有種與亞種。

台灣位於亞洲大陸東緣一系列群島的中央，不論在地質歷史、動物或植物相上，都與亞洲大陸有密不可分的關係。地處熱帶及亞熱帶交界，境內高山聳立，地形崎嶇複雜，平地至山區溫度之垂直變化使得植物在水平分布及垂直分布上，造成複雜且特殊的植群組成，台灣原為亞洲陸塊的邊緣，由於地質的變動，使得台灣海峽逐漸陷落而分離，但因冰河擴張導致海平面下降，台灣、大陸與琉球群島之間可藉由陸橋連結，因此，物種可經由這樣的路徑遷移、導致族群的交流。

直至最後一次冰河撤退，氣溫回升，海洋水位上升、島嶼進而各自獨立，位於島嶼上的各生物族群因遷移路徑被中斷而隔離分化，因此造成台灣具有極高的物種歧異度及特有種比例。

台灣陸域土地約只占全球的萬分之 2.5，但是物種數量卻達全球 2.5%，是全球國家平均值的 100 倍。台灣特有種物種比率極高。哺乳類物種中，就有 71% 是特有種，鳥類 17%、爬蟲類 22%、兩棲類 31%、淡水魚 19%、植物 25%，某些類群的昆蟲更高達 60%。

（二）台灣生物多樣特性

台灣擁有豐富的生物多樣性，全島的生物約有 15 萬種，占全球物種數的 1.5%，其中高達 1/3 至 1/4 之物種都是台灣特有的（亦即約有 3 萬 5 千至 5 萬種生物僅存在於台灣）。

台灣具有豐富多樣的野生動植物、微生物、菌類及多種農、林、漁、牧物種資源，是個遺傳多樣性的寶庫。值得一提的是，蘭花的品系十分豐富，使得台灣享有「蘭花王國」之美譽。

台灣具有多樣化的生態棲地，以及海峽的隔離，造成基因隔離，從而促使亞種分化或新種形成，使台灣成為生物多樣化的溫床，並富含特有種。動物資源概估有 14 萬種，特有（亞）種約占三成，已發現哺乳動物約 60 種、鳥類約 500 種、爬蟲類 90 種、兩棲類 30 種、魚類約 2 千 5 百種、已命名昆蟲有 1 萬 8 千種；植物資源約 1/4 為台灣特有者，其中維管束植物有 4 千多種，苔蘚植物約 1 千 5 百種，真菌類有 5 千 5 百種。

小博士解說

台灣目前依相關法律保護的保育類野生動物約有124種，植物則有台灣水青岡、台灣油杉、烏來杜鵑、水韭、南胡柳葉菜、蘭嶼羅漢松、鐘萼木等。

台灣植物多樣性與特有種之比例

時間	種數	特有種	原生種保育類	特有種占台灣種數比例
植物	5738	1140	334	19.9
維管束植物	4238	1140	334	26.9
被子植物	3600	1060	329	29.4
裸子植物	28	18	5	64.3
蕨類植物	610	62	-	10.2
苔蘚植物	1500	-	-	-
真菌	4800	-	-	-
地衣	700	-	-	-
藻類	516	-	-	-

世界各地蕨類的種數與密度

地 區	全區種數	面積（km2）	密度(1／1000km²)
台灣	640	35,982	17.78
中國	約2,500	9,600,000	約0.26
日本（含琉球、小笠原群島）	630	378,000	1.67
越南、寮國、柬埔寨	686	747,000	0.92
泰國	620	514,000	1.21
新加坡	166	633	262.24
澳洲	456	7,704,159	0.06
歐洲	152	10,000,000	0.02
北美（美國本土及加拿大）	406	19,449,000	0.02

台灣的三大海洋生態系

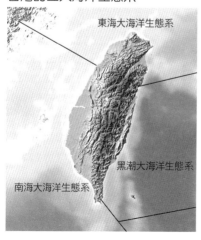

台灣附近的海洋也呈現多樣化的生態系，三大海洋生態系的條件不同，各自孕育了許多特有的生物資源。[本圖為自CAN STOCK 合法下載授權使用]

8-9 全球生物多樣性的威脅

（一）生物多樣性的危機

生物多樣性的危機主要來自三種威脅：棲地的破壞、外來種的入侵、過度的獵捕採集。

1. 外來種的入侵：人類為了特殊的目的（食用、控制病蟲害、水土保持、觀賞休閒）由外地引進外來物種至本地。若引進的外來物種具有強大的生存競爭力，則會取代當地原生物種的地位，導致原生物種的滅絕，甚至可能瓦解了本地生態系原有的平衡。由於外來種的入侵，導致本地原有生態系的食物鏈中某一原生物種的滅絕，將可能會危及整個食物鏈中所有物種的生存，而導致整個食物鏈的瓦解。

2. 過度的獵捕採集：人類為了食用、衣飾、休閒娛樂，而過度的狩獵、捕撈採集動植物，也是威脅生物多樣性的主要原因。

（二）人口成長與資源過耗

地球上各生態系、物種、及基因資源迅速流失的主要原因，是在於近數百年來人類族群以及所耗用資源的爆炸性成長。地球上的人口由一萬年前的數百萬急遽擴增，迄今已超過 60 億。根據聯合國對世界人口成長的估計，到公元 2050 年將達 85 億人，而到二十一世紀末將跨越 100 億人口大關。

人類已消耗或已浪費了地球上大約 1/4 至一半的生物生產力（陸生生物光合作用淨產能），及超過一半以上的可再生淡水，並且耗盡了地球上 1/4 的表土和 1/3 的森林。

（三）熱帶雨林的破壞

由於森林的砍伐、道路的興建、住宅與農地的開發等人類活動，使許多物種的自然棲地受到分割或永久性的破壞，導致地球上的物種快速的滅絕，如果不正視此一重大危機，則地球的生物圈在本世紀很有可能面臨歷史性的物種大滅絕。

人類以經濟發展的需求為理由，無知地以驚人的速度在破壞全球各地的生物多樣性，熱帶雨林就是其中一項典型的例子。

熱帶雨林是地球上生物多樣性最大的地區，孕育了地球上大多數的生物種類，其中有許生物對醫藥、農業、廢棄物處理等，都可能具有重要的貢獻。

熱帶雨林的砍伐和破壞，可能使溫室效應更形惡化。棲息在熱帶雨林中的許多生物，在人類還來不及認識或了解牠們之前，就可能隨著熱帶雨林的砍伐、棲地的破壞而消失滅絕了，對醫藥、農業、廢棄物處理等可能具有重要的貢獻的物種，也將不復存在。

（四）棲地的破壞

棲地的破壞主要是由於人口增加和經濟發展所導致的農、林、礦業的開發，以及都市發展和環境污染等因素所造成。人類密集的活動，不但破壞了陸地上的生物棲息地，就連海洋也難以倖免。

小博士 解說

估計出目前的生物物種滅絕速率約為每年1,000種。在2050年時高達1/3之全球生物物種將滅絕或瀕危，另外的1/3也許將在本世紀末（2100）走向絕路。

受威脅物種劃分等級

滅絕種	對過去物種的分布地點,以及其他已知或可能存在的地點反覆調查之後,認為野外不會再存在的那些物種。
瀕危種	若導致其族群衰落的因素還在作用,就會有滅絕危險和無法活的物種。在20年或10個世代或以上期間,都有50%的滅絕機率。
易危種	若導致其族群衰落的因素還在作用,據信在不久的將來就可能成為「瀕危」類別的物種。在100年有10%的滅絕機率。
稀有種	目前雖不是「瀕危」或「易危」,但有生存危險,而且族群在全世界都很小的物種。
未定種	可能為「瀕危」、「易危」 或「稀有」種,但究竟要歸類於那個類別才適當,尚無足夠資料來說明的物種。
不詳	由於缺乏資料,只是懷疑,尚無法肯定地歸屬於上述任何類別的那些物種。

熱帶雨林

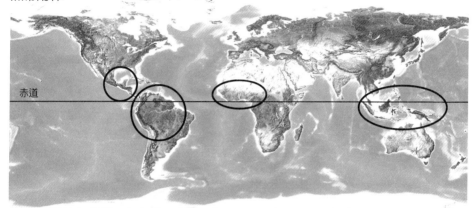

赤道

熱帶雨林雖然占全球不及7%土地面積,卻擁有全球50至70%的生物物種,可以說熱帶雨林是地球上最豐富、最古老、最有生產力、也是最複雜的生態系統。熱帶林面積減少、惡化的直接原因是由於過度的火耕(是一種原始的耕作法,先挑選林地,直接放火燒地,將一切野生動植物燒盡,之後才耕作)、農地的轉用、過度的放牧、薪柴的過度取用、商業用材的不當砍伐及森林火災等,造成雨林快速的消失,大約每秒鐘消失1公頃,相當於2個美式足球場。

2000年來的世界人口成長

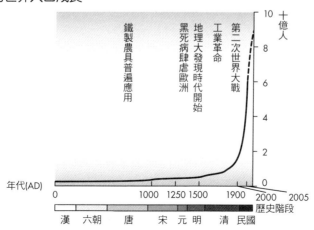

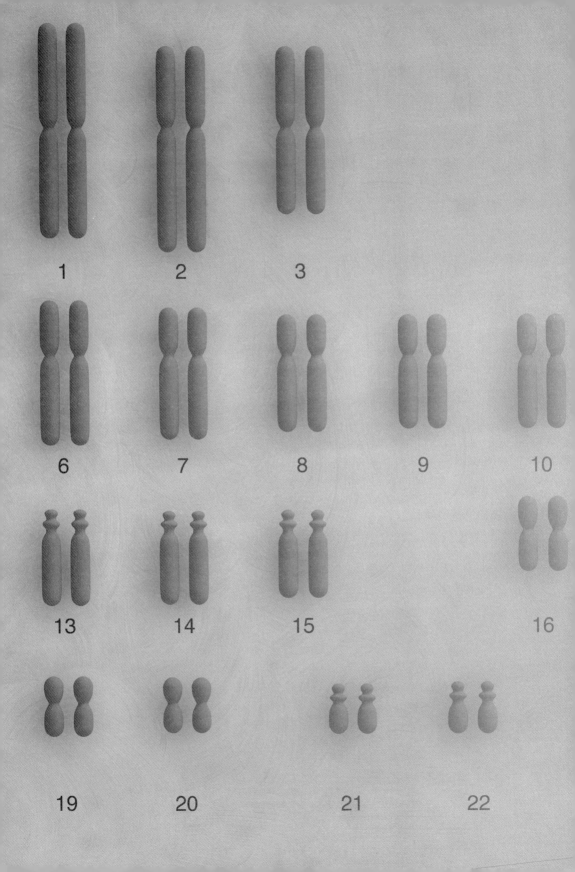

第9章
生物與醫學

　　醫學運用現代生物科技的進步，在疾病診斷、癌症治療、試管嬰兒。複製科技、人工器官、人造組織、生物材料等已有長足進步，而且仍然持續擴張其應用的領域。

9-1　癌症

9-2　基因治療

9-3　DNA的鑑定

9-4　單株抗體

9-5　幹細胞

9-6　細胞凋亡

9-7　性別的鑑定

9-8　組織工程

9-9　仿生科技

9-10　基因篩檢

9-11　試管嬰兒

9-12　複製人

9-13　疫苗

9-14　胃潰瘍的元兇

9-15　阿茲海默症

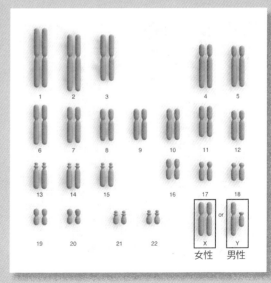

人類的染色體。[本圖為自CAN STOCK合法下載授權使用]

9-1 癌症

（一）癌症概述

　　癌就是惡性腫瘤，形成的主因是細胞內多種基因發生突變，導致不正常的快速增殖。癌細胞除了生長失控外，還會入侵周圍正常的組織，經由循環系統或淋巴組織轉移到其他器官。

　　傳統的癌症治療，主要是抑制快速增殖癌細胞的生長與引發其凋亡。細胞凋亡是細胞的一種基本生理現象，在多細胞生物的發育過程中，和個體存活時，扮演去除不需要的或異常細胞的角色。在凋亡過程中，細胞會縮小，其 DNA 被核酸內切酶降解成含 180 至 200 個鹼基的片段，最後裂解成多個凋亡小體，並被周遭的細胞或吞噬細胞吸收。

（二）腫瘤幹細胞

　　科學家在包括血癌、乳癌、腦癌、肺癌、肝癌、卵巢癌、前列腺癌、大腸直腸癌、口腔癌等不同的癌組織內，發現了「腫瘤幹細胞」的存在。腫瘤幹細胞與正常幹細胞有許多相似之處，如自我更新與分化的能力，而腫瘤幹細胞很可能源自於發生多種突變的正常幹細胞。

　　腫瘤幹細胞一方面因其增殖速率極為緩慢，甚至處於停止分裂的狀態；另一方面因其 ABC 運輸蛋白的表現量遠超過一般的腫瘤細胞，因此不易被化療藥物或放射線殺死。腫瘤幹細胞不但是癌症在治療後復發，並喪失對原本有效藥物反應的主因，也很可能是癌症惡性轉移的元兇。

　　ABC 運輸蛋白是一大群藉由 ATP（腺嘌呤核苷三磷酸）水解提供能量的運輸蛋白，最早發現於大腸桿菌的雙層膜的內膜，目前在包括人在內的物種中已找到超過 100 種，其中又以造成多種癌症化療失敗的多重抗藥性的 P- 糖蛋白最著名。P- 糖蛋白能和多種抗癌藥物結合，透過 ATP 水解提供能量，把藥物從細胞內排出，降低其胞內濃度，減弱甚或抑制其毒殺作用。P- 糖蛋白表現量高的癌症患者通常預後較差，如低緩解率、高復發率、短存活期等。

（三）端粒酶與癌症的關係

　　染色體末端具特殊序列的端粒（telomeres），能夠保護染色體避免被降解。在生物體內找到了能夠合成這種特殊序列的端粒酶（telomerase）。

　　在正常情形下，老化的現象是生命必然的週期，而如果這樣的週期失去調控，常常會有可怕的後果。如癌細胞原本是身體的正常細胞，這些正常的細胞由於某些因素導致基因不正常的「開啟」或「關閉」，於是傷害逐漸累積，細胞進而癌化。

　　相較於正常人體細胞不表現端粒酶活性，癌症細胞會活化端粒酶的表現，藉以維持端粒長度供細胞複製用。

小博士解說

　　約百分之九十的癌細胞組織中，端粒酶的活性處在一個「開啟」狀態。端粒酶活性的活化維持了端粒的長度，可使細胞不致進入複製性的老化。因此癌細胞不會產生複製性的老化現象，可以不受限制地增生複製。

大腸直腸癌

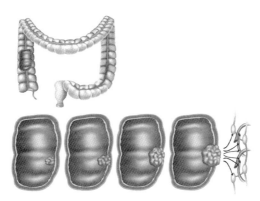

從正常組織到腫瘤組織的形態變化。[本圖為自CAN STOCK合法下載授權使用]

染色體

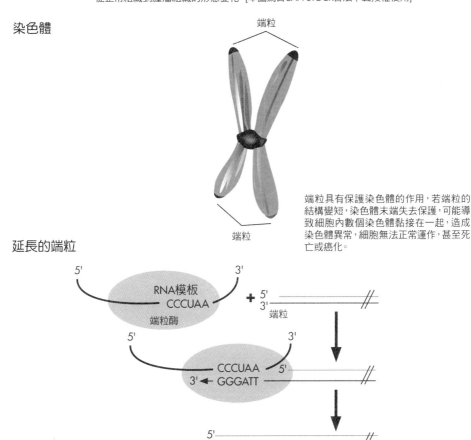

端粒

端粒

端粒具有保護染色體的作用,若端粒的結構變短,染色體末端失去保護,可能導致細胞內數個染色體黏接在一起,造成染色體異常,細胞無法正常運作,甚至死亡或癌化。

延長的端粒

5'

RNA模板
CCCUAA
端粒酶

+ 5'
3' 端粒

5'   3'

CCCUAA 5'
3' GGGATT

5'
3'
延長的端粒

端粒在正常細胞中會漸漸縮短,癌細胞、幹細胞和生殖細胞則因為有延長端粒的酵素「端粒酶」,而能增加細胞分裂的次數。端粒酶中含有與端粒DNA鹼基序列「TTAGGG」互補的RNA鹼基序列,RNA和端粒結合後,端粒酶把聚集的自由鹼基黏合起來,而延長端粒的DNA鹼基序列。

9-2 基因治療

（一）基因治療概述

基因隱含的資訊，告訴細胞在什麼時間該製造出什麼蛋白質。若體內製造某些蛋白質的功能出了錯，疾病就隨之而來。

有許多遺傳疾病是由於基因缺陷，造成某種蛋白質製造太少或過多所造成。如苯酮尿症是由於體內不能正常製造苯胺基丙酸水解酶，以致無法代謝血液內的苯胺基丙酸，因此造成新生兒的智力發育障礙。

雖然有些遺傳疾病可藉由藥物與飲食控制，但畢竟不是治本之道，因此基因治療便應運而生。

所謂基因治療，指的是利用適當方法將一個完整的正常基因送入適當的細胞內，希望此完整基因在細胞核內可藉由基因重組的過程正確地嵌入染色體，而將有缺陷的基因修復，或至少可在細胞內表現以彌補未正常表現的蛋白質。其最終目標是希望此修復後的基因能長期穩定地持續表現所缺少的蛋白質。

目前基因治療的目標細胞主要為體細胞，至於生殖細胞則由於倫理關係尚無法進行。依傳遞基因的方式可分成自體細胞與體內細胞兩大類，前者為將患者本身體細胞取出大量培養，並在實驗室中導入正常基因，將基因缺陷修復後，再將細胞輸入回體內。後者則為直接將正常基因以各種方法送入體內，希望正常基因能進入體內細胞並修復缺陷基因。若無法修復，至少也希望此基因能表現以彌補缺乏的蛋白質。

（二）基因治療的載體及策略

目前基因治療面臨的首要問題是如何有效地將基因送入細胞，並且維持一定時間的基因表現。

一段（裸露的）基因很難進入細胞，而病毒可經由感染方式進入人體細胞（如流行性感冒），因此病毒可當作媒介（載體）將基因轉殖入細胞內。

根據缺陷基因的不同，基因治療可有不同的策略：基因置換、基因修正、基因修飾及基因失活等。

前三種方法主要是使修復的正常基因在細胞核表現以彌補蛋白質的不足，但有些疾病卻是因為蛋白質表現過多造成，這種情形則需抑制其基因表現。目前常用的策略有利用反義 RNA。當基因轉錄後，首先形成單股 RNA，此時可導入與其序列互補的反義 RNA 使二者結合，因此後續的轉譯過程便被阻止，而使蛋白質的合成無法繼續進行。反義 RNA 可在體外合成或以質粒形式送入細胞內表現，以達到抑制基因表現的目的。

（三）基因治療用的風險

作為載體的病毒不斷增殖，經過長時間後，患者可能有致癌的危險。病毒的 DNA 嵌入人體本身基因，也可能發生癌化現象，或可能產生抗 DNA 的抗體，進而攻擊自己細胞，造成自體免疫疾病。而在細胞內的 DNA 如果不停表達、不斷產生蛋白，將會造成不當反應等問題。

以基因治療法醫治ADA-SCID

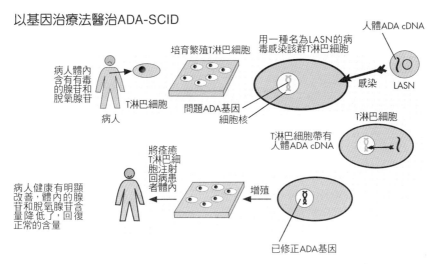

因ADA（腺苷酸脫胺酶）基因缺乏所造成的嚴重混合性免疫不全症（SCID），應用基因治療。

基因治療的載體

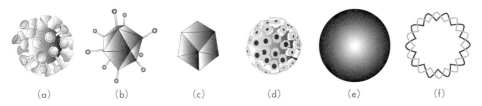

將DNA傳送入細胞中的不同方法。(a)反轉錄病毒，(b)腺病毒，(c) 腺病毒相關病毒，(d)單純疱疹病毒，(e)微脂粒，(f)裸露的DNA。

基因治療用的載體種類及其優缺點

基因治療用的載體	種類	優缺點
病毒載體系統	反轉錄病毒、腺病毒、腺相關病毒與簡單疱疹病毒等	病毒可自然感染細胞，通常是把某個病毒基因拿掉，然後以治療基因取代而製備出具有感染力的病毒。會產生強烈副作用。
非病毒系統	裸露DNA、磷脂質形成的微脂粒	DNA送入細胞的效率不高；即使DNA進入細胞，裸露DNA也容易被細胞內的酵素分解，而無法進入細胞核內表現，或者表現時間短暫而需重複施打基因。主要優點在副作用及潛在毒性較小。微脂粒傳送效率並不高。

9-3 DNA的鑑定

（一）法醫鑑定

無論活著或死亡的人，甚至過世久遠者，都有機會從他們身上取得 DNA。對於活著的人，其唾液、血液、指屑、毛髮……中有 DNA；對於死亡的人，從死亡那刻起，身上細胞已開始遭到細菌破壞，DNA 分子也開始裂解，但是只要肉身不壞，仍可萃取到 DNA；萬一肉身已壞，如木乃伊，就必須從緻密骨裡萃取 DNA。

人體骨頭分為海綿骨組織與緻密骨組織。海綿骨周圍有許多骨髓，在人活著的時候，這些骨髓會造血，DNA 也最多；但當生命結束時，這裡的細胞會很快地被細菌侵蝕，DNA 即遭破壞。緻密骨正好相反，當骨母細胞長出來時，會立刻被鈣化，而且包埋在緻密骨組織裡，只要沒有骨質疏鬆或流失現象，這些細胞與裡面的 DNA 就一直被堅固地保護著。

人類在傳遞「母系遺傳訊息」的卵子細胞裡，有一種物質稱為粒線體，當精子與卵子結合時，它就是受精卵中粒線體的來源。只要受精卵成長成為一個新個體時，新生命體中的粒線體 DNA（mitochondrial DNA, mtDNA）就成為傳遞母系遺傳訊息的一個代表性標記。

從上一代傳到下一代的遺傳過程中，mtDNA 幾乎未因基因重組而產生過混合。萬一當中的基因序列出現改變現象，有可能是基因複製時發生錯誤，或是基因誘導突變所造成，而後者發生的機率雖比細胞核基因來的高，但亦微乎其微。就算真的發生基因突變，如果以兩個族群的 mtDNA 序列做比較，仍可獲知他們在何時有個共同祖先。

（二）親子鑑定

DNA 親子鑑定是基於子女的對偶基因型有半套來自於父親，半套來自於母親，因此若孩子與母親的關係確定，就可以判定孩子的另半套是否來自父親（此稱假設父）。DNA 鑑定於 1985 年開始被應用在親子鑑定上。

由於每一個人都有兩條 DNA，其中所有的基因都是成雙成對，被稱為對偶基因，所有對偶基因的遺傳標記一半來自父親，另一半來自母親，因此要判斷父母與子女間的親子關係，就必須將父母的 DNA 型別與孩子的 DNA 型別加以比較。簡言之，所謂的親子鑑定即是藉著遺傳標記的分析來鑑定子女與父母親的血緣關係。

體細胞中的 DNA 富含許多 STR（Short Tandem Repeat，短片段重複序列），這些 DNA 片段在不同的個體間有著不同的重複次數，也分別代表 DNA 在每個片段的不同型別，藉由透過每個人特有的 DNA 片段綜合起來，即可將不同的個體加以區分，這就是人類身分鑑定的原理。

這種個體間彼此存在的相異點稱為「多型性（polymorphism）」也就是代表人與人間的不同之處。基於這樣的特點，我們可以利用 PCR-STR（聚合酶鏈鎖反應 - 短片段重複序列）技術來正確的分析出每個人特定的遺傳標記。

小博士解說

就國際上的慣例而言，親子關係概率超過99.9% 即可視為彼此確有親子關係。

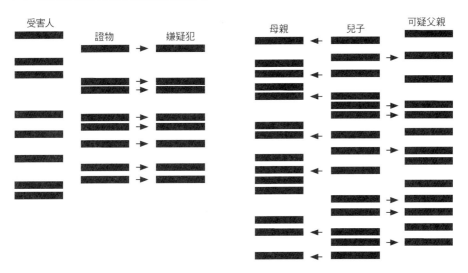

為保障國產落花生品種之智慧財產權及區分非國產落花生之依據,避免非國產落花生冒充國產落花生分二階段進行鑑定:

第一階段:

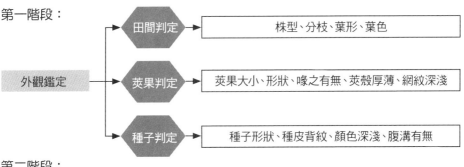

第二階段:

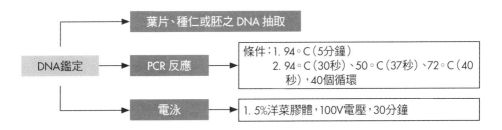

作物品種鑑定主要為保護育種家智慧財產權及確保優質農產品之有效途徑。落花生品種鑑定因為待檢材料不同或目的不同,一般可分為五種類型,包括(一)鑑定兩樣品是否為不同品種;(二)鑑定兩樣品是否為相同品種;(三)鑑定未知樣品為何品種;(四)鑑定待檢樣品是否為混合兩個以上之品種;(五)鑑定樣品是否為基因改造品種。

9-4 單株抗體

（一）單株抗體概述

抗體是一種用以抵抗外來物侵襲的蛋白質。由血液中的「抗體產生細胞」（即 B 細胞）所產生。該蛋白質是生物體內眾多防禦物質中的一種，當外物侵入生物體時，該生物體內血液中之細胞會對此外物產生反應而採取防禦措施。經過有系統的命令傳達之後，某些血液細胞會接受這些命令而進行分化作用，而會生產對此外物具攻擊性之抗體的「抗體產生細胞」。每一個抗體產生細胞只生產一種抗體。

單株抗體（monoclonal antibody）是一群可辨識特有抗體結合位的抗體，由同一 B 細胞分泌出的抗體就是單株抗體，只是這些抗體被分泌到血液後全混在一起，因此稱為「多株抗體」。

（二）單株抗體製造

會分泌抗體的 B 淋巴球壽命很短，約 2 至 3 週，這麼短的時間不符合大量生產的需求；但如果利用細胞融合技術，將產生抗體的 B 細胞與可以不斷分裂增殖的癌細胞融合在一起，製造出一個同時具有該二種特性的融合細胞，那麼該融合細胞就可以一面生產抗體，同時又不斷的增殖。

柯勒（Georges Köhler）與麥爾斯坦（Cesar Milstein）在 1975 年發表了一篇論文，介紹利用細胞融合技術成功地將 B 細胞與骨髓瘤細胞融合成融合瘤細胞；該融合瘤細胞可以用細胞培養的方法在培養瓶中不斷的增殖，並且生產構造與性質相同的抗體，這就是目前已廣為人知的「單株抗體」。

單株抗體係一群由同一個母細胞分裂出來的子細胞所分泌生產的抗體群，此抗體群有完全相同的構造與性質，因此具有相當高的特異性。此後單株抗體就大量而廣泛地應用於醫學、農業、化學等不同領域上。

（三）單株抗體的應用

醫學檢驗試劑：用人工方法製造單株抗體與可測量物質（如放射性物質、酵素、螢光劑等）的結合體，再依據此結合體與抗原的結合數目，即可測得檢驗體中抗原的數量。目前已用單株抗體做出的人體外檢驗試劑，包括激素、細胞表面抗原、癌細胞指標、病毒、細菌、寄生蟲、核酸及糖酯等。用於人體內的則有癌腫瘤及偵測心臟病等的檢驗試劑。

醫學治療上的應用：將藥物連接在單株抗體上，即可利用單株抗體的專一性而將藥物帶至目的地。

工業純化的應用：將單株抗體與膠質物結合，作成親和性管柱，用以純化並濃縮有用物質，例如尿激素（urokinase）、因子Ⅷ（factor Ⅷ）、interleukin 2、酵素等之純化，均已可利用單株抗體親和性管柱完成。

農業上的應用：發展無病毒植物，或檢驗植物的病原、食品的菌原等，在動物方面則可檢驗病原及發展動物疫苗等。

驗孕的機轉

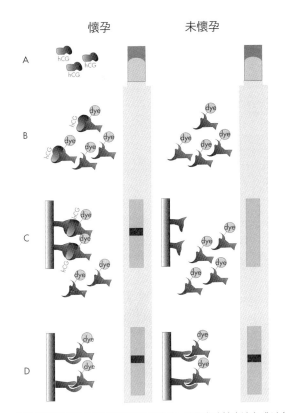

以單株抗體偵測人類絨毛膜性腺刺激素，驗孕準確性高達九成以上。

單株抗體的產生

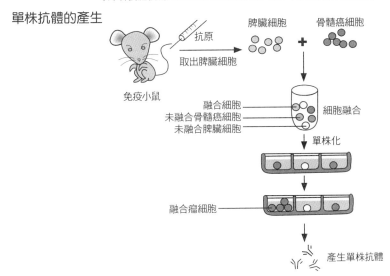

1975年，柯勒與麥爾斯坦將B細胞與骨髓瘤細胞成功地合成融合瘤細胞，開啟了應用單株抗體的新紀元。

9-5 幹細胞

（一）幹細胞概述

一般而言，有能力變成其他種類的細胞，並能自我更新的就是幹細胞。

目前，科學家發現也可以從成體獲得幹細胞，所以依照其來源不同可分為胚胎幹細胞和成體幹細胞。

若依照幹細胞轉變成其他細胞的能力大小來分，又可分為以下三種：（1）全能性幹細胞：泛指有能力成為一個完整個體的細胞，可分化的路徑多達兩百多種，如受精卵。（2）多能性幹細胞：指的是從胚胎內部所取得的內細胞群，有分化成三種胚層能力的細胞。（3）專能性幹細胞：存在於成體的各部位組織，專能分化成某一類型的細胞。譬如血球幹細胞能分化成紅血球、白血球等血球細胞，以進行組織修復及更新。由於幹細胞的能力有強弱之分，以應用性來講，全能性及多能性幹細胞最強。

（二）在哪裡找幹細胞

在受精後的第一個小時，細胞分裂成兩個完全相同的細胞，這些細胞又稱為「全能細胞」，因為每一個全能細胞可以各自發育成一個完整的個體。

除了胚胎中的胚胎幹細胞外，在成人的器官或組織中，也可以發現幹細胞的蹤跡，這些細胞統稱為「成體幹細胞」。目前發現到成體幹細胞的組織，包括骨髓、周邊血液、大腦、脊椎、牙髓腔、血管、骨骼肌、皮膚上皮、消化器官的表皮、眼角膜、視網膜、肝臟、脾臟及大腿骨等，成體幹細胞被歸類為多向性幹細胞，其所能分化的細胞及組織種類較胚胎幹細胞少。

造血幹細胞最早是在骨髓中發現的，在身體的周邊血液中也可以找到。新生嬰兒的臍帶及胎盤血液中含有大量的造血幹細胞。

骨髓除了含有造血幹細胞外，還含有「間質幹細胞」，這些細胞在骨髓中所扮演的主要角色是和造血細胞產生交互作用，提供造血細胞生長所需的基質及生長因子。

間質幹細胞具有分化成脂肪細胞、軟骨細胞、硬骨細胞、肌腱細胞、造血細胞支持基質、骨骼肌細胞、平滑肌細胞、心肌細胞、星形細胞、神經膠質細胞及神經細胞等不同細胞的能力，間質幹細胞也可以在新生兒的臍帶血或脂肪組織中找到。

（三）幹細胞的功用

在再生醫學的研究領域裡，科學家也積極探討利用幹細胞配合組織工程的發展，期望用來修復因物理性、化學性、生物性所造成的損傷，或遭疾病侵害的成體細胞、組織以及器官，使之重建或回復正常的功能。

運用這項技術，對於一些因為細胞損傷或功能異常而產生的病變以及退化性疾病，諸如帕金森氏症、阿茲海默症、糖尿病，慢性心臟病、退化性肌肉萎縮症、骨質疏鬆症、脊椎損傷等，這些以往認為是永久性失能的損傷，提供了一個矯正或治癒的願景。

小博士解說

若將幹細胞配合適當的基因修飾操作，則可對人類的遺傳疾病，如白血病、地中海型貧血症、苯酮尿症、黏多糖症、重症複合免疫不全症等，進行基因治療。

胚胎幹細胞

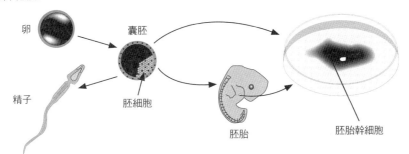

卵　囊胚　精子　胚細胞　胚胎　胚胎幹細胞

當動物的二倍體合子開始進行胚胎發育，至囊胚或是囊胚之後的發育期，可以由其中取得胚胎幹細胞。受精卵五天之後會發育成一個中空、充滿液體的囊胚，總共約有 200 個細胞，其中包含大約140個尚未分化的細胞。

幹細胞的分化發育

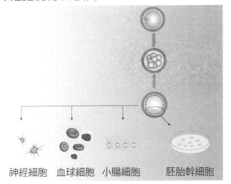

神經細胞　血球細胞　小腸細胞　胚胎幹細胞

相同的幹細胞，只要用不同的培養基的條件，它可以發育為神經細胞，肝細胞，心肌細胞等等。 [本圖為自 CAN STOCK合法下載授權使用]

幹細胞在組織工程上的應用步驟

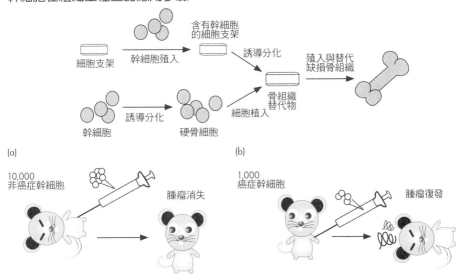

細胞支架　幹細胞殖入　含有幹細胞的細胞支架　誘導分化　殖入與替代缺損骨組織

幹細胞　誘導分化　硬骨細胞　細胞植入　骨組織替代物

(a)　(b)

10,000 非癌症幹細胞　腫瘤消失

1,000 癌症幹細胞　腫瘤復發

只需極少數的自病患體內分離出的腫瘤幹細胞，便可在免疫缺失小鼠體內形成腫瘤。

9-6 細胞凋亡

細胞死亡有兩種主要的途徑，細胞壞死及細胞凋亡。

（一）細胞壞死

細胞壞死是一種非專一性的死亡過程，通常是因為高濃度的有毒物質介入所造成的。這種因毒性快速進入所造成的死亡，可從形態的觀察上得知。初期細胞外形呈不規則狀，細胞膜的通透性增加，內質網擴張和染色質不規則移位，接著細胞內細胞核腫脹、溶小體破裂使具分解作用的酵素流出。最後細胞膜破裂、細胞內粒線體漲破和染色質流失，破壞整個細胞結構使細胞死亡。

（二）細胞凋亡的特徵

細胞凋亡（apoptosis）又稱作程序性細胞死亡，簡單來說，就是不健康的或危險的細胞停止生長，並利用新的蛋白質合成特殊細胞訊息和蛋白，使它在自然的環境中自體分解。從胚胎發育形成開始，組織交換、免疫發育、防禦和保護人體對抗腫瘤生成等，細胞凋亡在人體生長的階段中扮演了相當重要的角色。

細胞凋亡的特徵是：

1. 細胞膜萎縮。

2. DNA 片段化：沒有結合在組蛋白上的 DNA 又稱為裸露 DNA，裸露 DNA 受到核酸內切酶作用而斷裂，剩下結合在組蛋白上的 DNA 就形成約 180 至 200 鹼基對的 DNA 片段。經由細胞萃取出的 DNA，利用瓊脂凝膠進行電泳，可觀察到 DNA 如階梯般的排列，這種片段化常用來當作細胞凋亡或壞死的重要指標。

3. 染色質濃縮：由於核膜的構造受到損壞和 DNA 片段化所導致。

4. 細胞膜結構改變，磷脂醯絲胺酸（phosphotidylserine, PS）外翻：正常細胞膜在結構上維持著不對稱性，當細胞的不對稱性受到破壞時，PS 就會因細胞膜外翻而裸露出來。

5. 細胞凋亡小體產生：細胞膜上的不對稱性和細胞連接功能喪失，造成細胞膜集中，形成泡狀凸起後再分裂成凋亡小體，最終消失於吞噬細胞中。

6. 細胞膜完整：在整個細胞凋亡的過程中，細胞膜都是保持完整的。

（三）細胞凋亡與疾病

疾病與細胞凋亡的關係可分為二類，一為因細胞凋亡的抑制而增加細胞的存活，另一為因細胞凋亡的過度作用而加速細胞的死亡。

當細胞凋亡過度抑制而使細胞過度累積產生的疾病，如癌症、自動免疫系統失調（如全身紅斑性狼瘡）、發炎和病毒感染。癌症的產生被認為是細胞的過度增生，利用細胞存活的角色或了解細胞不正常增生的調控機轉，進而利用細胞凋亡來解決癌症，是一個令人興奮的方法。

因細胞凋亡的過度促進所引起的疾病，如後天免疫不全症候群（AIDS）、神經性退化症（如阿茲海默症、帕金森氏症）、血液細胞異常（如再生不良性貧血、脊髓發育不全症候群）及器官損壞（如心肌梗塞）。

細胞壞死和細胞凋亡在形態上和特性上的差異

	細胞壞死	細胞凋亡
性質	病理性，非特異性	生理性或病理性，特異性
誘導因素	強烈刺激，隨機發生	較弱刺激，非隨機發生
生化特點	被動過程，無新蛋白合成，不耗能	主動過程，有新蛋白合成，耗能
細胞數量	成群細胞死亡	單個細胞丟失
細胞形狀	破裂成碎片	形成凋亡小體
形態變化	細胞結構全面溶解、破壞、細胞腫脹	胞膜及細胞器較完整，細胞皺縮，核固縮
染色質	稀疏、分散，呈絮狀	緻密、固縮、邊集或中集
DNA電泳	DNA 隨機降解，電泳呈瀰漫條帶	DNA 片段化（180至200 bp），在電泳下呈梯狀條帶
發炎反應	溶酶體破裂，局部發炎反應	溶酶體較完整，局部無發炎反應
基因調控	無	有
自噬反應	無	常見
潛伏期	無	數小時

細胞凋亡

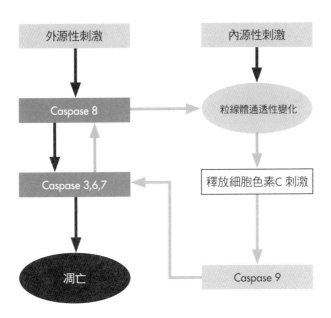

不同來源的死亡訊號，經由癌細胞內各種訊號傳導途徑，使凋亡機制被開啟而導致癌細胞死亡。 在這個特殊傳導途徑中，Caspases扮演了至關緊要的角色。Caspases是一組酶，負責啟動和執行身體內防護機制--- 細胞凋亡。Caspases將體內已變異的細胞透過一連串的訊號傳導使變異或癌細胞進入一種細胞自然死亡程序即凋亡。

9-7 性別的鑑定

人類應用性別鑑定技術，主要是希望在胚的早期發育階段，即能診斷出性聯遺傳的疾病並有效地加以預防，避免生出有遺傳缺陷的嬰兒。在畜產動物方面，應用性別鑑定技術來選性繁殖，則具有重要的經濟價值。

（一）鑑定動物性別之必要性

動物性別之鑑定無論是對於經濟動物之生產效益或寵物買賣等，皆有其實質之必要性，而且是越早越好。對畜產業之經濟生產業而言，性別更是重要，此乃因性別之差異，在飼養管理、市場的價格及經濟收益皆有重大影響。選性繁殖亦有其經濟上之價值。如公乳牛不會產乳，母的才會產乳；又如雞蛋生產者只飼養雌性雞隻生蛋，至於雄性雞隻一孵化出來便予淘汰，以免只吃飼料而不下蛋；在鳥類方面，基於配種或買賣上之需要，大部分的鳥類雌雄外形非常接近，不易準確從外表判斷性別；如果利用侵入性的方法，如外科解剖，除了造成鳥類傷亡之外，在非生殖季時因生殖腺萎縮，也難以判定其性別。

（二）性別鑑定的方法

動物性別在受精時即已決定，哺乳動物之性染色體，雌性為 XX，雄性為 XY。鳥類之性染色體，雌性為 ZW，雄性者為 ZZ。性別對動物的生長發育、疾病感受性、外在形態與生態特性有重大關聯。

生殖細胞的性別鑑定，可以藉由精子與著床前的胚來著手。精子的性別鑑定，可利用精子分離儀來篩選帶有 Y 或 X 染色體的精子。其原理是帶有 X 染色體的精子所含的 DNA 較帶 Y 染色體的精子為多，利用能夠與精子頭部 DNA 結合的螢光染色劑處理後，藉由產生的螢光量高低差異而加以分離篩選。

著床前動物胚的性別鑑定方法有數種，包括：染色體圖譜分析、存在於雄性動物胚表面 H-Y 抗體的測定、X 染色體酵素量的測定及利用 Y 染色體特異探針進行雜交反應等。

近年來，因為分子生物技術的快速進展，加上聚合酶連鎖反應技術的發明，使原本極為微量的 DNA 樣品，能夠在數小時的反應時間內大量的複製，因此只要應用顯微操作技術，抽取少許的胚葉細胞進行聚合酶連鎖反應，即可快速準確地分析出胚的性別，達到控制家畜後代性別的目的。

小 博 士 解 說

以最重要的準確率及鑑定效率而言，利用性染色體上特異DNA序列做為引子，配合聚合酶鏈鎖反應增殖DNA的技術，是目前應用在動物胚性別鑑定上最可行的方法，此法在敏感度與準確度上均相當高。

絨毛位置圖

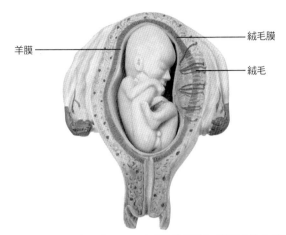

羊膜 —

— 絨毛膜

— 絨毛

絨毛取樣主要是用在基因診斷,禁止用於性別篩選,而且如果技術不熟練或過程中造成感染,有可能影響胎兒健康。[本圖為自CAN STOCK合法下載授權使用]

數種性別鑑定方法說明

性別鑑定方法	說明
染色體圖譜分析	採集部分的胚葉組織,經過培養後固定有絲分裂的細胞,進行細胞核的染色體標本製備,再根據呈現的XX、XY染色體組合來判定胚的性別。
H-Y抗體的測定	H-Y抗原是雄性哺乳動物細胞膜所特有的蛋白質,雌性動物的細胞膜上沒有這種抗原。檢測胚的細胞膜上是否存在H-Y抗原,即可鑑定胚的性別。
X染色體酵素量的測定	X染色體酵素量的測定是雌性胚的性染色體組合為XX,較雄性胚多一個X染色體。因此測定在X染色體上特定酵素的含量差異,即可判定胚的性別。
Y染色體特異探針	在哺乳動物已發現一些僅存在於Y染色體上的DNA序列,例如Sry基因,是睪丸決定因子。這些DNA序列可以做為胚性別鑑定時雜交反應的探針。

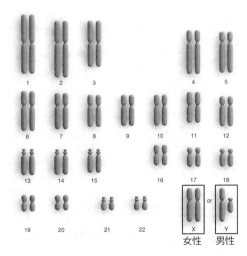

人類的染色體。[本圖為自CAN STOCK合法下載授權使用]

9-8 **組織工程**

（一）組織工程的領域

組織工程主要是致力於組織和器官的再生與形成，利用材料科學與生物科技的進步，在一個模仿組織與器官形狀的材料中種入細胞，使細胞依著模型來長成新的組織與器官，以供修復人體的組織缺損。這項技術對於世界上許許多多因器官衰竭而亟待修復的患者來說，無疑是一大福音。「組織工程」在 2000 年 5 月美國《時代雜誌》中列為未來十大熱門工作的榜首。

組織工程所涵蓋的領域涉及細胞學、生醫材料、生理學、分子生物、臨床醫學、外科及病理學等專業知識。目前科學家致力研發的組織工程人工器官有皮膚、軟或硬骨、心臟瓣膜、血管、再生神經、人工眼角膜、人工肝臟與人工結締組織等。

（二）人體組織與器官的基本結構

人體的各項組織與器官，基本上是由細胞與支撐細胞的細胞外間質所構成的，而細胞外間質主要是由結構性纖維和親水性物質所組成。結構性纖維的主成分包括膠原蛋白和彈力蛋白，膠原蛋白的合成主要在纖維母細胞中進行，一開始先形成膠原蛋白分子，分子的兩端有非螺旋的部分，當此一部分分泌到細胞外時，才將分子尾端非螺旋的部分折斷，形成一典型的三股螺旋結構的膠原蛋白分子。之後膠原蛋白分子再藉由自身交聯反應，聚集形成膠原蛋白細纖維，然後再進一步形成膠原蛋白纖維。膠原蛋白的特殊結構，使得人體的組織具有一定的機械強度。

（三）組織工程三大要素

支架、細胞及訊息因子，是構成組織工程不可或缺的三大要素。支架就像是果農種植葡萄時所搭起的棚架，細胞就是種下的種子，而訊息因子就好比所施予的肥料。

組織工程利用特殊的生物高分子材料建構出三度空間的立體框架，讓植入的細胞可以在其中生長並增生。支架的功能不僅僅當作細胞生長的框架結構，更可以進一步地控制引導細胞朝特定的方向生長、分化。

無論所使用的材料為何，它們皆具有兩個共通的特性。首先是可塑性，可按照不同的組織器官構造，塑造出我們所想要的形態；其次是支架內部的孔洞結構。

組織工程的最終目的是讓細胞在體外生長分化為功能性的組織器官，採集少量的自體細胞加以培養，在體外大規模地增殖，再運用於體內器官的修復上。細胞的類型大致上可分為兩種：已分化完全的「成熟細胞」，以及具有分化成其他細胞能力的「幹細胞」。

小博士解說

唯有合適的訊息因子加入，才能誘導細胞在支架材料上正確地分化、遷移及生長，最後才有功能性正常的組織器官誕生。

刺激組織器官再生的訊息因子並不局限於有形的分子，其他如機械應力或超音波等物理訊號，也會對細胞的增生與分化產生正面的作用。

研究各種訊息因子對於不同細胞類型的分化、生長、代謝所產生的影響，揭開訊息因子作用機制的神秘面紗，成為目前研究上的關鍵課題。

組織工程的步驟與方法

細胞採集 → 分離細胞 → 體外快速培養 → 植入支架 → 成為再生細胞 → 植入體內

將細胞取得，快速培養後再植入支架，使細胞依著支架材料的形狀長出新的再生組織，最後長好的組織再移植入人體。

組織工程三大元件

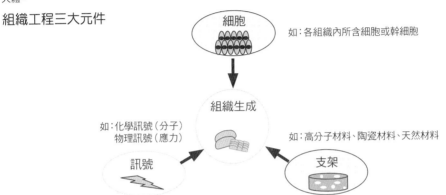

細胞
如：各組織內所含細胞或幹細胞

組織生成

如：化學訊號（分子）
物理訊號（應力）

訊號

如：高分子材料、陶瓷材料、天然材料

支架

組織工程三大元件－細胞、支架、訊號。
骨折是外傷中重要的事件，美國每年花費於骨折之治療約4億美元。較大之骨缺損是醫療上的一大挑戰，理想的骨組織再生應使用具骨傳導之生物材料、具骨誘導之生長因子及具造骨能力之細胞，如圖示之組織工程三要素。

組織工程的執行方式

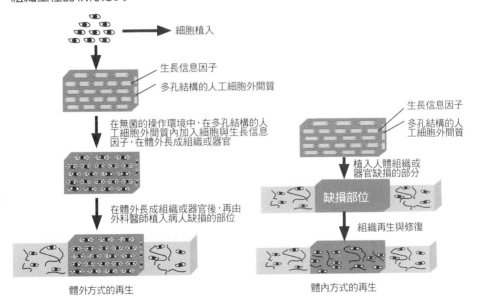

細胞植入

生長信息因子
多孔結構的人工細胞外間質

在無菌的操作環境中，在多孔結構的人工細胞外間質內加入細胞與生長信息因子，在體外長成組織或器官

在體外長成組織或器官後，再由外科醫師植入病人缺損的部位

體外方式的再生

生長信息因子
多孔結構的人工細胞外間質

植入人體組織或器官缺損的部分

缺損部位

組織再生與修復

體內方式的再生

組織工程的執行，可利用體外或體內的方式來進行。所謂體外的方式，即在實驗室內以人工細胞外間質、細胞與生長信息因子三種組織工程要素，在體外培養出人體組織或器官後，再植入病人缺損的部位；而體內的方式，則僅提供人工細胞外間質與生長信息因子，植入病人缺損的部位後，病人體內的細胞會遷入、增生，而完成修復的動作。

9-9 仿生科技

（一）仿生學

人類效法自然，並且從自然中學習、模仿或是取得啟示，進而用於人類科技文明的發展，這就是「仿生學」（biomimetics）。這個名詞始於 1960 年，它橫跨了生物、物理、化學、數學等基本學門，更結合了新興的奈米科技、智慧工程以及組織工程等三大熱門主流，為人類 21 世紀的科技發展開拓了一條嶄新的道路。

模仿自然提供了許多優勢，因為自然界的各項功能存在既久，並且方便有效，是歷經演化所保留下來的最佳方式。

（二）人工內耳

輕微的聽力障礙，可以藉由助聽器輔助或進行聽力復健而達到改善的目的。內耳神經受損嚴重的患者，助聽器就無能為力了。這時必須藉由外科手術，植入人工內耳才能改善聽力。

人類耳朵的聽覺機制，大致上是透過外耳廓收集聲波，通過聽道震動鼓膜，推動聽小骨（包括槌骨、砧骨及鐙骨）把聲波放大，傳到耳蝸上的卵圓窗，引起耳蝸內淋巴液的流動，帶動耳蝸內纖毛的擺動，使得與纖毛相連的神經細胞產生微小的電位變化。神經細胞再把訊號傳進大腦聽覺專區，經過解讀後便產生了聽覺。

人工內耳是藉由模仿人類的聽覺機制，使失聰者可以恢復聽覺。人工內耳系統包括外部的麥克風、聲音處理器和發送器，以及內部的接收器和電極。先由體外的麥克風收集外界的聲音，並轉為電子訊號，傳送到聲音處理器加以放大或過濾，再藉由體外的發送器，將訊號傳送到植入皮下的接收器。

目前電子內耳的研究方向，在於設計出更好的聲音處理程式、降低刺激電極之間彼此干擾產生雜訊的機會、改進電池耐用度、元件材料的選用、以及體積微小化。

（三）電子鼻

哺乳動物的嗅覺機制主要可以分成三部分：接受、傳導及顯示。不同氣味的分子，經由呼吸進入鼻腔，與鼻腔中嗅覺細胞纖毛上的嗅覺受體蛋白發生作用，形成各種不同的特殊鍵結，造成不同的神經脈衝訊號。再藉由嗅覺神經發出動作電位，傳輸到大腦的嗅覺專區，透過大腦的判讀，利用從前的學習經驗來判別氣味的種類。

電子鼻的技術是利用電腦模擬嗅覺受體蛋白與氣體分子之間的作用，進一步以人工方式合成受體蛋白，並把人工受體蛋白製成「接受膜」，取代人類嗅覺細胞，用來連結傳導介質。

傳導介質則是以壓電石英晶體所製成的模組晶片，採用矩陣式排列，氣體經由接受膜吸收後，增加的質量導致諧振頻率的改變，透過諧振頻率測量出氣體物質的質量與濃度。並透過統計分析或人工神經網路處理，與預先建立的資料庫比對出氣體的種類，最後透過電子螢幕以圖像及數據顯示氣體的來源。

電子鼻用於香水、葡萄酒和食品工業等方面，用來做為食品保存監控及風味鑑定的工作，或是應用於環境中有害氣體的監測，以及疾病診斷上。

人耳與人工內耳傳送機制的比較

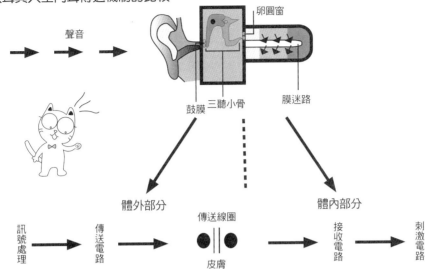

聲音

卵圓窗

鼓膜　三聽小骨

膜迷路

體外部分

體內部分

訊號處理 → 傳送電路 → 傳送線圈（皮膚）→ 接收電路 → 刺激電路

人類嗅覺系統與電子鼻系統的比較

	接受	傳導	顯示
人類嗅覺系統	嗅覺細胞及其纖毛上的嗅覺受體蛋白	嗅覺神經	大腦嗅覺專區
電子鼻系統	人工受體蛋白製成的接受膜	壓電石英晶體構成的矩陣式排列模組晶片	電子螢幕

電子鼻的導電度型感測器

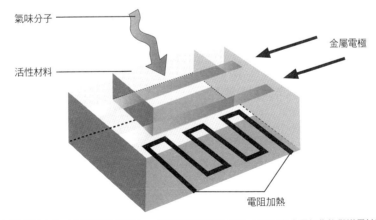

氣味分子

活性材料

金屬電極

電阻加熱

導電度型感測器是電子鼻中5大關鍵元件型態之一。其所使用的活性材料，又可分為金屬氧化物與導電性聚合物兩類，皆利用活性材料接觸易揮發的有機化合物時，其電阻係數特性的改變為主。

9-10 基因篩檢

（一）基因與疾病的關連

在人類疾病與醫療應用方面，基因科技的進展非常快速，使得我們愈來愈了解某些疾病與基因之間的關係。如唐氏症是因為病患身上多了一個第 21 號的染色體；蠶豆症或杭廷頓氏舞蹈症則是因為單一基因的缺陷或變異導致的疾病，這些疾病稱為「單因性基因疾病」。

此外，某些疾病可能與基因有關，但並非單純基因的缺陷或變異，環境或飲食等其他與基因不完全相關的因素，也會有所影響。如特定的心臟病、癌症（如乳癌）等，稱為「多因性基因疾病」。

基於疾病與基因間的關連性，醫學界逐步發展出各種篩檢方法，讓我們可以在尚未有任何病徵之前，即能預先知道自己是否有某些基因上的缺陷或變異，而可能罹患某些基因疾病。檢驗的方法，並不一定要直接針對基因或 DNA，以染色體或生化檢驗的方法，也可以得知基因是否有缺陷或變異。

（二）基因篩檢與基因檢驗

所謂「基因篩檢」是指受篩檢的個人，並未表現出任何特定的病徵，對於其個人缺陷或其他狀態的存在，也沒有如家族病史等其他預先證據。而對其所實施的檢查而言，通常基因篩檢的對象，是較廣大的族群，如對於所有新生兒所實施的篩檢，或對於可能罹患某種特殊遺傳疾病的族群所實施的篩檢。

反之，所謂「基因檢驗」，則是在已有家族病史或其他證據暗示某種基因的缺陷和狀態可能存在時，對個人所實施的檢查。

從檢驗結果的可預期性來看，基因篩檢或檢驗，對於受試者而言，其衝擊力不同。在基因檢驗的情況下，因為受試者從家族病史或其他相關證據，已經可以某種程度地對於檢驗結果有所預期，故對其衝擊往往比較不大；但在基因篩檢的情況下，受篩檢者往往很難預期篩檢結果，所受的心理衝擊也許會非常大。

受篩檢者，一時之間往往很難接受自己是某種疾病基因的帶原者，或是自己的基因已有某些變異或缺陷，而可能罹患某些疾病，如晚發的單一性基因疾病之杭廷頓氏舞蹈症，或多因性基因疾病之乳癌等。

（三）胚胎植入前基因篩檢

胚胎植入前基因篩檢（PGS）是指早期胚胎基因診斷技術，此技術的發展主要是用來篩檢具遺傳疾病的早期胚胎，避免不正常遺傳基因的小孩被生出來，屬於優生遺傳診斷的一環。

常見的性聯遺傳疾病如血友病、色盲等，或其他常見遺傳疾病如海洋性貧血等，都可利用此技術將異常胚胎早期篩選出來，以便植入正常胚胎來確保子代的健康。

此技術乃利用顯微操作技術將早期分裂中之胚胎細胞取出一部分胚葉，利用基因探針進行遺傳疾病的致病基因的偵測，目前最常用的方式為應用胚胎切片合併螢光原位雜交法或聚合酶鏈鎖反應（PCR）來進行篩選。

孕婦脊髓性肌肉萎縮症帶原者基因篩檢流程

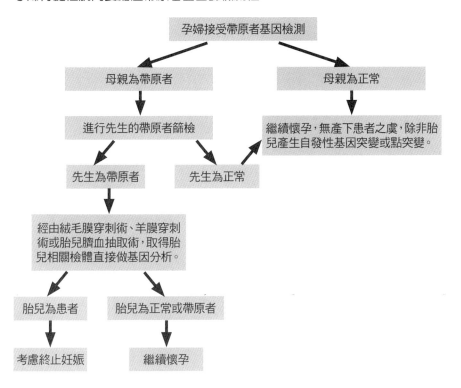

孕婦接受帶原者基因檢測

母親為帶原者　　　　　　　　　母親為正常

進行先生的帶原者篩檢　　　　　繼續懷孕，無產下患者之虞，除非胎兒產生自發性基因突變或點突變。

先生為帶原者　　　先生為正常

經由絨毛膜穿刺術、羊膜穿刺術或胎兒臍血抽取術，取得胎兒相關檢體直接做基因分析。

胎兒為患者　　　胎兒為正常或帶原者

考慮終止妊娠　　　繼續懷孕

甲型/乙型海洋性貧血屬體染色體隱性遺傳

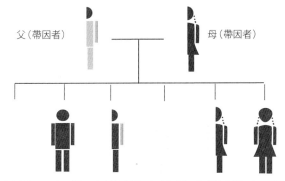

父（帶因者）　　　　　母（帶因者）

子（患者）　子（正常）　子（帶因者）　女（患者）　女（帶因者）　女（正常）

體染色體隱性遺傳（autosomal recessive）

9-11 試管嬰兒

（一）試管嬰兒技術發展

　　不孕症有各種不同的原因，仔細鑑別原因是治療成功的要件之一。不孕症的原因中，有些可以單純的透過藥物治療而懷孕，有些則無法利用藥物做有效的治療。過去經常需要仰賴不孕症手術，但如今試管嬰兒的角色越來越重要，已逐漸取代手術治療。

　　愛德華茲（Robert G. Edwards）早年由研究小鼠到兔子精卵的實驗，繼而投入研究人類體外受精的機轉。在備受各方阻撓的惡劣環境中，他堅守自己的理念二十餘年，終於在 1978 年誕生了人類史上第一名試管嬰兒，露易絲布朗（Louise Brown）。

　　試管嬰兒就是合併體外受精和胚胎植入兩個名詞的簡稱，是使精子和卵子在孵育箱內受精，培養發育成早期的胚胎然後植入母體。所謂的試管嬰兒技術，包括下列幾個部分：誘導排卵、卵泡成長的追蹤監測、取卵手術、配子（卵子與精子）的體外處理、體外授精、體外胚胎的培養發育、胚胎植入。

（二）試管嬰兒手術過程

　　目前都採用陰道超音波手術採卵，而腹腔鏡採卵手術目前僅在以陰道超音波取卵不易時，或極少數進行禮物嬰兒（配子輸卵管內植入術）時才使用。

　　取出的卵子以優質的培養液培養 4 到 6 個小時讓卵子更成熟之後，再和精子受精。在授精前，必須用特殊的培養液使精液中精蟲和精漿分離，並篩選出健康且活動力強的精子，和卵子在培養皿中受精。

　　精子和卵子受精後稱為早期胚胎，從形成受精卵後，早期胚胎便每天不斷地分裂發育。精卵結合後大約 12 至 18 小時稱為原核期，約 20 至 24 小時後會分裂成兩個細胞，48 小時後會分裂成四個細胞，72 小時後會分裂成六至八個細胞，96 小時後會分裂成桑椹期。品質良好的胚胎會在五至七天內發育至囊胚期。

　　囊胚期的胚胎可以直接植入子宮，並且和子宮的蛻膜組織同期化，理論上可提高著床率。目前國際生殖醫學界採行的胚胎植回時間，多以受精後第三天，即六至八個細胞，或受精後第五天的囊胚期植回母體子宮。

（三）輔助生殖技術

單一精蟲顯微授精術：把單一隻精蟲直接注入卵子細胞質內，使卵子受精，可改善精子的濃度、活動力、形態上有多重缺陷時，體外授精的成功率。

睪丸／副睪丸取精術：經皮下副睪丸穿刺術或睪丸切片取精術，取得精蟲。

雷射輔助胚胎孵育術：人類的胚胎必須經過卵殼透明帶脫殼而出的程序，胚胎的細胞才能直接和子宮內膜接觸，達到著床的目的。利用雷射光束，瞬間在卵子透明帶上造成一個缺口。

冷凍胚胎：冷凍胚胎是利用冷凍保護劑處理人類胚胎，可分慢速冷凍法逐步降溫和玻璃化超高速冷凍法，胚胎冷凍後保存在零下 196℃ 超低溫的環境中。可以留下一些胚胎，而在將來有再度植入的機會時，也可避免一次胚胎植入數目過多。

造成不孕因素之比例

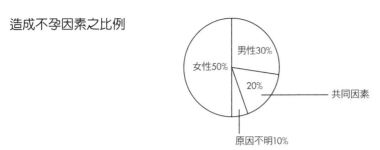

男性30%
女性50%
20%
共同因素
原因不明10%

胚胎植入

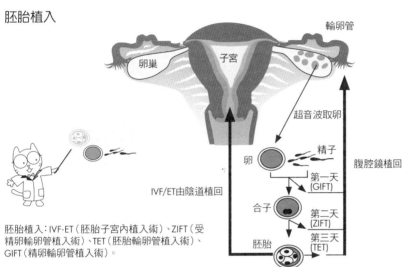

輸卵管
卵巢
子宮
超音波取卵
精子
卵
腹腔鏡植回
第一天（GIFT）
IVF/ET由陰道植回
合子
第二天（ZIFT）
胚胎
第三天（TET）

胚胎植入：IVF-ET（胚胎子宮內植入術）、ZIFT（受精卵輸卵管植入術）、TET（胚胎輸卵管植入術）、GIFT（精卵輸卵管植入術）。

試管嬰兒製作流程

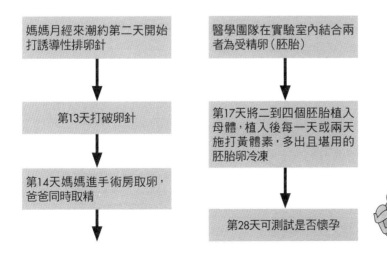

媽媽月經來潮約第二天開始打誘導性排卵針

第13天打破卵針

第14天媽媽進手術房取卵，爸爸同時取精

醫學團隊在實驗室內結合兩者為受精卵（胚胎）

第17天將二到四個胚胎植入母體，植入後每一天或兩天施打黃體素，多出且堪用的胚胎卵冷凍

第28天可測試是否懷孕

9-12 複製人

（一）複製羊桃麗

藉由有性生殖產生的新個體，所帶的基因組合與父親或母親並不會完全相同，當然也不會長得完全一樣。這樣的有性生殖方式，在演化上是有它的意義，因為它可讓生物產生多樣性而在「物競天擇」中存活下來。

複製則是藉由將細胞核轉移至另一個已移去細胞核的卵細胞中，再使其模擬受精過程，在代理孕母的子宮內發育成新的個體。因此，這樣複製出來的個體，其基因體主要是來自於提供細胞核的細胞，而非如有性生殖中來自精子與卵子雙方。

在高等哺乳動物內，由於卵細胞直徑僅是兩棲動物卵子的十分之一至十五分之一大，數量上也少了許多，且哺乳動物的受精需在體內進行，更重要是卵細胞外有一層透明帶保護卵子及受精卵。因此，如何進行細胞核轉移而不損傷這層透明帶，在技術上困難許多。

長久來都以為哺乳動物是較高等的生物，不能做轉殖，然而 1996 年桃莉羊的成功，無疑的否定了這個說法。

複製的過程包括了下列的步驟：

1. 先自一（白）母羊乳腺中取出若干細胞（已分化成熟之細胞核），置於培養狀態，給予甚低之營養，使其陷於飢餓後，即停止分裂及其基因活動。

2. 同時自另一黑面羊取出一未受胎之卵細胞，汲出這個卵細胞的核（連同其 DNA），但使此一空卵細胞仍含有得以成胎之細胞成分。

3. 經過第一次電擊，使兩細胞融合，第二次電擊，使細胞分裂。

4. 約於六日後，將前項之成孕卵移植於另一黑面母羊子宮內。

5. 待孕期滿後，懷孕之母羊即生出桃莉（白）。在遺傳上與自 1 取出細胞之母羊幾乎完全相同。

（二）複製人的道德問題

複製人所複製的只是基因，意識並不能被複製，因此複製人與被複製者是兩個獨立的個體，兩人有不同的思想、行為。

將複製技術應用在人類身上，所涉及的道德問題最少可分三個方面討論：複製人、複製人類器官、複製帶有人類基因的動物。

此外，還有一個問題是：複製技術的成熟度。在桃莉誕生的研究中，製造了 385 個胚胎才得到一隻桃麗；在另一隻複製羊的研究當中，成功率也才達到 0.89％！

小博士 解說

在複製人實驗的過程當中，有許多胚胎無法正常發育，即使生下胎兒也容易早夭。在道德上我們能容忍製造出許多畸形兒或早產兒的風險嗎？因此，要成熟且安全地複製動物還有一長段路要走。

由於這些難以預知的變數太多，因此複製人在科學上也引起極多的討論，更別說在社會、倫理、道德及宗教上造成的爭議。所以，美國在一九九九年就已禁止以聯邦經費贊助複製人研究。

複製人

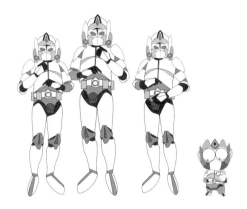

「星際大戰」電影裡令人印象深刻的複製人大軍（Clone Troopers），基因母體來自一位技巧極度高超的獎金獵人，複製人士兵的外型、體能、耐力和心智上都完全相同。

桃莉羊操作流程

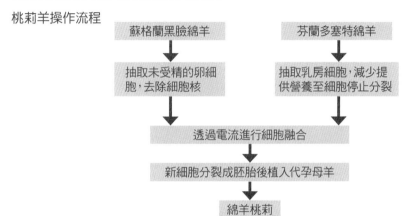

桃莉羊從一隻成年羊的乳腺細胞複製而來，1996年7月5日出生於蘇格蘭愛丁堡羅斯林研究所，六個月後才公諸於世，牠配稱全世界第一隻複製哺乳動物。

複製人操作流程

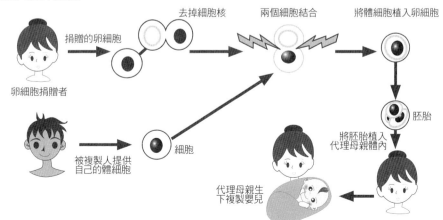

9-13 **疫苗**

（一）疫苗概述

疫苗概念的起源可追溯到 16、17 世紀的中國和印度，當時人們發現天花病人結痂製成的粉末，可用來預防天花的感染。

現代疫苗的技術，則是 1879 年巴斯德（Louis Pasteur）發現了減毒疫苗的原理才建立的。他先從患者身上取出病毒母株，把它的毒性減弱後進行繁殖，再製作成疫苗注入人體內，使人體產生抗體。因病毒毒性已減弱，所以不會造成疾病。

傳染性疾病一直都是人類最大的死因，每年有 1,700 萬人死於傳染性疾病。在傳染性疾病的預防上，疫苗的使用比任何其他醫學方法對人類健康的貢獻都要大。

疫苗接種的主要目的是使身體能夠製造自然的物質，用以提升生物體對病原的辨認和防禦功能，有時類似的病原體會引起同一類病原的免疫反應，因此原則上一種疫苗是針對一種疾病，或相似度極高的病原體。

疫苗接種多數是一種可以激起個體自然防禦機制的醫療行為，以預防未來可能得到的疾病，這種疫苗接種特稱為「預防接種」。白喉、破傷風、百日咳、小兒麻痺、B型流感嗜血桿菌、B 型肝炎、麻疹、德國麻疹、腮腺炎等的疫苗，都是目前常見的種類。

（二）疫苗的種類

傳統疫苗可分成去活性疫苗、活體減毒疫苗及類毒素疫苗三大類。去活性疫苗是透過熱或化學藥劑，把致病微生物結構破壞或把它殺死所形成的，但因部分結構仍完整，可誘發免疫反應達到免疫治療的目的，如流感、霍亂、腺鼠疫、A 型肝炎等的疫苗。但這類致病微生物毒性較低、時效短，無法引起免疫系統完整的反應，有時必須追加施打。

活體減毒疫苗是利用培養技術製造出的減低毒性活體微生物的品種。由於免疫反應主要偵測的是病菌本身外部的構造，因此減去毒性物質或微生物代謝產物仍可有效產生施打疫苗者的免疫力，如黃熱病、麻疹、腮腺炎等疫苗。

基因疫苗針對目標細胞，藉由改造過的病毒或細菌感染，以插入基因或調節基因表現的手法，引起免疫系統的活化。若這些細胞因此在表面呈現異於接種者本身的物質，將會被免疫系統辨識而受到攻擊。

（三）免疫反應

以激發個體自行產生抗體的免疫過程，稱為主動免疫。免疫系統可分辨敵我，把不同於己的外來物視為病原，產生相應的各種反應，包括一般性發炎反應：紅、腫、熱、痛，以及製造具有專一性的抗免疫球蛋白，利用中和病原、活化相關攻擊活動等方式建立專一的防禦機制，用以摧毀異物，並短期或長期地記憶這種外來物。

被動免疫疫苗除了可提供主動免疫的防範措施外，也可以在狀況緊急時，直接協助患者施打血清型疫苗。也就是由具備該疾病抵抗力的個體中，抽取血液並且純化出該種抗體，或是經由生化合成出抗體，以直接注入患者體內壓制病原的活動力。

天花疫苗

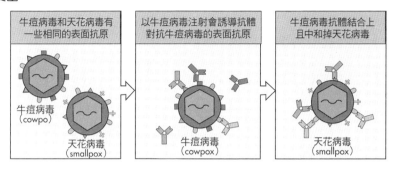

以牛痘病毒疫苗注射會產生中和性抗體對抗天花病毒相同的抗原決定位。

主動免疫和被動免疫比較表

	得到方式	來源	保護力
主動免疫	自然獲得	感染疾病後幸運痊癒	保護力長，但風險太大
	人工獲得	接種疫苗	保護力長，最安全有效
被動免疫	自然獲得	藉由胎盤與乳汁傳輸	保護力從出生後漸漸減弱
	人工獲得	施打免疫球蛋白	保護力短暫

基因改造的疫苗

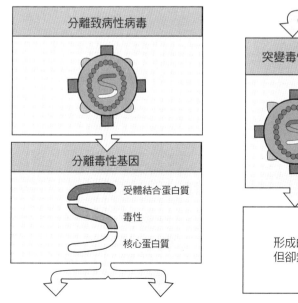

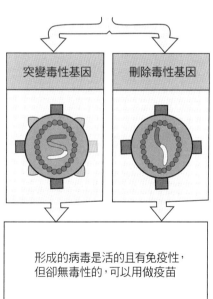

9-14 **胃潰瘍的元兇**

（一）幽門螺旋桿菌的發現

醫學界對胃潰瘍病因的認識是胃酸過多，常以止痛藥處理，嚴重時，就得開刀。1983 年，澳大利亞的實習醫師馬歇爾（Barry J. Marshall）和病理醫師瓦倫（Robin Warren）共同發現：胃潰瘍的病因是來自幽門螺旋桿菌（*Helicobacter pylori*）。

馬歇爾醫師為證實這細菌是胃潰瘍的病原，他還親自吞下一湯匙的病菌，結果就罹患胃炎，服用抗生素後才痊癒。兩人因發現胃潰瘍的病因是來自幽門螺旋桿菌，而榮獲 2005 年諾貝爾生理醫學獎。

最早發現螺旋菌時，因其同是革蘭氏陰性桿菌，具有鞭毛及微需氧等特性，故把它納入*Campylobacter*這一屬。而且由於最常出現在胃的幽門處，因此把它命名為*Campylobacter pyloridis*。1989 年顧勒文（Stuart Goodwin）等人證實這隻細菌並非屬於 *Campylobacter*，於是重新依其螺旋特徵獨立成一個新屬，並正名為*Helicobacter pylori*。

（二）幽門螺旋桿菌與胃潰瘍

幽門螺旋桿菌是革蘭氏陰性、微需氧氣的細菌，生存在胃部和十二指腸的地方。它會引起胃黏膜的慢性發炎，甚或導致胃和十二指腸潰瘍與胃癌。全世界有超過五成的人在消化系統帶有幽門螺旋桿菌，但超過八成的帶原者並不會表露病徵。

幽門螺旋桿菌病菌是從口腔進入胃腸，有可能是親吻、上廁所後沒有洗手，或和人接觸後不洗手而用手拿食物吃，因而感染到病菌，可以很肯定的是和性交無關。這細菌會緊附在胃部的黏液內層膜，因此不會受到胃酸的影響，在內層膜繁殖，穿開了小孔洞，而經胃酸和消化液的作用更加惡化，就變成了內白外紅的瘡口，帶來胃痛、胃灼熱、胃潰瘍等。

最近美國國家衛生研究院發現，感染幽門螺旋桿菌會提高罹患胃癌的機率。目前WHO 也宣布幽門螺旋桿菌是致癌病菌，感染幽門螺旋桿菌後得胃癌的機率會提高三倍。

根除幽門螺旋桿菌，第一線的用藥應選擇氫離子幫浦抑制劑或鉍鹽，合併抗生素開羅理黴素和安莫西林，或合併開羅理黴素和甲硝唑的三合一療法。當第一線的治療失敗時，可考慮第二線的四合一療法，即氫離子幫浦抑制劑、鉍鹽、甲硝唑和四環素。

（三）成功始末

Giulio Bizzozero 於 1892 年發現動物胃中有細菌存在，世人都曰不可能。延宕近100 年才被華倫與馬歇爾證實，初期的研究成果卻也遭到退稿的命運。要不是兩人當初鍥而不捨和追根究柢的科學精神，要不是馬歇爾勇於推銷自己的發現，幽門螺旋桿菌的發現恐怕又是一樣的下場，僅在西澳皇家伯斯醫院的某間實驗室中，留下所謂不可考的紀錄罷了。

發現幽門螺旋桿菌的故事深深地感動並震撼著我們，不要輕易忽略自己的發現，就算一開始全世界都反對，只要有足夠的證據，加上無可救藥的樂觀，努力不懈，總有匡正錯誤、戰勝權威的一天。

胃臟不適

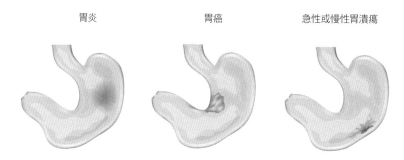

胃炎　　　　　　　　胃癌　　　　　　急性或慢性胃潰瘍

幽門螺旋桿菌對胃黏膜造成的傷害。①胃內幽門螺旋桿菌的鞭毛在胃黏液層內部移動，並附著於上皮細胞的表面上。②尿素酶遇上黏液中的尿素而產生氨，中和了胃酸。③沒被胃酸殺死的幽門螺旋桿菌在黏液層增殖。此外，趨化因子把周圍的其他幽門螺旋桿菌引來。④幽門螺旋桿菌產生的各種分解酵素破壞了黏液層，讓失去黏膜保護的上皮細胞發炎。[本圖為自CAN STOCK合法下載授權使用]

消化道潰瘍

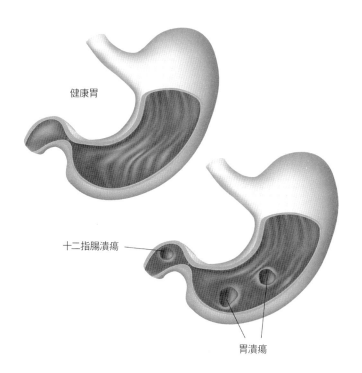

健康胃

十二指腸潰瘍

胃潰瘍

圖為胃及十二指腸潰瘍的位置示意圖。[本圖為自CAN STOCK合法下載授權使用]

9-15 阿茲海默症

（一）阿茲海默症概述

阿茲海默症（Alzheimer's disease）是一種由於蛋白質在腦部沉積，而造成腦神經細胞死亡的神經退化性疾病。

如果問一般民眾什麼是阿茲海默症，得到的答案多半是老年癡呆。嚴格說來，這個答案只對了一半，因為阿茲海默症只是眾多癡呆症中的一種，由於這個症狀常發生在65 歲以上老年人身上，所以一般習慣稱它是「老年癡呆」。根據統計，在所有的癡呆症中，以阿茲海默症所占的比率最高（約 50% 至 60%）。

阿茲海默症會侵襲人的腦部，它並非正常的老化現象。得到阿茲海默症的病人會漸漸喪失記憶，並且出現語言和情緒上的障礙。當這個疾病越來越嚴重時，病患在生活各方面都需要他人日夜的照護，因此病患親友的生活往往也跟著受到很大的影響。目前阿茲海默症仍是一種無法根治的疾病。

有人將阿茲海默症對人腦造成的傷害，比喻成硬碟資料的刪除：先從最近儲存的檔案開始，然後再刪除舊的檔案。阿茲海默症最先的徵兆，是無法憶起過去幾天發生的事件，像是與友人通電話，或是維修人員來家裡修東西；但是舊的記憶則完好無缺。不過，隨著疾病的進展，新舊記憶都會逐漸喪失，到最後甚至連最親愛的人都認不出來。

（二）阿茲海默症的成因

阿茲海默症的兩個主要特徵，是負責高層次腦功能的大腦皮質與邊緣系統會出現蛋白斑塊與糾結，這是 100 年前德國神經科醫師阿茲海默（Alois Alzheimer）最先指出的。斑塊是神經元外面的堆積物，主要由稱為 β 型類澱粉蛋白（beta amyloid）組成。糾結則出現在神經元本體及其樹狀突出（軸突與樹突）的內部，由稱為 τ（讀 tau）的蛋白纖維組成。

神經纖維糾結在神經內部被發現：這些有糾結產生的神經，它們的細胞型態嚴重變形，並且堆疊成團。目前並不清楚神經纖維糾結是如何形成的。

蛋白質是維持生命所需的分子，在身體內控制著各種反應。類澱粉蛋白蛋白質在我們腦中自然的產生，但是當我們老化的時候澱粉樣蛋白卻過剩了，遂以 β 型類澱粉蛋白的形式在腦中堆積，形成斑塊。

小博士解說

類澱粉蛋白前驅蛋白（amyloid precursor protein, APP）被酵素切割後產生的新片段，稱為 β 型類澱粉蛋白；此種蛋白質很容易聚集形成沉澱物。而這些沉澱是因為 β 型類澱粉蛋白生產過剩，或是因為負責分解此蛋白的酵素無法適當的運作所致尚待釐清。

正常與阿茲海默細胞比較圖

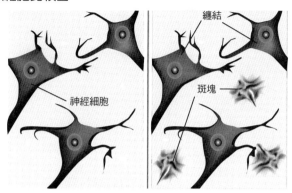

左圖是正常神經細胞，右圖是造成阿茲海默症的細胞，致病後在神經細胞周圍產生斑塊和纏結。

斑塊產生的機轉

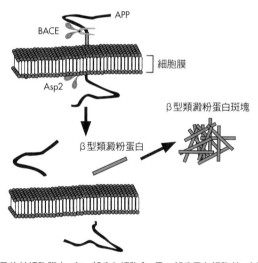

β型類澱粉前驅蛋白(APP)分子位於細胞膜上，有一部分在細胞內，另一部分露在細胞外。有兩種（BACE、Asp2）可以切割蛋白質的酵素（蛋白酶），可將β型類澱粉蛋白從APP切除下來。

「失智症」與「正常健忘」比較表

症狀描述	失智症的記憶喪失	正常的健忘
記憶力喪失	所有的經驗	部分
忘記東西或人的名字	漸進性	偶而
延遲叫出名字	經常	偶而
遵循文字或聲音的指示	漸漸不行	通常可以
使用標誌或備忘辨識環境的能力	漸漸不行	通常可以
可以描述看過電視或書中內容	漸漸喪失能力	通常可以
算數的能力	漸漸喪失能力	經常可以
自我照顧能力	漸漸不行	通常可以

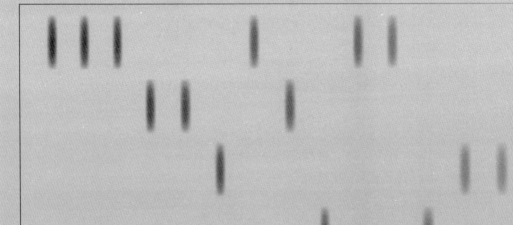

第10章
生物與資訊

　　生物資訊是一門跨領域且具整合性之新學科領域，它是綜合生物學科領域與資訊學科領域所發展出來的。近 20 年來，分子生物學發展的一個顯著特點是生物資訊的劇烈膨脹，產生了巨量的生物資訊庫。包括分子序列（核酸和蛋白質），蛋白質二維結構和三維結構資料等。

10-1　生物資訊的概念

10-2　人類基因組解碼計畫

10-3　定序

10-4　序列分析

10-5　生物資訊資料庫

10-6　蛋白質體學

10-7　蛋白質結構的預測

10-8　微生物基因庫

10-9　生命條碼

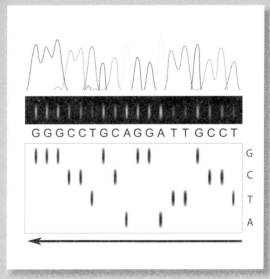

DNA的雙股結構藉由核苷酸的鹼基，以腺嘌呤（adenine, A）配對胸腺嘧啶（thymine, T）；胞嘧啶（cytosine, C）配對鳥糞嘌呤（guanine, G），並透過氫鍵的鍵結方式所構成，往後各式DNA定序技術的蓬勃發展皆植基於此，並融合跨領域的工程技術而擴展出來。[本圖為自CAN STOCK合法下載授權使用]

10-1 生物資訊的概念

（一）結合生命與資訊的科學

　　人類基因體有 30 億個鹼基對，分散在 23 對染色體上，生物資訊（bioinformatics）便是用來分析基因體資訊的工具。目前人類基因體計畫有如掃描後的硬碟，生物學者正利用生物資訊工具，試著判斷、收取基因片段，並重新組合分析。

　　生物資訊是一門結合生命科學與資訊科學的新興學門，早期的目的是為了有效地處理基因體計畫產生的大量序列資料，現在它的應用層面已延伸到所有生命科學領域，而生物資訊本身也已成為另一項熱門的研究課題。

　　許多生物資訊工具及資料庫，因為人類基因體計畫的推展而得到資源，使得資料庫快速擴充，如美國的「GenBank」資料庫。在 GenBank 下的子資料庫中，以表現基因標記資料庫成長最為迅速。

　　目前各個不同物種的表現基因標記資料庫，數目總和已超過 2 千萬筆，而人類表現基因標記資料庫就占有 6 百萬筆之多，因此善用人類表現基因標記資料庫，會有助於研究人員的人類基因解密及註解的工作。

　　生物資訊學的核心領域主要是基因組學（genomics）及蛋白質體學（proteomics），相關的研究領域還包括計算生物學與系統生物學等。

　　隨著生物科技及資訊科技的演進，生物資訊學的研究課題日新月異，常見的包括序列組合、序列分析、比較基因組學、生物資訊資料庫、基因認定、演化樹建構、蛋白質三維結構推測、微陣列晶片分析、反應路徑分析、分子演化、藥物設計、計算遺傳學等。

　　生物資訊學之所以能在短期內竄起，成為當代的顯學，最大的推動力應是來自於剛完成的「人類基因組解碼計畫」。

（二）單核苷酸多樣性

　　單核苷酸多樣性（single nucleotide polymorphism, SNP）是人類基因組解碼計畫中最有醫學應用價值的資料。

　　單核苷酸多樣性是指單一個核啟酸的自然變異，它也是人類基因體中數量最多的序列變異，估計在 1 千個鹼基上就有 1 個單核苷酸多樣性存在。因此了解每一個人體內的單核苷酸多樣性分布情形，就有可能了解個體差異現象，更能全盤解析單一個體的生化、生物反應的分子機制。

小博士解說

　　單核苷酸多樣性源於自然產生序列誤差的突變，再經由演化選擇及種族繁衍，存在於人類族群中高於百分之一的序列差異，才有資格稱為多樣性。因為單核苷酸多樣性的巨大數目，且高密度地存在於人類基因體上，預期未來單核苷酸多樣性在族群遺傳學、藥物開發及應用、刑事鑑定以及人類疾病的研究及治療方面，會有重大的影響，這也是未來生物技術產業及基因型鑑定的發展基礎。

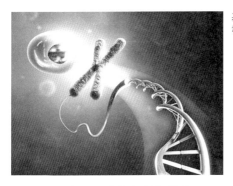

基因中含有製造蛋白質的指令，而蛋白質或複合體使細胞發揮各種功能。[本圖為自CAN STOCK合法下載授權使用]

基因體與後基因體之資訊複雜度

PetaBytes（10¹⁵）

蛋白質交互作用

人類蛋白質體

單核苷酸多樣性

人類基因體

TeraBytes（10¹²）

生物資訊產品與服務

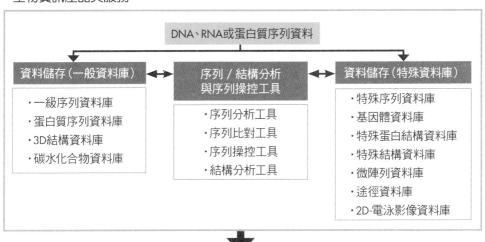

DNA、RNA或蛋白質序列資料

資料儲存（一般資料庫） ⟷ 序列／結構分析與序列操控工具 ⟷ 資料儲存（特殊資料庫）

・一級序列資料庫
・蛋白質序列資料庫
・3D結構資料庫
・碳水化合物資料庫

・序列分析工具
・序列比對工具
・序列操控工具
・結構分析工具

・特殊序列資料庫
・基因體資料庫
・特殊蛋白結構資料庫
・特殊結構資料庫
・微陣列資料庫
・途徑資料庫
・2D-電泳影像資料庫

生物資訊服務

・資料分析
・定序分析
・資料庫管理
・其他（安全性、資料探勘、系統整合、知識服務）

10-2 人類基因組解碼計畫

（一）人類基因體計畫

1980 年代末期，以美國為首的數十個國家，開始了人類基因體計畫的先期研究。首先是人類基因體的物理圖譜，以及遺傳基因圖譜的建立，以這為藍圖，大規模的基因體定序工作便在全世界展開。由於計畫規模龐大，以及超高的研究經費，這項計畫也被比喻為生物學界的登月計畫。

在 2003 年，也就是發現 DNA 雙螺旋結構的 50 周年，人類基因體中 30 億個鹼基對初步的定序宣布完成，這可說是生物學界的重大成就。

但是，真正重要的功能基因體研究才正要開始！有了人類基因的完整資訊，以及生物功能全盤解析，研究人員才有可能了解細胞的運作以及病變的成因。因此發現及註解人類基因體上的所有基因，是當今最重要的課題。

（二）功能基因體研究

為何在完成所有人類基因體的定序後，仍然要花許多時間尋找人類基因？主要的原因是人類真正的基因序列大約僅占基因體的1％，其餘99％的基因序列並不具有轉錄、轉譯的功能，而且也不具備基因的基本要素。因此，基因辨識工作便成為首要的難題。

更複雜的是，人類基因並不是連續地存在於基因體上，而是在轉錄過程中由許多小片段（表現子，exon）組合而成的訊息片段。

把基因或 DNA 片段植入動物的染色體中，以置換或破壞原有的基因，藉以觀察未知基因的功能，是現今生物科技發展中的一個主要方向。人類只有三到四萬個基因，然而其中 50％的基因功能不詳。

（三）生物資訊序列比對

為了更有效率地應用表現基因標記資料庫中的序列資料，研究人員便導入比較性基因辨識法，使用其他物種蛋白體胺基酸序列為模板，以及 BLAST（basic local alignment sequence tool）生物資訊序列比對程式，獲得演化中保存良好的人類直系基因資訊，並加入類神經網路資料採掘工具，協助判斷新的人類基因。

至今研究人員已找到 150 個以上人類的完整基因，這項方法可應用在判讀及註解人類基因的重要工作上。

表現基因標記資料庫對於人類基因體計畫有顯著幫助，再加上生物資訊比較性基因辨識法，更可創造出一個新的資訊資料庫，採掘應用範例於實際基因註解及驗證。這表示利用舊資料及創新方法，可以使用在生物資訊方面，協助生物學者進行研究，並做為未來的應用。

小博士解說

在後基因體時代，個人量身訂做的療法與藥物配方是一個必然的趨勢，它的可行性則全靠兩個在20世紀90年代開發出來的科技，那就是DNA微距陣列和蛋白質體學。前者可提供我們同時觀察數萬個基因的表現，而後者可讓我們觀察到細胞內所有蛋白質的整體表現圖譜。

人類基因體數量驚人

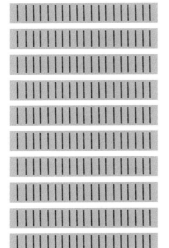

人類基因體200冊電話簿（每冊1000頁）

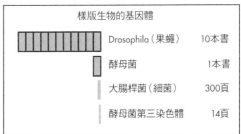

樣版生物的基因體	
Drosophila（果蠅）	10本書
酵母菌	1本書
大腸桿菌（細菌）	300頁
酵母菌第三染色體	14頁

人類基因體的DNA序列可編成200冊曼哈坦電話簿，每本有1000頁

與人類基因體計畫相關的生物

物種	基因體大小（百萬鹼基對Mb）	預估的基因數目
大腸桿菌	4.64	4,300
酵母菌	12	6,500
線蟲	97	20,000
阿拉伯芥	120	20,000
果蠅	170	16,000
人類	3,300	35,000

人體的遺傳訊息

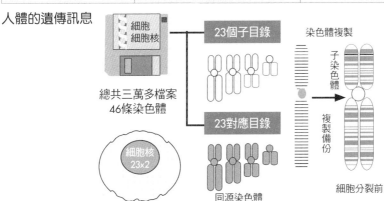

細胞核內的遺傳信息好像是存在一張磁片或光碟，此光碟的根目錄下面有46個子目錄，分成均等的兩大群，每群分別由精子與卵子獲得 (相似的一對稱為同源染色體)。這些子目錄總共約有三萬多個檔案，每個檔案都可以讀出一個蛋白質（或核酸RNA）；所有的檔案加起來的容量共有3,000M位元。

10-3 定序

（一）第一代定序技術

1977 年，Fred Sanger 等提出分離定序法，而在 1980 年獲得諾貝爾獎。其原理是在於反應試劑中，依 4 種鹼基分類，分別加入一定比例而以放射性同位素標記的雙去氧核苷酸（didNTP）材料，由於此材料移除了羥基，而於合成過程中隨機中止聚合反應，造成不同大小的 DNA 片段，再透過膠體電泳分析和顯影後，可依據電泳帶的位置讀出待測的 DNA 序列。

後來，在 Sanger 法的基礎之上，出現了以螢光標記代替放射性同位素的標記方法與自動定序儀器。於 90 年代更發展出毛細管電泳技術，使得單位時間內的定序能力大幅提高，目前運用此方法的單次序列讀取長度，可達近 1 千個鹼基，而解讀每個鹼基的準確度達 99.999%，其讀取 1 千個鹼基的成本約為 0.5 美金。

此外，同時期還發展出其他的定序方法，如接合酶定序法（sequencing by ligation）、雜交定序法（sequencing by hybridization）、焦磷酸定序法（Pyrosequencing）等。

（二）第二代定序技術

為了加快 DNA 定序的速度，由定序化學方法的改良與自動化工程技術的突破著手，可大幅減少試劑用量、同步進行多樣本定序反應，以有效縮短並減少定序反應所需時間與成本。

首先透過基因工程的方法，將待定序的基因序列切成小片段，並接上轉接序列（adaptor），可選擇加入微磁珠（micro-bead）並配合乳液聚合酶鏈鎖反應（emulsion PCR）或直接採用橋式聚合酶鏈鎖反應（bridge PCR），以快速增幅待測基因片段，爾後結合微製程、光學偵測與自動控制技術以不同定序原理的方法，迅速解讀大量的 DNA 序列。

但是由於第二代定序技術的讀取長度較短，比較適合用於對已知序列的基因組進行重新定序，因此，對全新的基因組進行定序時，還需結合第一代的定序技術輔助。

（三）第三代定序技術

第三代之 DNA 定序策略與技術為了突破價格障礙，挑戰於 2014 年以 1 千美元的價格，讀取一個個人的基因組序列計畫。第三代 DNA 定序策略將朝向更為簡化的方式，融合奈米科技的發展，針對單一分子進行即時定序，期望能以更低的檢測成本，快速大量直接讀取 DNA 序列，使得將來個人基因定序更為普及、應用更加廣泛。

小博士解說

綜觀三個世代的定序技術發展，朝向降低定序成本、增加定序讀取長度與擴大單位時間定序數量的方向發展。隨著定序成本的降低與人類對基因功能瞭解的提升，意味著基因檢測應用的可行性大幅提高。1995 年自動定序儀的出現，檢測一個鹼基的成本約 1 美元，後續更逐步下降到0.1 美元，第二代高通量定序技術平台的成本甚至更低。

而單次定序反應能讀取之鹼基長度越長，則更有利於後續的比對分析，大幅降低片段接合的工作量與發生錯接的機率。此外，擴大單位時間定序能力，亦能有效降低成本並提高效率。

DNA定序

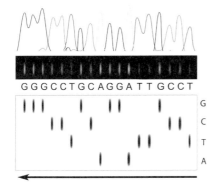

G G G C C T G C A G G A T T G C C T

DNA的雙股結構藉由核苷酸的鹼基,以腺嘌呤(adenine, A)配對胸腺嘧啶(thymine, T);胞嘧啶(cytosine, C)配對鳥糞嘌呤(guanine, G),並透過氫鍵的鍵結方式所構成,往後各式DNA定序技術的蓬勃發展皆植基於此,並融合跨領域的工程技術而擴展出來。[本圖為自CAN STOCK合法下載授權使用]

第一至三代定序技術

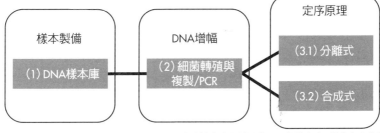

第一代DNA定序策略與技術概念圖:現行主要之DNA定序策略多為透過基因工程的方法,將待定序的基因序列切成小片段以接入細菌質體,利用細菌生長繁殖快速的特性,大量複製待測質體片段,爾後再以分離的電泳分析或合成之定序方法,解讀DNA序列。

第二代DNA定序策略與技術概念圖:先解讀各小片段的基因序列,再運用資訊科技協助進行片段接合,達成整個基因組定序的目標。

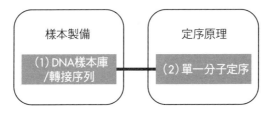

第三代DNA定序策略與技術概念圖:嘗試整合奈米科技,於不需要增幅的情況下,針對組成DNA的單一分子,同步進行高通量的直接定序,也因此更降低了錯誤率的問題。

10-4 **序列分析**

（一）序列比對

在諸多生物資訊和計算生物的分析工具中，序列比對（sequence alignment）是一個基本且相當重要的研究工具，它可以比較及分析出兩條或多條序列之間的相似程度。相似度高的序列彼此間會有相似的結構及功能，這意味著它們可能源自共同的祖先。

因此，生物學家一旦拿到未知功能的 DNA 或蛋白質序列時，最常做的事情就是利用序列比對工具搜尋資料庫，看看是否有已知註解功能的序列與手中未知功能的序列相似者，藉此推測手中序列的生物功能。

過去這種基因研究的工作，生物學家得純靠手工進行序列資料庫的比對和搜尋，通常得花費數年才能完成。現在利用電腦比對搜尋，可能只需幾秒鐘而已。

要如何才能設計出一套有效率的序列比對工具呢？關鍵在於演算法。

（二）演算法

演算法的時間複雜度往往表示成一個與 n 有關的函數，n 是輸入資料的大小。若時間複雜度是一個多項式函數，例如 nk，其中 k 是常數，那麼這個演算法就被稱為有效率的演算法。反之若只能表示成非多項式函數，例如指數函數 kn，其中 k 是常數，則稱為沒有效率的演算法。

一般而言，我們會把 DNA 和蛋白質分別看成是由 4 和 20 個英文字母所組成的序列或字串，因為它們分別是由 4 種核苷酸和 20 種胺基酸所組成的。

通常生物學家會利用所謂的編輯距離，來衡量兩條 DNA 序列之間的相異程度。生命總是朝著最短路徑進行演化，所以兩條序列之間的編輯距離被定義為：把其中一條序列編輯轉成另外一條序列，所需最少的編輯運算個數。

（三）比對法

兩條 DNA 序列之間的編輯距離越小，代表它們之間的相似程度越高。從演化的觀點來說，這意味著它們演化自同一個祖先（即所謂的同源），所以彼此間應該會有相似的結構及功能。

拿 GACGGATAG 和 GATCGGAATAG 這兩條 DNA 序列來說，乍看之下這兩條長度不同的 DNA 序列似乎不太相似。但是，當我們把它們重疊在一起，並在第 1 條序列的第 2 個和第 3 個字母之間與第 6 個和第 7 個字母之間分別插入一個空白字，就可發現其實這兩條 DNA 序列還蠻相像的。這種序列重疊的方式，就稱為序列的比對。

我們可以在兩條序列的任意位置上插入一個或多個空白字，目的是讓相同或相似的字母能夠儘量對齊，但要特別注意的是不能讓兩個插入的空白字對齊在一起，因為這樣對衡量序列之間的相似程度並無幫助。因此，字母之間對齊的方式就只有 2 種：字母與字母的對齊，以及字母與空白字的對齊（即所謂的開 gap）。

當然，兩條序列之間的對齊方式不單單只有 1 種。例如對 AGGACTA 與 ACGTATA 這兩條 DNA 序列而言，至少就有 3 種對齊的方式。

單股DNA模板

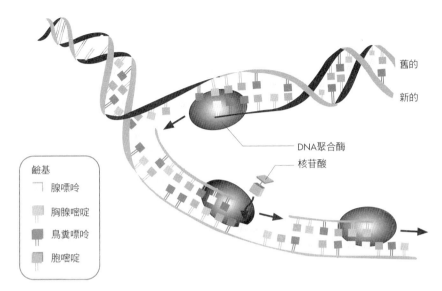

雙股DNA分開成為單股DNA，DNA聚合酶根據此單股DNA模板，各自合成其互補的單股DNA。

序列的比對

```
GA-CGGA-TAG
GATCGGAATAG
```

兩條DNA序列的比對

```
AGG-ACTA          A-G-GACTA          AGGAC-TA---
ACGTA-TA          ACGT-A-TA          ---ACGTATA
```

3種序列的對齊方式，若配對的欄位給1分，配錯、插入和刪除的欄位各給–1分，則圖中最左邊的對齊方式得2分，中間的對齊方式得1分，最右邊的對齊方式得–2 分。最左邊的對齊方式是AGGACTA與ACGTATA之間最佳的對齊方式。

10-5 生物資訊資料庫

（一）生物資料庫的建立

生物資訊最早開始於生物資料庫的建立，最有名的就是 GenBank。GenBank 現在是由美國國立衛生研究院（NIH）底下的 NCBI （National Center for Biotechnology Information）來管理。

這個資料庫也是世界最大的公共生物資料庫，收集來自不同物種的 DNA 序列。自從 1990 年人類基因組解碼計畫開始運作以來，存入的資料更是以級數般累積。

NCBI 提供一個方便易用的整合型檢索系統，以利研究人員調閱 GenBank 的序列。生物資料庫的建立仍然是生物資訊學中很重要的課題，尤其是如何使資料庫能夠支援高效率的搜尋、資料的比對及不同資料庫間的聯繫。

NCBI 成立的主要任務為：（1）提供生物醫學的分析與計算工具，協助研究人員了解生物的語言——DNA，以及其在健康與疾病中所扮演的角色；（2）發展新技術協助了解調控健康與疾病的基本分子與遺傳過程，包括建立儲存與分析分子生物、生化與遺傳學知識的自動系統、促進研究與醫學社群使用資料庫與軟體、協調生物技術資訊的傳遞與管理、執行以電腦為基礎的進階資訊分析過程，用以分析生物重要分子的結構與功能。

（二）基因組序列分析和基因預測

人類的 DNA 序列中大概僅有 5% 的部分是能產生蛋白質的基因，因此要從人類基因組中辨認出有功能的基因，首先就必須先了解基因的結構。

一般來說，人類基因可概分為以下幾個部分：啟動子、5' 非轉譯區、表現序列、內子、3' 非轉譯區、聚腺苷酸化作用點，其中只有表現序列才攜帶產生蛋白質的訊息。

因此，辨認基因的電腦程式，最主要的任務就是從 DNA 序列中，找出基因表現的開始與結束位置，即起始密碼與停止密碼，及接合點（分為提供點和接受點），進而將同一基因所有的表現序列拼湊出來，最終的目的就是建立出一個完整的基因。

科學家研究使用電腦方法去預測散布在基因組中的基因。目前預測基因的電腦方法大致可分為兩種：一是根據機率與統計的方法，另一是尋找相似性的方法。尋找相似性就是運用和 BLAST （Basic Local Alignment Search Tool）相似的原理。隨著已知的基因的大量累積，新的電腦程式大都採用尋找相似性的方法。有些程式同時使用這兩種方法來預測基因。

（三）全民基因庫

冰島是世界上最早完成全民基因庫設立的國家，之前對於是否設立基因庫，支持與反對者人數差距不大。

建立全民基因資料庫的優點在於可以預知人民身體情況，節省健保資源。其缺點是基因的資料庫容易被商業化及外流出去，若基因資料顯示某一種族具有生物性的優勢或劣勢，基因庫可能引起國家內部各種族之間的歧視。

這些決定權使原有屬於個人隱私部分，轉變成政府可以介入的一部分，就此國家的權力相對會增大，個人的自由和權力相對會受到挑戰。

藥物基因體學與臨床試驗人群之關係

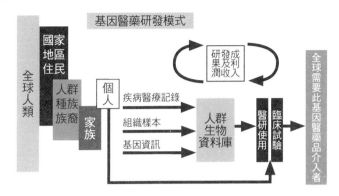

藥物基因體學與臨床試驗人群之關係

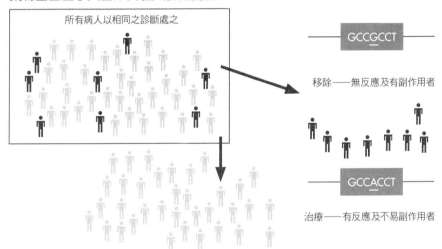

移除——無反應及有副作用者

治療——有反應及不易副作用者

藥物基因體學在整體基因醫學研究的位置

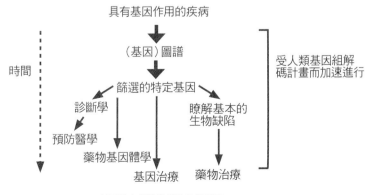

基因革命於醫學所涉及的目標

10-6 蛋白質體學

（一）蛋白質體

蛋白質體（proteome）的觀念首度於 1994 年在二維電泳會議中提出，並在 1995 年闡述於學術期刊論文中，其後蛋白質體便成為各學術會議的熱門主題。

蛋白質體意指個體內所有被基因體（genome）表達的蛋白質，包括特定的細胞、組織、臟器等的基因，經轉錄及轉譯產生的全部蛋白質。

蛋白質體會受成長分化、外在環境、疾病、老化等影響而變化，因此蛋白質體學是以廣泛的角度，觀察生物體面臨生理轉變或疾病反應時，整體蛋白質定性和定量的變化，以及蛋白質間交互作用等表現情形，並非針對單一蛋白質進行研究，而是探討整個蛋白質體內蛋白質的所有變化。

（二）蛋白質體的應用

蛋白質體學在生物學上的應用，最常使用的是找出具有「質」與「量」改變的蛋白質。許多疾病的產生並非單純是某一種蛋白質失調所造成的，而是整個蛋白質網絡發生改變所造成的。蛋白質體的技術常應用在臨床醫學上，因為分析病變細胞的蛋白質作用網絡，讓我們有機會發現致病的關鍵蛋白質，進而找出合適的藥物，或是發展出更為精準快速的診斷方法。

以蛋白質體的實驗策略，可以觀察腫瘤細胞內蛋白質網絡的變化，透過分析比對，我們可以推論腫瘤的發生機制。當我們清楚腫瘤的發生機制後，就可以針對關鍵蛋白質設計藥物或是建立更靈敏的診斷方式。

（三）蛋白質體的分析

蛋白質體學的技術涵蓋很多層面，大致上包含三大部分，即純化分離技術、生物質譜儀技術，以及後續電腦程式的蛋白質資料庫和生物途徑模擬等。

第一部分在純化分離技術上，一般可區分成膠體分離技術 SDS-PAGE、等電點聚焦電泳或二維電泳等，和非膠體分離技術—液相層析系統。

二維電泳是最被廣泛使用的方法，通常最多每個細胞可分離出 1,000 至 3,000 個蛋白質。另一方面，液相層析結合線上二次質譜儀系統，先以酵素使細胞中所有的蛋白質水解，再分析已水解的蛋白質片段，可解決二維電泳中的問題。

第二部分是蛋白質質譜儀技術。目前的質譜儀技術主要包含電灑—離子化法、基質輔助雷射脫附／離子化—飛行時間法以及液相層析—四極棒法等。藉由質譜儀的數據可得到胜肽質量指紋圖譜。以胰蛋白酶或其他蛋白質水解酵素得到蛋白質水解產物—胜肽，再用基質輔助雷射脫附／離子化—飛行時間質譜儀得到質量質譜圖，並比對儀器所附軟體資料庫的理論值與網路上蛋白質序列資料庫，便可鑑定出蛋白質身分。

第三部分是蛋白質資料庫。在後基因體時代，蛋白質分析鑑定工作不再遙不可及，主要原因是自 DNA 定序結果所推演建立的大量蛋白質序列資料庫可供查詢比對。網路資料庫中有許多參數可供使用，包含蛋白質的分子量、等電點、電荷數、胺基酸組成、胜肽片段分子量資料、N 端或 C 端的標籤序列等。

蛋白質體的實驗流程

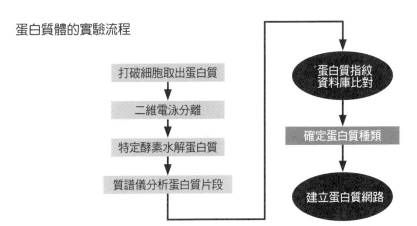

打破細胞取出蛋白質

二維電泳分離

特定酵素水解蛋白質

質譜儀分析蛋白質片段

蛋白質指紋資料庫比對

確定蛋白質種類

建立蛋白質網路

蛋白質體的分析

打破細胞取出蛋白質

細胞樣品

蛋白質二維電泳分析

將細胞打破後，取出細胞內的蛋白質，並利用二維電泳分離細胞內的蛋白質。二維電泳依蛋白質等電點及分子量的不同，將蛋白質分開。電泳片上的深色點即蛋白質所在的位置，顏色越深表示其含量越高。

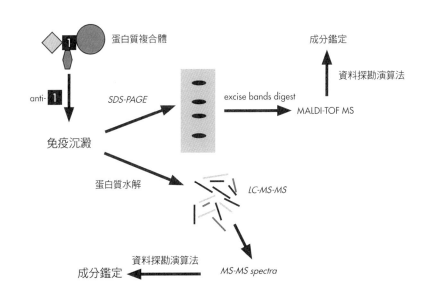

蛋白質複合體

成分鑑定

資料探勘演算法

anti-1   SDS-PAGE   excise bands digest   MALDI-TOF MS

免疫沉澱

蛋白質水解   LC-MS-MS

資料探勘演算法

成分鑑定   MS-MS spectra

直接以質譜儀作為分析工具，提供了一種探測蛋白質複合體組成的新方法，下面是簡單的流程圖。1代表我們所感興趣的蛋白質，與其它未知的蛋白質結合在一起形成複合體。將細胞萃取液以1的抗體作用，抓下蛋白質1，以及和它結合的物質（免疫沉澱），之後有兩種方法可以分析它，一種是電泳SDS-PAGE，染色後挑出蛋白質色帶（protein band），使用酵素分解它，最後用MALDI-TOF MS分析；另外，也可將膠體色帶中的peptide用LC-MS-MS得到MS-MS光譜（MS-MS spectra），比對database得到序列。

10-7 蛋白質結構的預測

（一）了解蛋白質的功能

蛋白質三度空間立體結構的決定，是未來新藥開發的動力。蛋白質的立體結構，可以協助搜尋並快速決定小分子藥物的構造，因此將會大幅降低新藥開發所需的時間與投資成本。

蛋白質結構預測是生物資訊學的重要應用。蛋白質的胺基酸序列（也稱為一級結構）可以容易的由它的基因編碼序列獲得。

蛋白質的結構對於了解蛋白質的功能十分重要，這些結構資訊通常被稱為二級、三級、四級結構。同源性是生物資訊學中的一個重要概念，在基因組的研究中，同源性被用以分析基因的功能：若兩基因同源，則它們的功能可能相近。同源性被用於尋找在形成蛋白質結構和蛋白質反應中，具有關鍵作用的蛋白質片斷。這些資訊可與已知結構的蛋白質相比較，從而預測未知結構的蛋白質。目前為止，這是唯一可靠的預測蛋白質結構的方法。

人類血色素和魚類血色素間的相似性就是利用以上方法的一個實例。兩種血色素有相同的功能，均能夠在各自的生物體內運輸氧氣。儘管它們的胺基酸序列大不相同，但是，它們的蛋白質結構幾乎一樣。

（二）結構的研究

不同數目的胺基酸、不同的組成與排列可生成不同的蛋白質，不同的蛋白質因構造不同而有不同的生物功能。

要取得蛋白質構造的大量資料，遠比取得 DNA 序列定序資料困難得多，因為 DNA 只是由四個鹼基對組成所產生的直線序列，而蛋白質則是由 20 種胺基酸組成，並在立體空間上摺疊，產生複雜的螺旋、蓆狀和彎曲的次構造。如果想直接從 DNA 序列去預測蛋白質的立體構造，即使利用電腦輔助，就算只是一個最簡單的蛋白質，也是一項相當艱難的工作。

由於蛋白質的三度空間立體結構如此不易決定，自 1957 年第一個蛋白質肌血紅素的立體結構被確定以來，到現在為止也僅有約 12,000 個蛋白質的立體結構被確定，同時輸入國際公開的蛋白質構造儲存庫中。

使用核磁共振（NMR）技術，或 X 射線晶體繞射技術，並將整個過程自動化，可以用來決定蛋白質的立體結構。

在採用 X 射線的過程中，蛋白質首先被純化，然後使其產生結晶，結晶物被 X 射線照射而產生繞射圖形，經繁複的電腦計算，進而推測出蛋白質內所有原子的立體結構模型。

小博士 解說

現行的相似性模擬技術在預測擁有極高序列相似性的蛋白質的主軸構造，可以發揮良好的功能，但在預測蛋白質表面構造時，並不那麼成功，而且沒有普遍適用的演算方法，可預測所有的蛋白質構造。

蛋白質結構預測在分子生物學中的關係位置

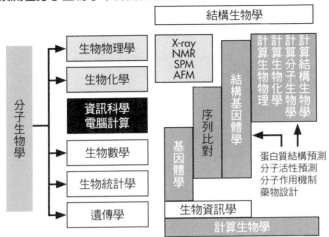

人類胰島素

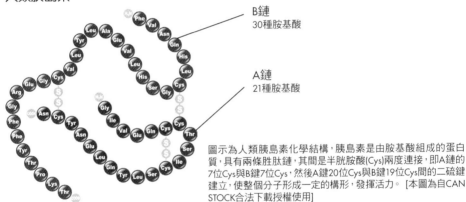

圖示為人類胰島素化學結構，胰島素是由胺基酸組成的蛋白質，具有兩條胜肽鏈，其間是半胱胺酸(Cys)兩度連接，即A鏈的7位Cys與B鏈7位Cys，然後A鏈20位Cys與B鏈19位Cys間的二硫鍵建立，使整個分子形成一定的構形，發揮活力。[本圖為自CAN STOCK合法下載授權使用]

蛋白質結構預測流程圖

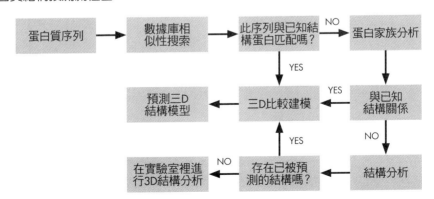

10-8 微生物基因庫

（一）多源基因組

多源基因組（metagenome），顧名思義就是來自多種生物源的基因組（體）。

根據紀錄顯示，目前全世界約有 140 萬種物種，但也有研究指出，地球上可能有 3,000 萬種物種，而微生物的種類應該有數百萬到千萬之譜。由於絕大部分的微生物無法經由人類的培養分類，因此目前已知的微生物僅 11 萬種而已。

在微生物多源基因庫的建構過程中，不需要針對樣品中的微生物進行培養與分離步驟，因此，可以把目前無法經人工培養的微生物基因組納入基因庫中，以增加基因庫的多樣性。

（二）微生物鑑定

微生物遍布整個生物圈，但絕大部分仍未被研究，因為傳統的標準培養方式對大部分的微生物行不通，可被培養的僅占其中的 1% 而已，未知或不能培養的微生物占了 99%。

通常採用分子演化遺傳法，而探討微生物的標的是，小次單位核醣體核醣核酸基因，利用退化性通用引子，把經過聚合酶鏈鎖反應（PCR）增幅後的產物選殖於載體上，再進行去氧核醣核酸（DNA）序列解析。

（三）多源基因庫的建構

建構基因庫的步驟是先把環境樣品，如土壤、堆肥、活性污泥、厭氣沉澱物或瘤胃（反芻動物的第一個胃）內容物，經由直接或間接的方式萃取其中微生物的 DNA。若以直接的方式萃取，可得到非常多種微生物的 DNA，但 DNA 分子通常會小於五萬鹼基對。若以間接的方式萃取，則可得到分子量較大的 DNA，這種大片段的 DNA，最大可達 一百萬鹼基對，但微生物的多樣性會降低。

微生物 DNA 萃取出來後的下一個步驟，就是經由物理性或限制酶加以適當切割，再接合於載體上。載體的種類依能攜帶外源基因片段的大小可分成三類，第一類是質體（plasmid），可攜帶的片段大小約為一萬鹼基對以下，第二類是噬菌粒（cosmid），可攜帶的片段大小約為二萬至四萬鹼基對之間，第三類是細菌人工染色體（bacterial artificial chromosome, BAC），可攜帶的片段大小可達二十萬鹼基對。然後轉殖於宿主細胞（通常是大腸桿菌）中，如此形成的基因庫稱為多源基因庫。

一般而言，質體系統建構的基因庫株系龐大，動輒數十萬個，而 BAC 系統建構的基因庫株系較小，約數萬個左右，噬菌粒系統建構的基因庫株系，數目介於前二者之間。有了基因庫後，最重要的目標就是篩選具有學術或產業價值的基因。

小博士 解說

小片段 DNA 基因庫適合單一表現基因或小基因叢的篩選，而大片段 DNA 基因庫則適合單一表現基因或大基因叢的篩選。至於篩選的方式目前也有兩種，一種是功能導向的篩選方式，另一種是序列導向的篩選方式。所謂功能導向的篩選方式，是利用基因的表現會造成外觀上的改變，來做為篩選的依據。

多源基因庫的建構過程

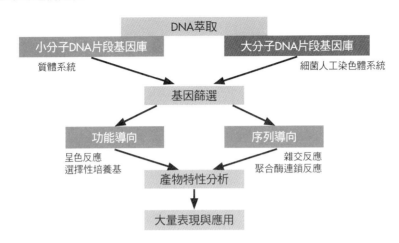

```
                    DNA萃取
   小分子DNA片段基因庫        大分子DNA片段基因庫
      質體系統                 細菌人工染色體系統
                    基因篩選
      功能導向                    序列導向
    呈色反應                     雜交反應
    選擇性培養基                 聚合酶連鎖反應
                  產物特性分析
                 大量表現與應用
```

所建構的基因庫包括小分子與大分子DNA片段基因庫，兩者並行可提高發現新穎基因的機率，並建構酵素基因庫，以供產業界使用。

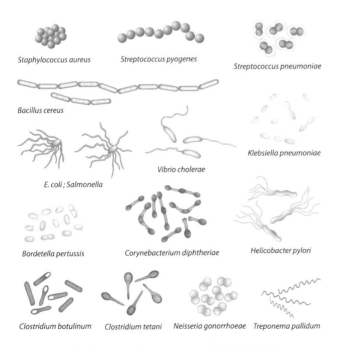

Staphylococcus aureus　*Streptococcus pyogenes*　*Streptococcus pneumoniae*

Bacillus cereus

Klebsiella pneumoniae

Vibrio cholerae

E. coli ; Salmonella

Bordetella pertussis　*Corynebacterium diphtheriae*　*Helicobacter pylori*

Clostridium botulinum　*Clostridium tetani*　*Neisseria gonorrhoeae*　*Treponema pallidum*

不同形態的細菌。[本圖為自CAN STOCK合法下載授權使用]

在無菌操作台內，利用在洋菜平板培養基上的順序連續塗劃的方式，就可分離出純菌株。[本圖為自CAN STOCK合法下載授權使用]

10-9 **生命條碼**

（一）生命條碼的必要性

近 300 年來，物種的鑑定均需仰賴生物的形態特徵，但不少特徵會受到生物成長、性別、環境而有個體的差異。不同生物類群的特徵又不同，也無法做跨類群間的比較，但如利用 DNA 來鑑定，這些問題即可迎刃而解。

生物學家估計，至今仍約有 800 萬個物種未有詳細的紀錄，如果只拿一個標本和已知物種比對，看是否符合其特徵再決定是否為某個物種，已經越來越難，而且動物在卵和幼體時期，不僅不易從外形分辨，其數量又遠多於成熟個體，常需等幼體長大為成體，才有辦法辨識。

「地球上究竟有多少物種？」這樣的老問題，也可以提供一個較確切又很不一樣的答案。譬如傳統分類法應已完成所有的鳥類鑑種，但若經由 DNA 序列的協助，可再增加約 5%~10% 的新種。體型小又難分辨的寄生性昆蟲，例如哥斯大黎加某一地區的寄生蠅類，經 DNA 鑑別後，物種數甚至可增加到三倍以上。

（二）生命條碼的選用

生命條碼（barcode of life）因為它便捷可行，且對基礎和應用科學均可帶來深遠的影響，所以受到國際學界重視。生命條碼辨識系統，提供類似物品條碼或圖書出版的 ISBN 全球通用碼，讓每個物種都有獨特的身份證。統一使用粒線體中的某個基因，這個基因可製造出細胞色素 c 氧化酶次單元 1（CO1），這個 CO1 的基因序列（核酸鹼基對）做為生命條碼，因為它的長度夠短，以目前的技術能夠一次就讀取，雖然只是細胞內的一小段 DNA，其變化卻足以區分多數物種。

以靈長類動物為例，每個細胞大約有 30 億個鹼基對，而 CO1 條碼的長度只有 648 個鹼基對，不過，足以確認人類、黑猩猩和其他大型猿類取出的樣本。在這個條碼區，人類之間的差異為 1 至 2 個鹼基對，和黑猩猩的差異多達 60 個鹼基對，和大猩猩的差異則約有 70 個。

選用粒線體 DNA 來鑑識是相當合適的，因為其 DNA 序列在物種間的差異遠多於細胞核中的 DNA，此外，粒線體 DNA 的數量比細胞核中的 DNA 高出許多，也容易重新取得，尤其是取自少量或是部分分解的樣本。

用來鑑定動物的基因條碼，並不適用於植物，因為植物基因組的演變和動物相當不同，而且不同種的動物在交配後產生的後代並不具生殖能力，所以可以視為不同物種；然而，許多植物物種卻可以雜交，模糊了遺傳上的界線。

植物的基因條碼，目前使用核糖體內轉錄區間（internal transcribed spacer, ITS）、葉綠體中的 rbcL 和 trnH-psbA 等片段進行植物類群的研究，

小博士解說

未來，小型手持式的條碼機或是大型的物種篩檢儀就會問世。屆時對入侵種防治、食品檢驗、非法貿易、水樣中的生物監控、生態監測等管理工作，均會有革命性的突破和進展，鑑種工作即可因條碼的鑑別，既客觀又快速且自動化地進行。

各種條碼

ISBN

US ZIP CODE

US RETAIL

UK ADDRESS

7 28405 48910 4

INTERNATIONAL RETAIL

GENERIC BARCODE

4 239157 865040

< B A R C O D E >

條碼或稱條形碼是將寬度不等的多個黑條和空白,按照一定的編碼規則排列,用以表達一組資訊的圖形識別元。如國際標準書號(International Standard Book Number, ISBN),是為因應圖書出版、管理的需要,並便於國際間出版品的交流與統計所發展的一套國際統一的編號制度。[本圖為自CAN STOCK合法下載授權使用]

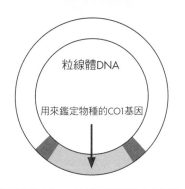

粒線體DNA

用來鑑定物種的CO1基因

選擇粒線體中的CO1的基因序列做為生命條碼。

以生命條碼鑑定2種蝴蝶魚

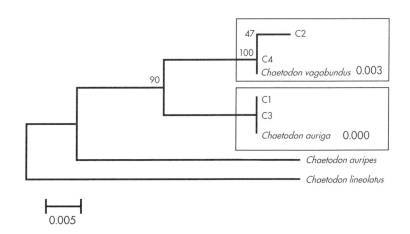

C1及C3以生命條碼鑑定為揚旛蝴蝶魚(*Chaetodon auriga*),C2及C4以生命條碼鑑定為漂浮蝴蝶魚(*Chaetodon vagabundus*)。方框內的數字代表遺傳距離的差異,數值在0.005以內,可以判定為同種。

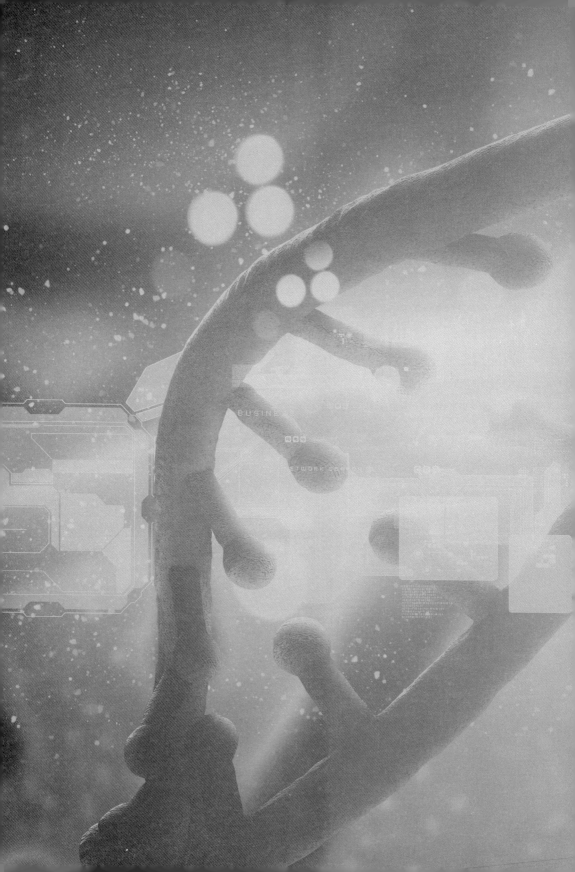

第11章
現代生物技術

　　生物技術已成為人們研究的熱門話題，在相關領域中也成為應用技術的研究重點。生物技術的發展，改變了我們對既有生命個體界線的認知，生命調控的奧秘呼之欲出。隨著生物技術的廣泛應用，大眾對於生技產品所衍生出來的環境、社會問題、價值觀等，有越來越多的疑慮。

11-1　生物科技的概念

11-2　植物的育種

11-3　植物的組織培養

11-4　基因改造動植物

11-5　生質能源

11-6　生物復育

11-7　生物晶片

11-8　聚合酶鏈鎖反應

11-9　複製生物

11-10　長壽基因

11-11　生物技術的規範

11-12　生物防治

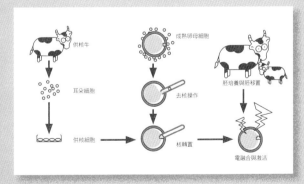

利用核轉置技術產製複製牛的過程以牛耳細胞為供核源，以顯微操作將成熟的牛卵細胞去核，並置入供核細胞，再以電激處理，促使供－受核細胞相互融合，此胚經體外培養到囊胚期，再移置到代理孕母體內。

11-1 **生物科技的概念**

（一）生物科技定義

生物科技（biotechnology）並非單純代表一種產業或商品，其所涵蓋的學門包括生物學、生物化學與工程、化學工程、醫學、醫學工程、工業工程、機械與航空工程等，是跨領域而以生物為主體的科學。

生物科技已是一個耳熟能詳的名詞，美國國家科技委員會將生物科技定義為「包含一系列的技術，它可利用生物體或細胞生產我們所需要的產物，這些新技術包括基因重組、細胞融合和一些生物製造程序等」。

人類利用生物體或細胞生產所需要產物的歷史已經非常悠久，例如在 1 萬年前開始耕種和畜牧以提供穩定的糧食來源，6 千年前利用發酵技術釀酒和做麵包，2 千年前利用黴菌來治療傷口，1797 年開始使用天花疫苗，1928 年發現抗生素盤尼西林等。

（二）基因技術

從 1950 年代開始，對構成生物體最小單位的細胞及控制細胞遺傳特徵的基因有更深入的了解，以及 1970 年代發展出基因重組和細胞融合技術。由於這兩項技術可以更有效地讓細胞或生物體生產人們所需要的物質，且適合工業或農業量產，因此從 1980 年代開始造就了一個新興的生物科技產業。

生物科技產業從 1980 年發展至今，應用的範圍包括生物醫學製藥、農業、環保、食品和特用化學品等產業。在生物醫學製藥方面，已經有數百種生物科技藥品或疫苗被美國食品藥物管理局批准上市，用來治療糖尿病、心臟病、癌症和愛滋病等疾病。

在農業方面，已有基因重組植物如木瓜、番茄、玉米和大豆等上市，這些基因重組植物的特點是抗病蟲害能力增強，可以使用較少的化學農藥。

在環保方面，已利用基因重組微生物分解一些有毒的工業廢棄物和造成污染的原油。在食品方面，已利用發酵工程技術生產乳酸菌、靈芝、冬蟲夏草等健康食品。在特用化學品方面，則已利用基因重組酵素製造藥物或纖維，或將其用在清潔劑中以分解污垢。

基因重組和細胞融合技術是近代生物科技的基石，近年來在這個基礎上又開發出許多新技術及新的應用領域，例如蛋白質工程技術可以用來改進蛋白質的結構和活性，生物奈米技術可以用來製造生物感應器、生物晶片和藥物輸送系統，組織工程技術可以利用幹細胞修補受損的器官，以及動物複製技術可以利用細胞核轉移方法複製動物等。

小博士解說

生物科技發展的目的在於治療疾病，改善生活品質，提供不虞匱乏的食物及保護人類的居住環境，不過在這項高科技發展過程中如果不加以嚴格監控，也可能對人類或地球上的生態造成傷害。因此，在發展生物科技的過程中，也要同時注意它對人文、道德或生態的衝擊。

生物科技：基礎與應用

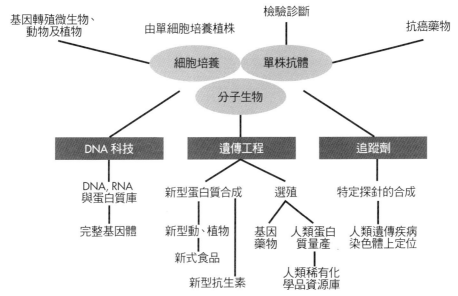

基因轉殖微生物、動物及植物

由單細胞培養植株

檢驗診斷

抗癌藥物

細胞培養

單株抗體

分子生物

DNA 科技

遺傳工程

追蹤劑

DNA, RNA 與蛋白質庫

完整基因體

新型蛋白質合成

新型動、植物

新式食品

新型抗生素

選殖

基因藥物

人類蛋白質量產

人類稀有化學品資源庫

特定探針的合成

人類遺傳疾病染色體上定位

生技產業成功要素

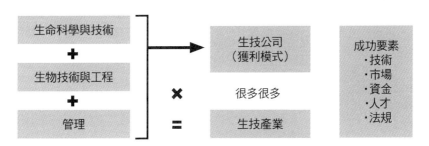

生命科學與技術
＋
生物技術與工程
＋
管理

✕

＝

生技公司（獲利模式）

很多很多

生技產業

成功要素
・技術
・市場
・資金
・人才
・法規

生物科技系統模式

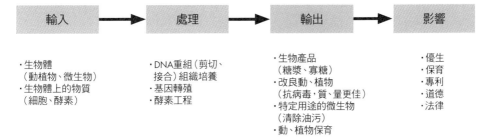

輸入 → 處理 → 輸出 → 影響

・生物體
（動植物、微生物）
・生物體上的物質
（細胞、酵素）

・DNA重組（剪切、接合）組織培養
・基因轉殖
・酵素工程

・生物產品
（糖漿、寡糖）
・改良動、植物
（抗病毒，質、量更佳）
・特定用途的微生物
（清除油污）
・動、植物保育

・優生
・保育
・專利
・道德
・法律

11-2 植物的育種

育種是特定目標改良方法之一，也是創造新品種的方法之一。親本血緣愈遠其後裔變化愈大，多用途選種機會愈大，也包括了生物多樣化的利用。如：畜牧用途、綠色食材、生態環境、生物防治、能源與環保等。

（一）傳統雜交育種

雜交育種是選取親本雜交以組合不同基因型最基本的方法，為使用最廣泛的育種方法。雜交育種常需培育大量的後代，以增加選獲結合雙親最優良性狀後代的機會。自古以來，人們不斷改良植物的品種，目前許多蔬菜、水果、園藝植物都是經過人工的品種改良。例如水稻原屬熱帶植物，但是現在連寒帶地區也可栽種，這是由於長期品種改良的結果；然後再自其中選出耐寒、耐病害的品種，利用反覆雜交，創造出新的品種。

（二）誘變育種

營養繁殖作物利用誘變，可增加體細胞遺傳變異，具有改良品種的潛能，尤其在觀賞植物上已被廣泛應用。因為所誘導的任何突變體，只要具有觀賞價值的，都可直接利用，或以無性繁殖、組織培養大量繁殖利用。誘變所產生的任何顏色變化，如具有商業價值，即可無性繁殖利用。

誘變的主要優點是：能快速獲得植物體細胞變異。雖然也可能造成其它其他性狀突變，但是，針對育種者所期望的性狀加以選拔，亦可在短時間內選獲目標品種。誘變成功的個體經由營養繁殖，可成為商品化的營養系。較常使用的誘變方法為化學誘變劑處理，如 EMS、疊氮化鈉（NaN3），以及以物理方法的 Co60 γ 射線照射。誘變育種的缺點是無法預期結果，因此需要耗費較長的時間進行篩選。

組織培養是另一種產生變異的方式。以不同來源的組織或是器官在特殊的培養環境與培養基成分下進行繁殖時，皆會有不同程度的變異發生，藉此可以選育外表性狀發生變異的植株。

（三）細胞融合

生物技術之一的「細胞融合」可以使不同的植物進行雜交。細胞被細胞膜保護著，所以即使與其他細胞黏合，也不會互相融合，但是只要給予刺激，就可融合成一個細胞，這就是「細胞融合」。不過植物細胞因有細胞壁阻礙，所以先用酵素除去細胞壁，除去細胞壁的植物細胞稱為「原生質體」。如何突破原生質體融合，尤其是不能雜交的植物，以及融合後核型的變化等，是當前原生質體培養研究的重點。

（四）基因轉殖技術

利用轉殖方法不但可以突破物種親緣遠近的限制，縮短育種年限，甚至可以利用不同物種的特殊性狀基因進行育種，其應用範圍包含改變作物株型、花型、花色、香味、延長瓶插壽命、抗蟲、抗病、耐逆境等，甚至可以應用在生產二次代謝產物上，例如在抗蟲育種上，選殖蘇力菌的毒蛋白基因，轉植到大豆、玉米、花椰菜等作物，以防禦蛾類幼蟲的侵害。

植物育種方式的簡要概括圖

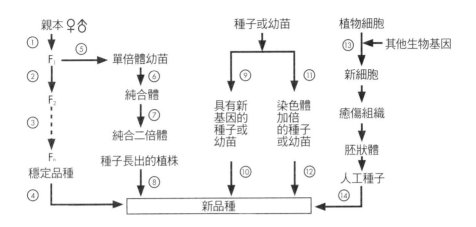

黛粉葉癒傷組織照射γ射線

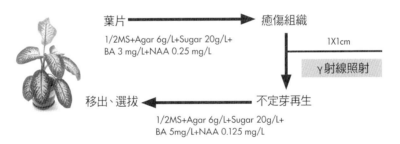

黛粉葉葉片癒傷組織經γ射線照射後之變

劑量	CK	1Gy	2.5Gy	5Gy
白化	0	225	0	1
圓葉	1	69	0	9
綠葉	0	21	0	5
分化植株總數	50	989	32	207
變異數	1	315	0	15
變異率(%)	2	31.85	0	7.25

11-3 **植物的組織培養**

（一）植物的組織培養概念

植物生物技術可分為植物組織培養技術及基因轉殖技術。

德國植物學家海伯南（Gottlieb Haberlandt）在 1902 年時認為植物細胞具有分化成完整植株能力，提出所謂的細胞全能性假說，雖然他並沒有得到細胞全能性的成功例子，後來的學者仍推崇他為植物組織培養的啟蒙者。

組織培養技術應用範圍廣泛，大致可用來生產無病種苗；採用懸浮方式大量培養細胞，做為抗病育種的篩選材料；利用細胞融合方式，從事雜交育種工作，以節省傳統育種過程所需耗費的土地、人力與時間；用來保存種原，增進生物的多樣性，避免原生種因生態環境的人為破壞而滅絕；商業化的大量繁殖、生產苗種，台灣大宗外銷的蝴蝶蘭，其瓶苗生產即是利用此一技術；以及用來生產抗癌藥物如紫杉醇等醫藥品及工業原料。

（二）組織培養的原理

植物組織培養技術，主要是基於每一個植物細胞都有潛力進行複製、分化、發育成一株完整植株的特色。將割傷後的馬鈴薯傷口長出來的組織，稱為「癒傷組織」（callus），用以指一群未分化的細胞群，沒有一定的生長方向，宛如動物的癌細胞一般，具有極強的增殖力。

任何單細胞擁有與母本相同的遺傳組成，具有發育成與母本相同性狀的潛能，即為細胞分化全能性。植物體的各部位皆可作為組織培養的材料，而培養的部位與培養的目的有密切的關係。

不同植物種類具有不同再生能力，如非洲菫葉插，可於切口處再生新的植株。再生的途徑是經由根或芽等器官，稱為器官發生；再生的途徑是經由胚，稱為體胚發生。

（三）組織培養的方法

一般進行植物組織培養需要在無菌操作台上進行。並且所有的器具，如鑷子和培養瓶，都需要經過殺菌或消毒，以免所要培養的組織受到細菌和真菌的感染，這些微生物的感染是最常見的培養失敗原因。除了器材之外，如果所要培養的植物組織是來自一般室外種植的植株，那麼這些植物組織也需要以消毒水消毒。操作中所使用的水，也是經過滅菌的無菌水。

有些組織培養只是簡單地將植物的一部分取下，並分裝到許多新的培養基中培養，有些則是必須採用特定組織或器官。還有一種培養方式是以各個單細胞分離並各自繁殖的方式進行。除了根、莖、葉之外，花藥、種子與胚等部位也是常用的培養材料。

提供植物生長所需的培養基，通常含有醣類（如蔗糖）、維生素、植物激素（如細胞分裂素），以及一些大量元素與微量元素，某些培養基中也會加入活性炭。不同的培養需求會有不同的配方和比例，一般會使用瓊脂或卡拉膠來固定上述的內含物。

植物組織培養商業化應用圖

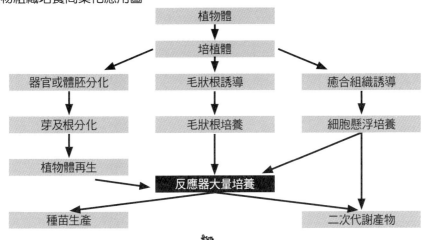

組織培養過程示意圖

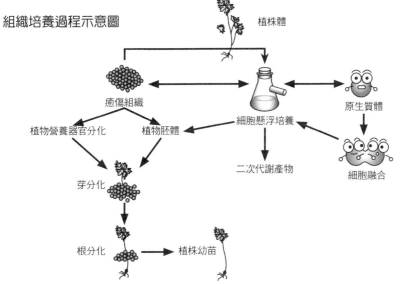

莖葉可產生癒傷組織的部位

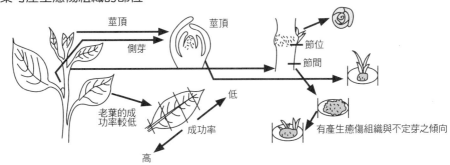

11-4 基因改造動植物

（一）基因工程育種

在孟德爾的豌豆遺傳試驗中，紅花和白花雜交的後代裡，只有紅花和白花二種顏色的子代產生，並且以固定的遺傳方式傳遞下去，除非有突變發生，否則不會有異於二親本花色的子代產生。這個實驗結果說明，花色是遺傳控制的性狀，除了突變外，單靠雜交是無法產生新花色的。

利用遺傳工程技術，自 A 個體（可為任何物種）分離特定基因，經基因工程改造使能表現於目標植物，再利用基因轉移技術，將其導入至缺乏此一基因或特性的目標植物的育種方法。

事實上，基因工程育種是傳統作物育種的延伸。基因工程育種法，是屬特定基因的嵌入，每次基因轉移的步驟，只將一個或少數幾個經基因工程改造或修飾過的基因，導入目標植物的染色體內，與傳統雜交育種的整個基因組合併是不同的。利用基因工程育種法所育成的作物品種，統稱為基因改造作物或轉基因植物。

理論上，自任何生物所選殖的基因，均可利用基因轉移技術，轉移至植物基因組，使其產生適當的表現，而創造新特性。

（二）基因改造生物

基因改造生物（GMO），就是將原有的物種及其近緣種沒有的基因，利用分子生物學的方式，將基因轉入此生物體中，使生物表現原來沒有的特殊性狀，如此產生的生物就是基因改造生物，若此生物為農作物或植物即稱為基因改造作物或植物。

基因改造的主要目的是為了抗病蟲害、抗逆境、增加營養成分、增加貯運壽命、耐除草劑等，如轉殖蘇力菌蛋白基因的棉花和玉米可以抗螟蟲，以減少農藥成本及農藥殘留問題；耐除草劑的大豆在美國等大規模噴除草劑的國家，可以節省人工除草的成本。

（三）基因改造動植物風險

基因植入對基因產物的直接影響，包括營養成分、毒性物質、過敏源等；基因植入引發的間接影響，植入基因引發突變或改變代謝途徑，使最終產物可能含有新成分或改變現有成分；攝取基因改造食品引發的基因轉移，植入基因是否會轉移到人類腸道的微生物；基因改造微生物可能具有潛在性的健康危害。

小博士 解說

基因改造作物在田間種植時，由於特定基因表現（如抗除草劑基因），可能衝擊到原有生態鏈的平衡。如美國伊利諾州由於耕種抗除草劑基因作物，產生了大量「新」品種雜草的管理危機。

基因改造食品對特定過敏體質消費者，造成食用上的健康風險，也可能造成醫療複雜程度的提高。

植物基因改造（轉殖）的研發，必須經過的流程

確定目標 → 尋找適當基因 → 基因構築 → 基因轉殖 → 細胞培養與植株再生

商業生產 ← 安全性檢測 ← 田間繁殖與遺傳穩定性 ← 轉殖株確認 ← 轉殖株篩選

基因轉殖米——黃金米

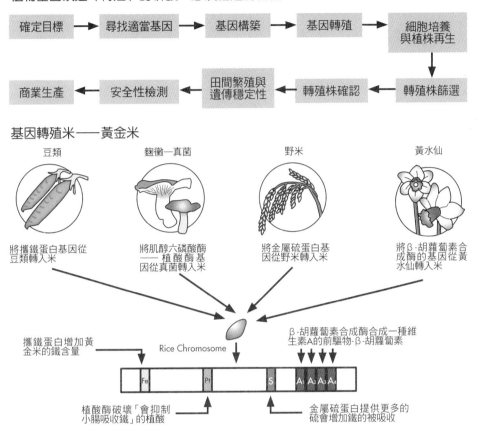

豆類
將攜鐵蛋白基因從豆類轉入米

麴黴—真菌
將肌醇六磷酸酶——植酸酶基因從真菌轉入米

野米
將金屬硫蛋白基因從野米轉入米

黃水仙
將 β-胡蘿蔔素合成酶的基因從黃水仙轉入米

攜鐵蛋白增加黃金米的鐵含量

Rice Chromosome

β-胡蘿蔔素合成酶合成一種維生素A的前驅物-β-胡蘿蔔素

植酸酶破壞「會抑制小腸吸收鐵」的植酸

金屬硫蛋白提供更多的硫會增加鐵的被吸收

基因科技全球化風險

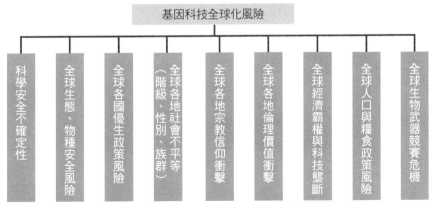

基因科技全球化風險

- 科學安全不確定性
- 全球生態、物種安全風險
- 全球各國優生政策風險
- 全球各地社會不平等（階級、性別、族群）
- 全球各地宗教信仰衝擊
- 全球各地倫理價值衝擊
- 全球經濟霸權與科技壟斷
- 全球人口與糧食政策風險
- 全球生物武器競賽危機

基因科技對全球社會平等、倫理與價值的衝擊。

11-5 生質能源

（一）不虞匱乏的能源

地球上所有的元素都是有限的，但從太陽而來的能量幾乎是無窮的。每小時太陽所照射到地球表面上的總能量，足夠全人類一年的消耗，問題在於如何有效地收集。

所有的能源，除了核能和地熱之外，幾乎都可說是廣義的太陽能，都是源自太陽照射的能量。

生質能就是利用生質物經轉換所獲得的電與熱等可用的能源。生質物則泛指由生物產生的有機物質，如木材與林業廢棄物木屑等；農作物與農業廢棄物如黃豆莢、玉米穗軸、稻殼、蔗渣等；畜牧業廢棄物如動物屍體；廢水處理所產生的沼氣；都市垃圾與垃圾掩埋場與下水道污泥處理廠所產生的沼氣；工業有機廢棄物如有機污泥、廢塑橡膠、廢紙、造紙黑液等。

生質能源如生化柴油和酒精等，植物在生長的過程中吸收二氧化碳轉化成生質能源，使用後所排放的二氧化碳不會超過植物生長時所吸收的二氧化碳。故使用生質能源的二氧化碳淨排放量為零。

生質能源最大的優點是永不耗竭。

（二）植物油脂的作用

植物油脂在人類生活中扮演相當重要的角色，不僅供給人類營養、改善膳食口感，更提供潤滑效果。

一般「油脂」的主要成分是脂肪酸與甘油。黃豆、油棕櫚、油菜籽、向日葵籽、棉花籽與花生等六種作物的產油脂能力都很高，產量占全世界植物油脂的 84％。植物所產油脂約有 90％是供人類食用，僅有約 10％應用於非食用品。

雖然油脂作物含油脂量高，但由於可耕作土地及年收成次數有限，近年來紛紛改以微生物生產油脂。

（三）藻類的油脂生產

藻類是生態系食物鏈的起始點，可以直接以太陽能作為能源，吸收環境中的碳源並釋出氧氣到水中。單細胞的藻類對太陽能的應用效率較其他穀類植物來得高，而且生長迅速。

綠藻具有使用太陽能及不與現有耕地競爭的優點，故有學者提出以綠藻生產三酸甘油脂，作為生化柴油原料來源的構想。增加細胞累積三酸甘油脂程度的方法可以分為二大類，分別是以環境營養源短缺，造成藻類累積大量三酸甘油脂，及以基因調控方式，使藻類大量生產合成三酸甘油脂的酵素，大量累積三酸甘油脂。

有別於其他菌體培養，培養藻類的反應器需要能提供充足的光線，該類反應器稱為光反應器。

光反應器的設計著重在單位面積光強度的提升。由於綠藻培養至一定濃度之後，細胞會遮蔽光線進入培養液，而使內部新分裂的綠藻細胞無法順利有效地利用光線。所以，增強光線強度與增加被光面積是目前光反應器設計的主要方向。

二〇〇一年全球初級能源供應分布

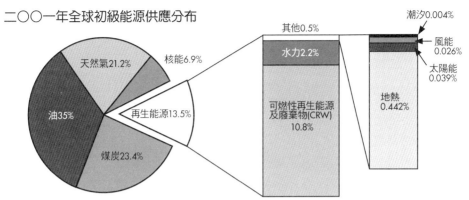

依據國際能源總署的定義，可燃性再生物質及廢棄物（即一般所稱的生質物）包括固態生質物、動物產出物、由生質物產出的氣液態燃料、農工業廢棄物與都市垃圾。

生物精煉

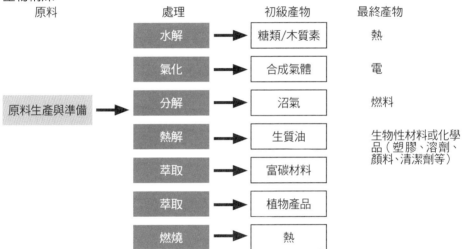

生物精煉：類似於石油精煉的觀念，以生質為原料，經由高效率生物技術在清潔製程下，生產出化學品、生物燃料、食品原料、電力等產物。

生質能的發展

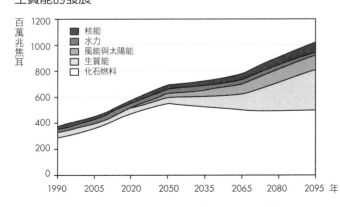

在大氣中二氧化碳濃度穩定維持在550 ppmv的假設前提下，以生物科技發展的生質能到本世紀末會占能源消耗量的三分之一，而傳統生質能會在2065年後，完全被利用生技發展的生質能取代。

11-6 **生物復育**

（一）生物復育的概念

生物復育（bioremediation）或稱生物整治，主要是利用微生物的代謝活動來減少污染地區污染物的濃度，或降低其毒性。利用生物復育最大的特點是可以對大面積的環境污染進行整治復育，目前最常應用於石油污染及農田農藥污染的整治上。

生物復育最著名的成功案例是在 1989 年，美國愛克森石油公司的運油船在阿拉斯加擱淺，造成一千多萬加侖石油外洩並污染海洋。愛克森公司使用微生物進行油污分解清除，使得近百公里的環境得以免遭荼毒。

有些生物科技公司專門篩選以有毒污染物或重金屬為食物的微生物，來解決農田或地下水污染的問題。如美國化學學會就提出利用細菌清除農田鎘污染的方案，利用微生物把土壤中可溶性鎘吸收轉化為不可溶的沉澱物，如此就不會被農作物吸收，也可降低地下水的污染。

針對廢棄物對土壤生態環境的污染，許多專家致力尋找解決的方法，發展出各類化學、物理以及生物的方法以去除環境中有害因子或降低其毒性。

復育屬污染防治技術之一，兼具回復大地原貌的特色，生物復育則是一利用天然微生物其分解者的角色降解或打斷有害物，使其形成低毒性或無毒產物的處理方法。

微生物的作用就如人類吃食物消化有機物為營養及能量。某些微生物可消化對人類有害的有機物，如石化燃料及有機溶劑。這些微生物有能力將有機污染物分解產生無害的二氧化碳和水。一旦污染物大部分分解完，受到食物來源的限制，微生物族群數就減低，而殘留死的微生物及殘留的污染物風險遠低於原污染物。

（二）生物復育原理

若要有最佳的去除污染物效果，就要提供微生物最適的環境條件。特定的生物復育技術決定於以下幾個因素：已存在的微生物相、微生物能分解的污染物種類以及存活的環境狀況。

土生菌指的是可在原地找到已存在的微生物，如控制合適的土壤溫度、氧氣、營養物等條件可刺激土生菌的生長。而外來添加菌則是非原地生長的微生物經由測試知其對污染物具有降解能力者，可利用其生物活性降解特殊的污染物。不過新環境的土壤狀態，需要大幅調整才能確保外來菌在此生長旺盛。

小 博 士 解 說

生物復育技術可在好氧及厭氧狀態下進行，好氧下是微生物以空氣中的氧做反應，用足夠的氧供應微生物，將有機污染物轉換成二氧化碳及水；無氧狀態可提供厭氧微生物生存條件，微生物的作用主要以打斷化學物質鍵結以放出它們所需的能量加以生長利用。有時在好氧或厭氧下處理有機污染物，其產物的毒性，也有可能比原本的毒性還要高，這點應特別注意。

物氣提法以氧氣為電子接受者處理受汙染的土壤

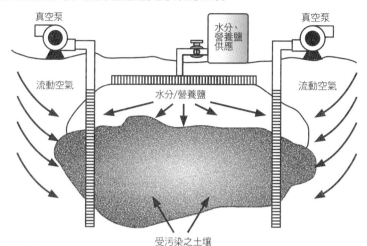

真空泵

水分、
營養鹽
供應

真空泵

流動空氣

水分/營養鹽

流動空氣

受污染之土壤

原處生物復育法

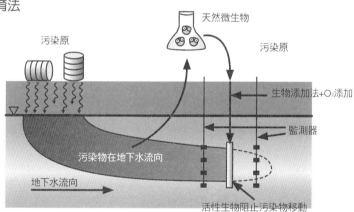

天然微生物

污染原

污染原

生物添加法+O_2添加

監測器

污染物在地下水流向

地下水流向

活性生物阻止污染物移動

氯酚化合物在環境中的宿命

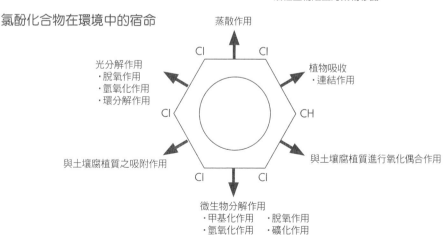

蒸散作用

光分解作用
・脫氧作用
・氫氧化作用
・環分解作用

植物吸收
・連結作用

Cl　Cl

Cl

CH

Cl　Cl

與土壤腐植質之吸附作用

與土壤腐植質進行氧化偶合作用

微生物分解作用
・甲基化作用　・脫氧作用
・氫氧化作用　・礦化作用

11-7 生物晶片

基因晶片是基因體計畫完成後衍生出來的產品，成本相當低，但效用無窮，是目前所有生物晶片中應用最廣的，也是最有成效的生物技術。

（一）第一代生物晶片

一般而言，基因晶片是利用微處理技術，先把人類所有的基因分別固著在三公分長、兩公分寬的玻璃片上，成為一個同時可以處理四萬個基因的點漬片。然後，平行地、大量地、全面性地偵測基因體中 mRNA 的量，也就是偵測基因的表現。

基因晶片依照材質可分為玻璃晶片及塑膠晶片，DNA 附著方式分為打點及光罩合成，mRNA 標定的方法則分為螢光、放射線、及免疫顯色。目前應用最廣泛的基因晶片，是把 DNA 以打點方式附著在玻璃晶片上，再用螢光偵測進行分析，此法稱為互補 DNA 微陣列（cDNA microarray）。

DNA 微陣列晶片即一般所稱的生物晶片（biochip），對生化分析造成了革命性的影響。DNA 微陣列晶片是利用微機電技術，將不同序列且已預為標記的核苷酸片段，分別植入晶片中數以萬計小至微米見方的格子內，再與待檢測的核苷酸片段進行雜交配對。利用各鹼基對間的特定對應關係，藉由顯微鏡成像技術觀察，即可從探針上已知排序的 DNA 片段推測已成功接合的待測核苷酸片段的排序。

利用 DNA 的檢測工作，通常需經過數個操作步驟才能完成。傳統的陣列式儀器，需藉助具有機械手臂的模組操作微量滴管，並在不同的試劑或樣品容器之間來回移動，以完成檢測步驟。

（二）第二代生物晶片

為了簡化操作程序，於是開發出微流體晶片。微流體晶片的特點是將檢測程序中所需利用的種種元件，如混合反應槽、加熱反應槽、分離管道，與偵測容槽等，都集中在同一晶片上製作，再藉由外加電壓所產生的電滲流，或利用微小化幫浦或離心力等方式，驅動樣品或試劑在各元件間相連的微管道中移動，以完成檢測。這種一體成型的多功能晶片，也稱之為「實驗室平台晶片」（lab-on-a-chip）。

（三）蛋白質晶片

利用微陣列晶片檢測 DNA 片段的觀念，亦可應用於蛋白質的檢測。因此，蛋白質微陣列晶片的設計與製作，與 DNA 晶片頗為類似。先將成千上萬種蛋白質植入固定在數微米見方的格子中，檢測樣品中的各種蛋白質，會與固定在微陣列的特定蛋白質反應。如同 DNA 微陣列的偵測方法，樣品中的蛋白質已事先以螢光官能基標籤以便呈色。再使用顯微鏡放大成像，完成偵測。蛋白質之間的反應，通常是利用抗體與抗原之間特殊的辨認機制來完成。

小博士解說

到目前為止，對於所有關於疾病發生與進展的蛋白質，其抗原對抗體的辨識反應並非都已充分了解。此外，這些抗體的合成與純化技術，亦非完全純熟。因此，必須等到抗原蛋白質研究與抗體製備技術獲得突破性進展後，微陣列蛋白質晶片的技術才會廣泛應用於多種新藥的研究上。

基因檢測

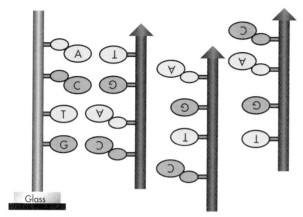

將單股DNA固定在玻璃上（圖左），在適當條件下，它只會在眾多DNA中挑出序列互補的DNA結合來形成雙螺旋結構。反轉酶是RNA病毒的特殊酵素，它可利用mRNA合成單股DNA（cDNA）。若加入綠色螢光核酸，則所有cDNA都有螢光，將螢光cDNA和固定在玻璃上的單股胰島素基因結合，若細胞中胰島素基因有表現的話，產生的螢光胰島素cDNA會和玻片上的單股胰島素基因，因序列互補結合而在玻片上產生螢光。螢光強度和原來細胞胰島素基因的mRNA量，即基因活性，成正比。由mRNA 濃度變化可判定基因表現是否產生變化，亦可探知基因功能的改變。基因活性增加，mRNA增加，基因活性降低，mRNA濃度降低。

微陣列晶片製作三步驟

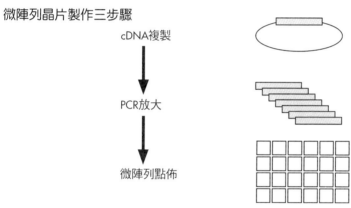

cDNA複製

↓

PCR放大

↓

微陣列點佈

cDNA微陣列

微陣列晶片製作分三個步驟，首先以複製（cloning）方式將人類基因分離純化，再接合到個別傳染媒介上，如在大腸桿菌內增殖製成基因庫。藉此方法可將人類基因在大腸桿菌內保存，且能無限制地繁衍複製。其次，利用PCR方式，從個別細菌質體中，放大各個基因，經濃縮純化後放在96孔盤中。再以自動化人工手臂配合金屬探針，將96孔盤內已純化的基因點在玻璃或塑膠上，待乾燥後再以紫外線照射，DNA便和玻璃或塑膠表面的胺基形成共價鍵。

利用奈米微支管外接於微晶片電泳管道的示意圖

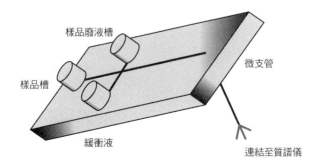

11-8 聚合酶鏈鎖反應

（一）大量複製 DNA

早期的遺傳學、分子生物學研究基因時，要得到大量的 DNA 片段，只能利用活體細胞系統進行大量生產，而無法於活體外複製 DNA。這是一個費時耗力的流程，首先，需要將 DNA 片段經限制酶剪裁，再利用接合酶作用而加到載體中，之後利用瞬間電擊或是熱休克（heat shock）的方式將此載體運送到大腸桿菌勝任細胞中進行大量繁殖培養，再經過繁複的分離純化過程，時間通常需要 3 至 5 天，才能得到大量複製的 DNA。

Kary B Mullis 在 1983 年開發出聚合酶鏈鎖反應（polymerase chain reaction, PCR），讓極微量的 DNA 可以在 2 小時內大量複製幾十億倍，才大幅減少 DNA 複製所需耗費的時間，此技術對後期基因、分子生物學的研究進展有劃時代的貢獻，因此在 1993 年榮獲諾貝爾化學獎的殊榮。

（二）PCR 的原理

簡單的說，PCR 就是利用酵素對特定基因做體外或試管內的大量合成。基本上它是用 DNA 聚合酶進行專一性的鏈鎖複製。目前常用的技術，可以將一段基因複製為原來的一百億至一千億倍。

基本上 PCR 需具備四要素：（1）要被複製的 DNA 模板；（2）界定複製範圍兩端的引子（primers）；（3）DNA 聚合酶（taq Polymearse）；（4）合成的原料及緩衝液。PCR 的反應包括三個主要步驟，分別是變性（denaturation）、引子的黏合（annealing of primers）、引子的延長（extension of primers）。

變性是將 DNA 加熱變性，使雙股變為單股，做為複製的模板。典型的變性條件是 95°C 30 秒或是 97°C 15 秒，對於 G+C 較多的目標產物則需較高的變性溫度。黏合則是令引子（Primers）於一定的溫度下附著於模板 DNA 兩端，引子黏合所需的時間和溫度決定於引子的組成、長度和濃度，較適合的黏合溫度為低於引子 Tm 值 5°C。最後則是延長，在 DNA 聚合酶的作用下進行引子的延長及另一股的合成。

在經過一次的 PCR 循環後可以得到 2 倍的產物，所以在經過 N 次的循環就可得到 2N 的目標產物。至於需經過幾次的循環則視原始的目標 DNA 的濃度而定。

（三）PCR 的臨床應用

PCR 可直接用來鑑定特定基因的存在與否，也可以用來偵測基因是否有異常。如在醫學上對遺傳疾病或腫瘤癌症的診斷及預後的評估。

在感染性的疾病上，某些病毒、細菌、寄生蟲、黴菌可以用 PCR 診斷，從臨床檢體、血液、尿液、脊髓液、體液，都可以快速的偵測到病原體的存在。

小博士解說

生物標本及法醫學上的樣本鑑定，從單一毛髮、一隻精蟲或一滴血液、唾液來找出兇手。也可以做DNA 指紋比對幫助親子關係的鑑定。近來，在生物醫學的研究上，特別是細胞間訊息的傳遞分子，如介白質及各種生長因子基因的表現都可用PCR來進行質與量的分析。

瘧疾在血液抹片的鑑別診斷

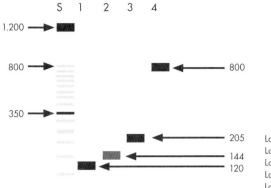

Lane S: 標準分子鹼基對標梯 (50-鹼基對標梯)。
Lane 1: 間日瘧原蟲(P.vivax) －120 bp。
Lane 2: 三日瘧原蟲(P. malariae) －144 bp。
Lane 3: 熱帶瘧原蟲(P. falciparum) －205 bp。
Lane 4: 形瘧原蟲(P. ovale) －800 bp。

PCR程序示意圖

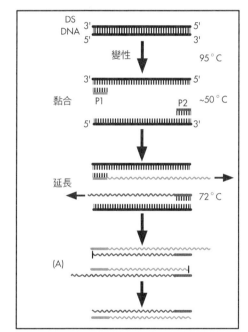

PCR基因放大鏈鎖反應

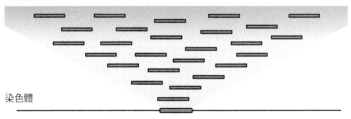

染色體

PCR可以把指定的基因片段數量放大

生物親緣鑑定

11-9 **複製生物**

（一）生物科技的複製技術

所謂複製，指的就是無性生殖〈clone〉，或稱「單源」，亦可稱為「無精生殖」。無性生殖是指來自同一親代，具有相同遺傳形質的群體，也就是不靠生殖細胞的精卵結合，而遺傳全由提供細胞核的一方來承擔，並沒有經過基因重組的過程。

因此，所衍生出來的子代會與原本提供細胞核的母體，不論是基因結構或外顯特徵均完全相同。自然界的單細胞生物如：細菌、珊瑚，便是如此。由於在複製過程中，所使用的細胞的不同，可將複製分為以下幾種。

1. **胚胎複製**：利用功能尚未確定。

2. **成體複製**：利用一些特殊的技術打破演化不可逆的定律，讓這個細胞打開一些已呈封閉的基因功能，回復到原始狀態，可分裂出各種功能的細胞，進而成功的發育成一個個體。

3. **治療性複製與生殖性複製**：現行的複製技術主要是使用「細胞核轉移技術」。研究人員先把卵子的細胞核取出，然後把身體細胞（卵子或精子除外）的細胞核放入這個卵子中。在這個新建構的卵子中，只有來自前述身體細胞的染色體，而沒有原卵子的染色體。換句話說，新卵子中僅含有提供身體細胞者的基因組，所以我們稱之為「複製」。

4. **幹細胞**：幹細胞是一群尚未完全分化的細胞，同時具有分裂增殖成另一個與本身完全相同的細胞，以及分化成為多種特定功能的體細胞兩種特性。

（二） 複製哺乳動物的途徑

核轉移是複製成年動物的一種主要技術，但只能用於生物體細胞能明顯區分的情況。核轉移需要兩個細胞：捐贈細胞和卵細胞。研究證明其中的卵細胞最好是未受精卵，它更能接受捐贈細胞，此外，卵細胞必須去掉細胞核。

經由細胞合併或移植的方法將捐贈細胞的細胞核植入卵細胞中，由它決定主要遺傳訊息。在卵細胞快速形成胚胎後，將胚胎植入代理母體。如果這些程序都正確操作的話，就會生育出一個完美的複製子體。

小博士解說

1998年幾位來自夏威夷大學的科學家宣布，他們研製出三隻複製鼠。由於受精卵分裂速度極快，老鼠一度被認為是最難複製的動物之一。在該實驗中，未受精的老鼠卵細胞用作捐贈細胞的受體。在去掉卵細胞的細胞核後，迅速將捐贈細胞的細胞核植入卵細胞中，全過程僅僅需要幾分鐘。1小時後卵細胞就接受了新的細胞核。5小時後將卵細胞置於營養液中，開始生長形成胚胎。最後將胚胎植入代理母親（鼠）體內，由她孕育子體。

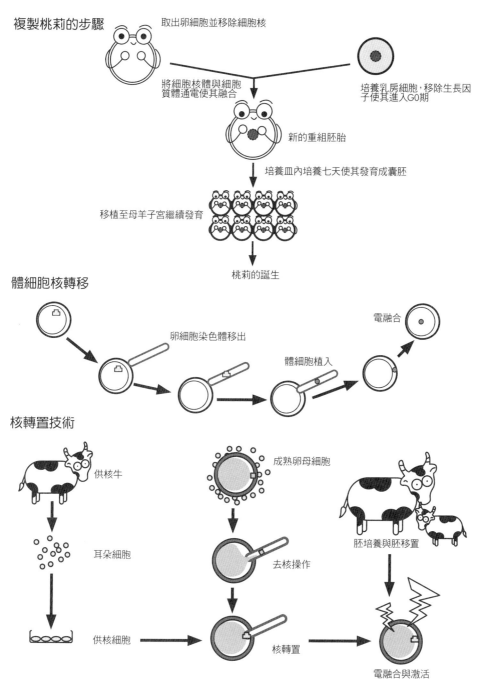

複製桃莉的步驟　取出卵細胞並移除細胞核

將細胞核體與細胞　新的重組胚胎
質體通電使其融合

培養乳房細胞,移除生長因
子使其進入G0期

培養皿內培養七天使其發育成囊胚

移植至母羊子宮繼續發育

桃莉的誕生

體細胞核轉移

電融合

卵細胞染色體移出　　　體細胞植入

核轉置技術

供核牛

成熟卵母細胞

耳朵細胞

去核操作

胚培養與胚移置

供核細胞　　　核轉置

電融合與激活

利用核轉置技術產製複製牛的過程以牛耳細胞為供核源,以顯微操作將成熟的牛卵細胞去核,並置入供核細胞,
再以電激處理,促使供-受核細胞相互融合,此胚經體外培養到囊胚期,再移置到代理孕母體內。

11-10 長壽基因

（一）老化

壓力和自由基（容易起化學反應的活性氧，是代謝過程中正常的副產物）造成老化，這是 50 年來老化科學領域的主流觀點。科學家研究線蟲，發現牠如果減少暴露於活性氧物質中，能增長壽命；而壽命較長的線蟲，通常也更能抵抗壓力。然而，很少有研究能斬釘截鐵地證明氧化損傷與細胞功能改變之間的關聯。

最新的證據顯示，老化可能是起因於生物發育的遺傳程序（genetic program）發生錯誤，而不是經由日積月累的基因與細胞損傷所造成。

從演化觀點看老化，可以預測：絕不會有什麼老化基因；老化是身體長期累積損傷的後果，與長壽有關的基因，都與修補機制有關；任何與促進老化有關的基因，往往是在身體年輕時有用的基因。

（二）壽命決定基因

有一群特別的基因，在生物體處於艱困的時期，會協助身體的防衛，這群基因能夠增進個體的健康和壽命。如果想要延年益壽、減少老年病痛，關鍵就在於解開這群基因作用的奧秘。

科學家一度認為老化不只是身體的磨損，基因程式也會加以驅動：一旦個體成熟了，「老化基因」就會開始帶動身體走向墳墓。不過這個觀念已給推翻了，演化天擇沒有理由留下已超過繁殖年齡的生物體。

有一群基因與個體應付環境壓力（像是酷熱天氣，或食物、飲水稀少時）有關。它們可以維持個體天然保護和修復活性，不論年齡。這些基因強化了生物的生存功能，使得個體度過危機的機會增加；當這些基因長期保持活性，也能大幅增進個體的健康和延長壽命。

影響壽命長短的基因非常多，而且它們極可能皆可調控或參與一個以上的生物過程；某些不同的長壽或老化基因還牽涉到同樣的生物過程。

科學家發現了許多基因，取的名字像是密碼一般：daf-2、pit-1、Amp-1、clk-1 和 p66Shc，它們會影響實驗動物的抗壓能力和壽命，顯示可能與生物體在逆境下生存的基本機制有關。

（三）SIR2 基因

SIR2 是一個長壽基因，從酵母菌到人類，都有 SIR2 基因的各式版本，哺乳動物中類似 SIR2 的基因，叫做 SIRT1，它所製造的蛋白質 SIRT1 和酵母菌的 SIR2 有著相同的酵素活性，但能去除乙醯基的目標更廣泛，散布在細胞核和細胞質，其中部分鑑定出來的目標蛋白質，控制了細胞的一些關鍵機制，包括凋亡、防衛和代謝。

DNA損傷

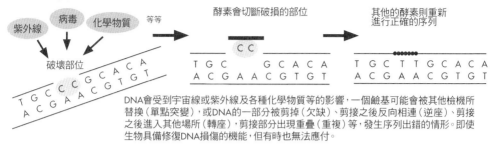

DNA會受到宇宙線或紫外線及各種化學物質等的影響,一個鹼基可能會被其他檢機所替換(單點突變),或DNA的一部分被剪掉(欠缺)、剪接之後反向相連(逆座)、剪接之後進入其他場所(轉座),剪接部分出現重疊(重複)等,發生序列出錯的情形。即使生物具備修復DNA損傷的機能,但有時也無法應付。

幾種長壽基因作用途徑

基因或作用物 [人類相對應的基因]	生物種類/ 延長生命比率	增加或減 少是有益	主要影響效應
SIR2 [SIRT1]	酵母菌、線蟲、果蠅 /30%	增加	細胞生存、代謝和壓力反應
TDR [TDR]	酵母菌、線蟲、果蠅 /30~250%	減少	細胞生長和感應養分
Amp-1 [AMPK]	線蟲/10%	增加	代謝和壓力反應
p66Shc [p66Shc]	小鼠/27%	減少	製造自由基

SIR2基因

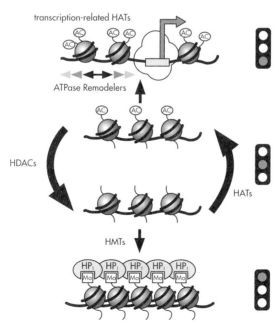

目前確認的長壽基因之一是SIR2基因。SIR2基因所編碼的蛋白質是一種具有全新活性的酶。細胞中DNA為組蛋白(histone)所包裹,這些組蛋白具有不同的化學標記(如乙醯基),而這些標記則決定了組蛋白對DNA的包裹程度。除去乙醯基的組蛋白講會使DNA被包裹得更緊。由於基因組中的這段去乙醯基DNA所包含的任何基因都不能被啟動,這段區域則被稱為沉默區。

11-11 生物技術的規範

（一）生物剽竊

　　生物科技帶來前所未有的突破，以及人類生活上的方便性，甚至於人類壽命的延長。但是生物科技存在一些潛在的社會與倫理問題。目前所已發生過，並且尚未解決與達成共識的問題如生物剽竊（bio-piracy）的問題：一些生物科技大廠利用未開發國家人民的無知，以非常廉價的金錢取得少數罕見疾病的人體樣本，進而去做研究，最後取得專利權，並且回頭向該國人民收取高額的藥物費用。這種行為目前已經造成許多的訴訟紛爭，同樣的問題也發生在具有特殊醫療效果的植物上，先進國家去未開發國家私自取用傳統動植物資源，分析其內成分，製作成藥物，並取得專利權以獲取高額利潤，這是一種極為不公平的行為。

（二）基因歧視

　　目前基因檢測的技術突飛猛進，也許不久就可以精確的檢測每個人的基因。藉由每個人的基因排列不同，可以預測此人容易得什麼樣的病，進而及早預防。除此之外，受檢人的性格、是否有犯罪傾向等資料，都會呈現在報告中。但是，這可能會造成學校入學考試的差別待遇與求職過程中的歧視，更有可能因而遭到保險公司拒絕其投保。

　　基因歧視（genetic discrimination）是指「單獨基於個人基因構造與正常基因組的差異，而歧視該個人或其家族成員」，如果不是根據基因，而是針對疾病基因已發病而才遭歧視，就不是基因歧視。基因歧視是指某人帶有跟正常人不同的變異基因，無論是否會發病，都可能遭受歧視，而且如果家族中有一人帶有變異基因，由於同一家族的成員帶有類似基因，所以常導致其他家族成員也遭受歧視。

（三）基因科技的價值衝突

　　基因科技不同於其他改變基因物質的傳統方法之處，可說在於基因科技的有計畫、有目的性、高度的人為操控可能性、以及可預見性。由於其非屬於隨機性的自然發展，因此運用基因科技的結果，無疑地將使得人類有能力大幅度、甚至有效地改變「造物主」對環境生態以及人類生命的安排，一定程度上可說是提昇人類生存條件與品質的一大利器。從此一角度而言，基因科技代表了促進經濟發展、提升人類生活品質的一種手段。

　　另一方面，隨著基因科技運用範疇日益廣泛，人類生活與生態環境所面臨的威脅也益形擴大。經基因改造的食物或藥品，往往隱含著使人體吸收不明的病毒、抗生素或過敏源的潛在危險性，甚至可能引起人體基因改變的後果。即使基因科技產品非直接供人類食用，也具有難以評估之破壞生態系的嚴重威脅性。

　　尤其是基因轉殖技術多以動物或微生物來進行，基因轉殖技術若運用不當，勢將破壞生態的結構與穩定性。若考慮到這些伴隨著基因科技之發展所帶來的種種危險，則基因科技可說是一種新興的「環境生態危險源」。

生物剽竊

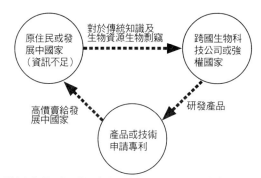

生物剽竊(bio-piracy)，生物科技大廠利用未開發國家人民的資訊不發達，以非常廉價的金錢取得少數罕見疾病的人體樣本或私自取用未開發國家的傳統動植物資源，進行研究，最後取得專利權，並且回頭收取高額的藥物費用。

基因檢測

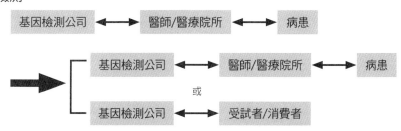

商業應用下的基因檢測：傳統上基因檢測是由醫療院所之遺傳門診執行，部分醫院會委由檢測公司處理，除傳統模式外，出現一種跳過醫師與病患的關係，直接由檢測公司對受試者或消費者提供服務。

基因科技的衝突

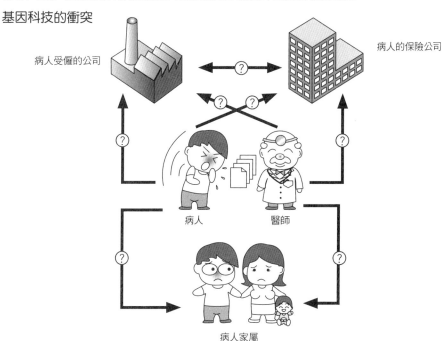

在法律和道德上，誰應該知道基因檢測的結果？

11-12 **生物防治**

（一）農藥對環境的影響

自第二次世界大戰後，農藥由於有效且具速效性，廣泛應用在有害生物，包括害蟲、雜草和植物病原菌的防治上。可是長期使用之後，不但衍生污染和殘毒問題，農藥衍生物也可能產生致癌物質，甚至引發生物突變，造成作物藥害和授粉性昆蟲天敵及非標的昆蟲大量死亡。此外，有害生物也會產生抗藥性，造成主要害蟲再度猖獗、次要害蟲崛起等負面問題。

環境中的有毒物質，經過食物鏈的取食與被取食關係，而會在食物營養層的生物體中濃縮及放大，如海水中 DDT 的含量只有 0.00005ppm，但到達食物鏈頂端的鳥類，其體中 DDT 的濃度已高達 75.5 ppm，其有毒物質的濃度足足放大了 150 萬倍。

（二）一物剋一物

早在西元 304 年，廣東和福建一帶農民，就懂得利用黃獵蟻來防治柑桔害蟲。

生物防治是利用自然界中的捕食性、寄生性、病原菌等天敵，把有害生物的族群壓制在較低的密度之下，使這些有害生物不致造成危害；是利用生態系食物鏈中「一物剋一物」的自然現象，其實也是一種古老的生物防治法。

有害生物的天敵涵蓋捕食性、寄生性的生物和病原微生物。在捕食性的生物中，包括脊椎動物、無脊椎動物和食蟲性植物，寄生性生物則包括昆蟲類中的寄生蜂、寄生蠅、少數甲蟲和撚翅目昆蟲。至於病原微生物，則包括細菌、真菌、病毒、立克次氏體、線蟲、原生動物等。

食蟲性脊椎動物雖然具捕食害蟲的功能，卻難以藉人工大量繁殖的方式釋放於田間，來防治害蟲和其他有害生物。只能藉著宣導方式保護這些有用的剋蟲天敵，讓牠們在自然界中發揮抑制害蟲等有害生物的功能。

瓢蟲、草蛉和食蟲椿象都已發展出大量繁殖的方法，可直接應用在有害生物的防治上。至於捕食昆蟲能力也相當強的蜘蛛和蠍子類，由於前者難以大量群體飼養，後者又具有毒性，因此也只能藉由宣導方式加以保護。此外，小型容易飼養的捕植蟎類，在國外甚至已有商品化的種類。

在寄生性天敵方面，以昆蟲類中的寄生蜂和寄生蠅最為人所稱道，尤其是寄生蜂，目前已開發出多種可供農業上應用的種類。

寄生性線蟲，除了應用在蚊蟲孑孓的 DD-136 外，其他較著名的，有防治日本麗金龜的格氏線蟲、防治蘋果蠹蛾和煙草蠹蛾的斯氏線蟲，還有防治褐飛蝨和梨小食心蟲的兩索線蟲。而原生動物在應用上發展較慢，較受矚目的有微孢子蟲，可應用在歐洲玉米螟的防治上。

生物防治的種類

天敵的利用	捕食性昆蟲	蜻蜓、螳螂、椿象、草蛉、食蟲虻、食蚜蠅、瓢蟲、蟻、胡蜂
	寄生性昆蟲	寄生蜂、玉米螟赤眼卵蜂、寄生蠅
	鳥類	紅尾伯勞、啄木鳥
	兩棲類	蛙類、蟾蜍、山椒魚類
	魚類	大肚魚、蓋斑鬥魚
	爬蟲類	蜥蜴類、盲蛇類
	哺乳類	針鼴、有袋類、食蟻獸、穿山甲、食蟲蝙蝠
微生物防治	殺蟲微生物	蘇力菌、白殭菌、黑殭菌
昆蟲性費洛蒙	·誘捕斜紋夜盜和甜菜夜蛾 ·干擾楊桃花姬捲葉蛾之交配	

國際上登記使用的蟲生線蟲商品

蟲生線蟲	昆蟲寄主	國家
小卷蛾斯氏線蟲	土棲昆蟲	日本、美國、英國
夜蛾斯氏線蟲	菇蚋和葡萄象鼻蟲	美國、英國、荷蘭
格氏斯氏線蟲	蠐螬	日本、美國
Steinernema riobrave	螻蛄、柑桔象鼻蟲	美國
螻蛄斯氏線蟲	螻蛄	美國
嗜菌異小桿線蟲	日本弧麗金龜和葡萄象鼻蟲	美國
大異小桿線蟲	黑葡萄耳象鼻蟲	美國、荷蘭、瑞士、英國、德國、瑞典

農藥對環境的影響

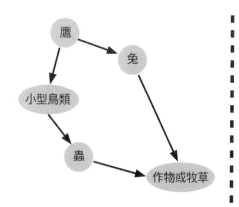

正常的生態系

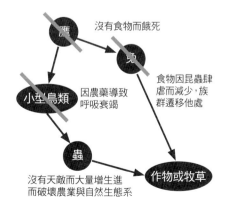

因施用農藥而遭到破壞的生態系

沒有食物而餓死

因農藥導致呼吸衰竭

食物因昆蟲肆虐而減少,族群遷移他處

沒有天敵而大量增生進而破壞農業與自然生態系

第12章
生物研究方法

　　科學需透過調查與觀察，直接從自然現象中獲得經驗。以邏輯的方法收集、組織並解釋資料，將解釋引申至直接感官經驗以外的領域，去了解自然、透視自然環境的所有面相。

12-1　推理

12-2　假設

12-3　重複驗證

12-4　問題研究

12-5　直覺

12-6　觀察

12-7　科學道德觀

12-8　科學素養

12-9　模式生物

12-10　顯微鏡

12-11　電子顯微鏡

12-12　生物學實驗

在科學社群知識活動中，除了方法以外，還有兩個非常重要的組成元素，即信任與判斷。[本圖為自CAN STOCK合法下載授權使用]

12-1 **推理**

（一）推理的限度與危險

在生物學和醫學中，推理的過程超越事實而不誤入歧途是極罕見的事。法國哲學家笛卡兒（Rene Descartes）使人們認識到推理能導致無窮的謬誤。他的金科玉律是：「除非其真實性顯而易見、毋庸置疑，否則，決不可絕對贊同任何主張」。

推理不能導致新發現。推理在研究工作中不是作出事實性或理論性的發現，而是證實、解釋並發展它們，並形成一個具有普遍性理論體系。絕大多數的生物學「事實」和理論僅在一定條件下成立，而限於我們知識的不足，我們至多只能根據很可能發生和有可能發生的概率進行推論。

（二）運用推理注意事項

首先應檢查推理出發的基礎，包括盡可能確認我們所用術語的含義，並且檢查我們的前提。有些前提可能是已成立的事實或定律，但有一些可能純粹是假設，常常要暫時承認某些尚未確立的假定。

未經證實的假定常由「顯然」、「當然」、「無疑」等詞句引入，很容易潛入推理。對推理出發的基礎有了明確的認識以後，在推理中，每前進一步都必須停下來想一想：一切可以想像到的對象是否都考慮到了。一般來說，每前進一步，不確定的程度亦即假想的程度也就越大。

絕對能把事實與對事實的解釋混為一談，也就是說，必須區別資料與事實。事實就是所觀察到的，關係到過去或現在的具體資料。

我們必須根據過去的實驗和觀察所得的資料進行推理，並要為未來作出相應的安排。就生物學而言，因為由於知識不足，我們很難肯定將來的環境變化不會對結果發生影響。

（三）推理在研究的作用

雖然新發現大多來自意想不到的實驗結果或觀測現象，或者來自直覺，很少直接從邏輯思維產生，但是，推理在科學研究的其他許多方面還是很重要，而且是我們大多數行動的指南。在形成假說時、在判斷由想像或直覺而猜出的想法是否正確時、在部署實驗並決定作何種觀察時、在評定佐證的價值並解釋新的事實時、在作出概括定律時以及最後在找出新發現的拓廣和應用時，推理都是主要的手段。

研究工作中，發現與求證在方法和功能的不同，恰如法庭上偵探和法官的不同。研究人員追蹤線索時，是扮演偵探的角色，但是一旦抓到了實據，他就變成了法官，根據邏輯方法安排的佐證來審理案件。兩種職能都是必要的，不過作用是不同的。

小博士解說

觀察在機遇，亦即經驗，在生物學中非常重要。但是，一般來說，由觀察或實驗獲得的事實，僅僅在我們運用推理將其結合到知識的總體中時，才具有重要意義。

由所謂的機遇觀察、由意想不到的實驗結果、或者由直覺得出的新發現，比由純推理的實驗取得的進展更富有戲劇性，更引人注目。在推理的實驗中，每一步都是前一步推理的結果，因而，新發現是逐步展現的。

培根對科學的發展有很大的影響，他證明了絕大多的新發現是憑經驗，而不是通過運用演繹邏輯作出的。1605年他說：「人類主要憑借機遇或其他，而不是邏輯，創造了藝術和科學」。1620年，他又說：『現存的邏輯方法僅有助於證實並確立那些建立在庸俗觀念基礎上的謬誤，而於探求真理無補，因而弊多利少。』[本圖為自CAN STOCK合法下載授權使用]

席勒（C.S. Schiller）對於邏輯在科學中的運用有過精闢的評論，他說過：對科學行動步驟進行邏輯分析，實在是科學發展的一大障礙。……邏輯分析沒有去描述科學實際發展所憑藉的方法，並且沒有得出……可用以調整科學發展的規則，而是任意按照自己的偏見，重新安排了實際的行動步驟，用求證的過程代替發現的過程。[本圖為自CAN STOCK合法下載授權使用]

推理與批判性和創造性思考的關係

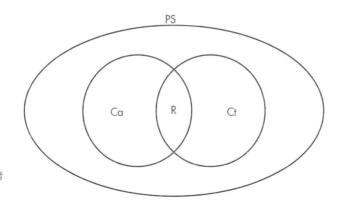

PS：問題解決
R：推理思考
Ca：創造性思考
Ct：批判性思考

推理思考兼具批判性思考和創造性思考的思考模式，其中批判思考屬於分析性質，而創造思考則偏重發散歧異性。

12-2 **假設**

（一）假設的重要性

假設是研究工作者最重要的思想方法，其主要作用是提出新實驗或新觀測。確實，絕大多數的實驗以及許許多多的觀測，都是以驗證假設為目的來進行的。

假設的另一作用是幫助人們看清一個事物或事件的重要意義，若無假設則這一事物或事件就不足以說明問題。假設應該作為工具來揭示新的事宜，而不應將其視為終結的目的。

正確的猜測比錯誤的猜測更容易收到成效；但是，錯誤的猜測有時侯也會有用處這一事實，並不能減損力求正確解釋的重要性。

當第一次實驗或第一組觀測的結果符合預期結果時，實驗人員通常還需進一步從實驗上搜尋證明，方能確信自己的想法。即使假設被一些實驗所證實，它也只能被看作在進行實驗的特定條件下才是正確的。

如果假設適用於各種情況，則可升格到理論範疇；如果深度夠，甚至可升格為「定律」。但是，在實驗中如果假設能經得起關鍵性的檢驗，特別是，如果這種假設符合一般科學理論的話，它就會被接受。

（二）假設激發動力

有句有趣的話：「除了它的創始人，誰也不相信假設；除了實驗者，人人都相信實驗」。對於以實驗為根據的東西，多數人都樂於信賴，唯有實驗者知道許多在實驗中可能出錯的小事。因此，一件新事實的發現者往往不像別人那樣相信它。另一方面，人們通常總是非難挑剔一個假設，而其提出者卻支持它，往往為之獻身。

假設是一件個人性質很強的事情，由此可以得出一個結論：科學家研究自己的想法，通常比研究別人的想法效果更好。當想法被證明是正確的時侯，即使實驗並非親自做的，提出者不但獲得了個人的滿足，又榮膺了主要的功勞。

研究他人假設的人常常在一兩次失敗以後就放棄了，因為他欠缺那種想要證實它的強烈願望；而我們所需要的正是這種強烈願望，以驅使他做徹底的試驗，並想出各種可能的方法來變化實驗的條件。

（三）運用假設需知

不要抱住已被證明無用的想法不放：當證明假設與事實不符的時候，就須立即放棄或修改它。

想法服從事實的思想訓：必須經常警惕這樣的危險：一旦假設形成，偏愛可能影響觀察、解釋以及判斷培養一種使自己的意見和願望服從客觀證據的思想習慣，並培養自己對事物本 面目的尊重。

對想法進行批判的審查：即使作為一個試驗性的假設，也要經過仔細推敲才能接受，因為意 一旦形成，想要再設計出其他可供選擇的方案就不容易了。

對錯誤的觀念退避三舍：有些假設儘管錯誤，卻可能得出成果。然而，雖則如此，絕大部分無用的假設必須受到摒棄。更為嚴重的是：一些幸存的錯誤假設和概念，不但不能帶來收獲，而且實際上阻礙了科學的發展。

哥倫布的帆船

哥倫布（Christopher Columbus）航行的故事，它具有科學上第一流發現者的很多特徵。哥倫布全神貫注著一個想法：既然世界是圓的，他就能向西航行到達東方。[本圖為自CAN STOCK合法下載授權使用]

大地之母假說

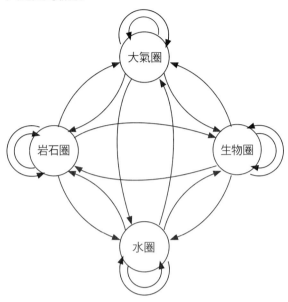

大地之母假說（Gaia hypothesis）這項理論是假設由於生命的存在，才使得地球表面的物理與化學環境（大氣層與海洋），變成使生命舒適的穩定狀態。此與傳統知識相反，傳統知識認為生命是在適應地球的環境，然後生命與環境分別演化。

六〇六

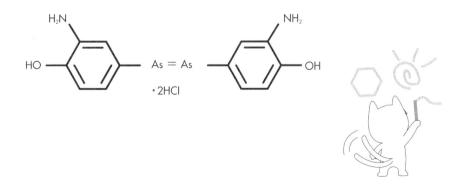

埃利希（Paul Ehrlich）的想法奠定了化學療法的基礎。他的想法是：由於某些染劑能有選擇地給細菌和原生動物染色，所以就有可能找到某種只能被寄生蟲所吸收的物質，而且可殺死寄生蟲而不損傷宿主。儘管長期不斷受挫，一再失敗，他還是堅持下去，後來製成了六〇六（如圖示），對梅毒很有療效，是砷的第六百零六種化合物。這或許是疾病研究史上，假設的信心終於戰勝了看來似乎是不可克服的困難的最好例子。

12-3 重複驗證

（一）科學方法

英文維基百科對於「科學方法」的定義則是「科學方法希望用可重複驗證（reproducible）的方式來解釋自然現象，並據以作出有用的預測。達成方式有觀察自然發生的現象，以及（或）用實驗在控制條件下產生自然發生的現象」。用這種方式定義的科學方法，能夠幫助我們釐清科學的定義。從這個定義來看，任何一門科學所使用的科學方法，目的是可以重複驗證、作預測；達成的方式則包含「觀察自然發生的現象」與「利用實驗在控制條件下產生自然發生的現象」。

（二）科學性的知識

相對於系統性的知識，早期人類的知識依賴經驗；而經驗的內容只是人類相信而已，不一定經得起驗證。如長輩告誡孩子，如果用手指著月亮，月亮會割耳朵，所以不能用手指著天上的月亮；雖然無法證明是否如此，但此一說法卻透過代代的傳承，在民間流傳。先民在生活所累積的經驗，從社會的角度而言，儀式可以讓先民感到安心；但不一定是可以重複檢證的科學性知識。

科學的目的在於描述、解釋、預測與控制。人類的知識起源於生活經驗的累積，為了更有效的解決面臨的問題，發展了自然科學可以重複驗證的方法，在可以量化、統計檢證的考驗的過程，使得科學性的知識變成更為系統；在自然科學形成的知識，可以描述自然界看到的現象。

以「天黑黑會下雨」為例，可以說明天黑黑之後，不久會下雨的自然現象；此為描述的科學目的。至於解釋的目的為：科學家說明下雨產生的原因，那是因為水被蒸發成水分子，在空中遇到冷空氣後，當水分子聚集時會形成厚雲層，冷卻凝聚成水滴而掉下來是為下雨，藉此說明天黑黑可能下雨的解釋。

（三）科學的組成元素

在科學興起的初期，追求可靠的方法的確是一項重要的任務，如笛卡爾與培根的演繹與歸納，即是此一脈絡下的產物。但是，科學的方法也常常在科學爭議出現時，成為科學家們追究的重點。而關於科學研究可被重複（因而驗證）這一特徵，並非所有科學皆然，至少達爾文的演化論就難以符合。

在知識建構的過程中，一個核心的要件是科學社群之內建立的信任，而此乃是建立在 17 世紀的英國紳士文化中，與紳士的行為規範密不可分，紳士的信用與人品是科學知識的重要基礎。

小博士解說

科學社群中的知識活動常常仰賴判斷，如因為儀器的誤差，哪些數據可以忽略，哪些文章要認真閱讀，要重視哪些人的詮釋等。此兩者在在公眾理解科學的脈絡中，非常重要，但鮮少受到注意。而信任與判斷此二元素，常常相互結合形成科學家與公眾溝通的困難處。

在科學社群知識活動中,除了方法以外,還有兩個非常重要的組成元素,即信任與判斷。[本圖為自CAN STOCK合法下載授權使用]

科學的努力程度

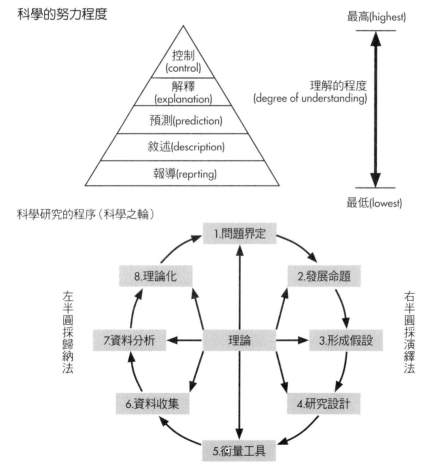

12-4 問題研究

（一）決定研究的題目

在開始進行科學研究的時侯，首先要決定研究的題目。有時科學家卻不得不就某一特定題目進行研究，這種情況常見於應用研究。在這種時候，只要對問題考慮充分，就不難找到有真正價值的問題。甚至可以這樣說，大多數題目都是科學家自己創造出來的。

美國細菌學家史密斯（Theobald Smith）說：他總是著手處理眼前擺著的問題，主要因為這樣子容易得到資料，在沒有料的情況下，研究工作會寸步難行。

題目選定以後，下一步就要確知在這方面別人已經做過那些研究。作為研究的起點，教科書往往很有用處，一篇新近出版的評論文章則更佳，因為二者都對現有的知識作了全面的總結，並提供了主要的參考資料。然而，教科書只是著作者撰書時期重要事實和假設的匯編，為了使全書連貫一致，可能去掉了不銜接和有矛盾的地方。

最好在研究工作開始初期，對全部有關文獻作充分的研究，因為即使只漏了一篇重要論文，也可能使我們浪費很多精力。再者，在研究的過程中，以及在留意有關課題的新論文時，廣泛瀏覽各種資料，注意有無可利用的新原理、新技術，是非常有益的。

研究醫學和生物學的一般程序：（1）批判性地審閱有關文獻；（2）詳盡搜集現場資，或進行同等的觀察調查，必要時輔之以實驗室標本檢驗；（3）整理資料並把其中具有關聯的資料聯繫起來，規定課題，並將課題分成若干具體問題；（4）對各問題的答案作出猜測，並盡量提出假設；（5）設計實驗時，應首先檢驗較具關鍵性問題的假設。

（二）不同類型的研究

科學研究一般分為「應用研究」和「純理論研究」兩種，這種分類頗為主觀且不嚴謹。

通常，所謂應用研究是指對具有實際意義的問題進行有目的之研究，而純理論研究則完全是為了取得知識而研究的。可以這樣說，一個搞純理論研究的科學家具有一種信念，認為任何科學知識本身都是值得追求的，追問原因的時候他會說，十之八九總有一天會有用的。

絕大多數最偉大的發現，諸如電、X 射線、鈷和原子能，都是起源於純理論研究。在進行這種研究時，研究人員追蹤有趣的意外發現，並不考慮它是否具有任何實際價值。在應用研究上，所支持的是研究計畫，而在純理論研究方面，人們支持的是科學家。

然而，二者之間的區別有時失之膚淺，因為衡量的標準可能僅僅在於研究的項目有無實際價值。如研究池水中原生動物的生命周期是純理論研究，但如果該原生動物是人體或家畜身上的寄生蟲，則這項研究就可稱為應用研究。

還有一個基本方法，可用來大體區分應用研究和純理論研究，即：在前者是先有目標，而後尋求達到目標的方法；在後者是先作出發現，然後尋求用途。

跨領域研究是一種在兩門不同學科領域內進行的研究。科學家如有廣泛的科學基礎，能運用並聯繫兩種學科中的知識，則很容易獲得成果。甲學科中一項普通的事實、原理或技術，應用於乙學科時，可能是非常新奇而有效。

細菌科學主要起源於巴斯德（Louis Pasteur）對啤酒業、葡萄酒釀造業和蠶絲業中實際問題的研究。通常，應用研究比純理論研究更難獲至成果。[本圖為自CAN STOCK合法下載授權使用]

研究程序／步驟的概念

	程序	說明
1	研究主題	依照歸納法或演繹法，形成問題意識。
2	研究假設	提出可研究的問題。（理論性的命題？應用性的方案？）
3	研究對象	規劃抽樣方法／設計。考慮母群與樣本的選擇。考慮層面：範圍、抽樣架構、抽樣方法、樣本大小、抽樣誤差。
4	研究方法	測量方法的規劃與說明。需說明如何實行資料蒐集？
5	研究工具	測量工具的規劃。需針對工具的安排與編制做出說明。
6	資料分析	量化研究需交代統計分析的方法與結果。質性應有效地概念化經驗現象。
7	結論與建議	回顧研究，與既有理論與未來方向對話。

研究性質的類型

類型	說明
探索型	質性為主。著重於自經驗現象中發展新的概念。
描述型	將既有理論套用至經驗現象上。
解釋型	量化為主。以經驗現象的因果關係連結概念。

研究時序的類型

類型		說明
橫斷式		截取同樣時間點，探討（不同）群體的差異。
描述型		在時間上具有階段順序，強調在時間變化上，研究對象的差別。。
	趨勢研究	相同主題，在不同時間點上的表現。
	世代研究	鎖定特定世代（時間），在不同時間點上的發展。
	固定連續樣本研究	鎖定相同群體，追蹤發展。
近似縱貫研究		在形式上是屬於橫斷性研究，但是卻可以達到縱貫性研究的效果和功能。（口述史法）

12-5 **直覺**

（一）直覺定義

「直覺」一詞有幾種略微不同的用法，必須指出：直覺用在這裏是指對某種情況突如其來的穎悟或理解，也就是人們在不自覺地想著某一題目時，雖不一定但卻常常躍入意識而使問題得到澄清的一種思想。

靈感、啟示、和「預感」這些詞也是用來形容這種現象的，但這幾個詞常常還有別的意思。當人們不自覺地想著某一問題時，戲劇性地出現的思想就是直覺最突出的例子。但是，在自覺地思考問題時，突如其來的思想也是直覺。在我們初得資料時，這種直覺往往並不明顯。

（二）直覺的心理學

產生直覺最典型的條件是：對問題進行了一段專注的研究，伴之而來的是渴求解決的方法；放下工作或轉而考慮其他；然後，一個想法戲劇性地突然到來，常常有一種肯定的感覺，人們經常為先前竟然不曾想到這個念頭而感到狂喜或甚至驚奇。

這種現象的心理作用現仍未被充分了解。大致上，一般人認為：直覺產生於頭腦的下意識活動，這時，大腦也許已經不再自覺的思考這個問題了，然而，卻通過下意識活動思考它。

許多人在獲得新發現或得到一種出色的直覺時，感受到巨大的感情刺激。這種感情的反應可能與對問題所付出的感情與思維活動量有關。與此同時，由有關該問題的工作所引起的一切煩惱沮喪，也頓時煙消雲散。情感上的敏感或許是科學家應該具有的一種可貴特質。無論如何，一個偉大的科學家應被看作是一個創造性的藝術家，把他看成是一個僅僅按照邏輯規則和實驗規章辦事的人是非常錯誤的。

（三）捕獲直覺的方法

最有利於產生直覺的條件如下：（1）必須對問題的持續自覺思考來作思想上的準備。（2）使注意力分散的其他興趣或煩惱有礙於直覺的產生。（3）多數人的思維必須不受中斷和干擾。（4）直覺經常出現在不研究問題的時候。（5）通過諸如討論、批判的閱讀或寫作等與他人進行思想溝通，對直覺有積極的促進作用。（6）直覺來無影去無蹤，因此必須用筆記下。（7）除中斷、煩惱和分散精力的其他興趣外，不利的影響還有：腦力和體力的疲勞、對問題的工作過度、瑣事的刺激以及噪音的干擾。

多數人發現，在緊張工作一段時間以後，悠遊閒適和暫時放下工作的期間，更容易產生直覺。有些人說：直覺最經常發生在從事不費腦力的輕鬆活動，諸如鄉間漫步、沐浴、剃鬍鬚、上下班的時侯，或許因為這時思維不受干擾，不被中斷。

小博士解說

自覺的思考不會有緊張感，故不會壓制下意識思想中產生的有趣想法。有些人覺得躺在床上的時候最有利，有些人有意在睡前回憶一遍問題，有些則在早上起身之前；有些人認為音樂具有有益的影響，但值得一提的是：認為自己受益於吸菸、喝咖啡或飲酒者寥寥無幾，一種樂觀的精神狀態可能是有幫助的。

據說愛迪生(Thomas Edison) 習慣於記下想到的每一個意念,不管這個思想當時似乎多麼微不足道。許多詩人和音樂家也用這個方法,如達文西(Leonardo da Vinci) 的筆記就是在藝術中,筆記妙用的範例。睡眠中出現的想法特別難於記憶,有些心理學家和科學家手邊總帶著紙筆,這對於捕捉出現在睡前醒後的意念也是有用的。圖為愛迪生發明的錫箔留聲機。[本圖為自CAN STOCK合法下載授權使用]

阿基米德(左圖)之所以在沐浴時想到他著名的原理(右圖),是因為浴盆裏條件最好,而不是因為他注意到了身體在水中的浮力。躺在床上或浴盆中之所以效果好,也許是由於完全不受其他干擾,還由於各種條件催人夢幻。[本圖為自CAN STOCK合法下載授權使用]

直覺的類型

決策就是選擇,需要仔細思考和大量資訊,但是完全的資訊會造成資訊超載(overload) ,為避免資訊超載,有賴直覺。直覺是判斷的捷徑,兩種類型:
・便利直覺:決策者傾向於以其方便獲得的資訊來做判斷,訴諸強烈情緒的事件、生動活潑的創意想像、剛發生的事件,都讓人留下深刻印象,而忽略了特殊事件的發生機率。
・表象直覺:決策者以類比的方式來評估事件發生的可能性。
・認同的強化:不管負面的反應,依然增強對先前決策的認同。

12-6 觀察

觀察是借助一種或多種感官和儀器從環境中獲得資訊的歷程。各種問題都來自觀察，觀察的結果可能是定性的或定量的，定性的觀察不包含數字，定量的觀察則包含數字與單位。

（一）觀察的原則

要懂得觀察：必須知道，觀察者不僅經常錯過似乎顯而易見的事物，而且更為嚴重的是，他們常常臆造出虛假的現象。虛假的觀察可能由錯覺造成，出現錯覺時感官使頭腦得出錯誤的印象，或是頭腦本身滋生了謬誤。

在記載和報告觀察到的現象時，產生的第二種謬誤是頭腦本身滋生的。許多這類錯誤之所以出現，是由於頭腦容易無意識地根據過去的經歷、知識和自覺的意願去習慣性的臆想。歌德（Johann Gothe）曾說：「我們見到的只是我們知道的」。

俗話說：「我們容易看到眼睛後面，而不是眼睛前面的東西」。眾所周知，不同的人在觀察同一現象時，各人會根據自己的興趣所在而注意到不同的事物。

必須懂得所謂觀察不僅止於看見事物，其中還包括思維過程在內。一切觀察都含有兩個因素：（1）感官知覺因素（通常是視覺）；（2）思維因素，這一因素如上所述，可能是半自覺半不自覺的。當知覺因素處於比較次要地位時，往往很難區分觀察到的現象和普通的直覺。

（二）科學的觀察

科學實驗在於挑選出某些事物，借助適當的方法和工具進行觀察。這些方法和工具一般誤差較小，作出的結果比較能夠再現，且能符合科學知識的普遍觀念。貝爾納（Bernard）將觀察分為兩種類型：（1）自發觀察或被動觀察，即意想不到的觀察；（2）誘發觀察或主動觀察，即有意地安排的，通常是根據假設而安排的觀察。此處我們所關心的主要是前一種類型。

進行有效的自發觀察，首先必須注意到某個事物或現象。觀察者自覺或不自覺地，將觀察到的事物與過去經驗中有關知識連起來，或在思考這一事物的過程中提出了某種假設，這時，觀察到的事物才有意義。人們不可能對所有的事物都作密切的觀察，因而，必須加以區別，選其重要者。在從事某一學科方面的工作時，「有訓練的」觀察者總是根據自己的知識搜尋自己認為有價值的具體事物。

（三）觀察的訓練

培養以積極探究的態度注視事物的習慣，有助於觀察力的發展。在研究工作中養成良好的觀察習慣比擁有豐富知識更為重要，這種說法並不過分。在現代文明中，我們的觀察器官逐漸退化，而原始時代的狩獵者卻非常發達。科學家需要有意識地發展這種能力，而實驗室和臨床的實際工作應作這方面的訓練。

小博士解說

進行任何形式的觀察都要努力尋找每個可能存在的特點，尋找各種異乎尋常的特徵，特別是尋找各事物之間，或是事物與已擁有的知識之間任何具有啟發性的關聯或關係。

流行病學研究方法

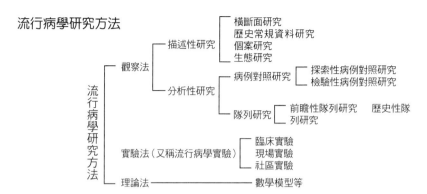

```
                                    ┌─ 橫斷面研究
                        ┌─ 描述性研究  ├─ 歷史常規資料研究
                        │            ├─ 個案研究
                        │            └─ 生態研究
            觀察法 ───────┤
                        │            ┌─ 病例對照研究 ┌─ 探索性病例對照研究
                        └─ 分析性研究  ┤              └─ 檢驗性病例對照研究
流行病學研究方法 ─────────┤              └─ 隊列研究   ┌─ 前瞻性隊列研究   歷史性隊
                        │                         └─ 列研究
                        │                         ┌─ 臨床實驗
            實驗法（又稱流行病學實驗）────┤─ 現場實驗
                        │                         └─ 社區實驗
            理論法 ──────────────────── 數學模型等
```

觀察法是指研究者根據一定的研究目的、研究提綱或觀察表，用自己的感官和輔助工具去直接觀察被研究物件，從而獲得資料的一種方法。科學的觀察具有目的性和計劃性、系統性和可重複性。常見的觀察方法有：核對清單法；級別量表法；記敘性描述。觀察一般利用眼睛、耳朵等感覺器官去感知觀察物件。由於人的感覺器官具有一定的局限性，觀察者往往要借助各種現代化的儀器和手段，如照相機、答錄機、顯微錄影機等來輔助觀察。

珊瑚環礁的觀察
觀察1：珊瑚環礁通常會形成圓形的島嶼。
觀察2：珊瑚環礁是由活珊湖堆積而成。
觀察3：環礁的中央區是下沉的珊瑚。
結論：珊瑚環礁是由活珊湖堆積而成。中央區珊瑚
　　　缺乏營養補注，因而死亡下沉，而形成環礁。
[本圖為自CAN STOCK合法下載授權使用]

科學之輪：理論──假設──觀察──經驗通則

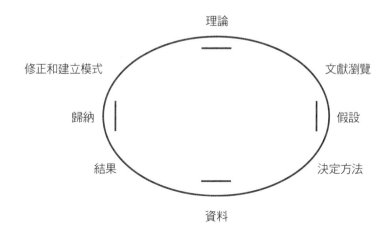

12-7 科學道德觀

（一）科學是一種信仰

二十世紀有名的波普氏哲學（Popperianphnosophy）認為，在科學中沒有所謂真正能夠被驗證的任何真理存在。因為上百萬個觀察，不能夠證明一個科學結論為「真」，而單一個觀察，卻能夠證明一個科學結論為「偽」。每當新證據、新想法、新詮釋，把舊有的為偽的命題從科學中排除以後，真相依然在遙不可及的天邊，正等待著人類去追尋。

波普氏哲學點出了科學工作者的艱辛與無奈。脆弱的人性，仍然需要一份堅定的信仰支撐，才有勇氣克服挫折，勇往直前。

（二）跨越生物與人造物之間的界線

20 世紀的實驗科學進展神速，令人驚訝甚至害怕。因為實驗科學不再只能拓展感官視野或合成新元素，科學操作的對象逐漸涉入原本屬於「自然」的生命本身。

不斷挑戰人類、動物、植物，甚至與機械之間界線的，如狒狒腎臟移植人體的異種器官移植、把比目魚抗凍基因轉殖到馬鈴薯，或人工智慧與機器人等。這些實驗的特質，在於產生出生命體與人造技術物的混合體。簡單說，新生命科學實驗有能力跨越原有自然與技術物（文化產物）的界線，「創造」出原本大自然中未曾存有的事物。

面對跨界與混合應有的新倫理的重點，應該是重新檢視生態與有機的生活條件（如天然的最好，多天然是天然？）、了解自我（如人類可容許多少的人造部分，或是否容許增加器官能力的技術），以及了解他者，包括與他者的關係。

科學研究的過程本身如果已經干涉了生命本身，研究者當然得對自己的行動有責任感。這樣的反省其實毫不新鮮，1818 年瑪麗雪萊（Mary Shelley）的《科學怪人》故事中已經提醒人類對創造物的責任問題。只是過去科學成果輝煌，要求責任的說法似乎顯得比較不受重視。可是只要科學一直認為理智（性）足以讓自身合法，科學就永遠無法負起應負的責任。

（三）美麗新世界

DNA 做為火車頭啟動的分子生物學許諾的未來如此誘人，誰能懷疑新生命科技的好意與潛能？加上生技產業一再被各國在政策上視為資訊科技之後的經濟主體，相信台灣一定不想失去先機。因此可以看到生物系所改名、推展疫苗產業、建置人體基因資料庫等各種事件。

不過，如果新生命科學的確具有創造混合物的技術，鬆動傳統認識框架的潛力，以及強烈的產業化傾向，那麼，傳統框架下產生的學科勢必無法面對不確定的新世界。這時候，互相尊重以及實質跨領域的思考與研究便非常重要。

至少，科學技術不再只是科技專家的領域，而必須同時成為人文或文化學科的重要研究議題！

科學的本質

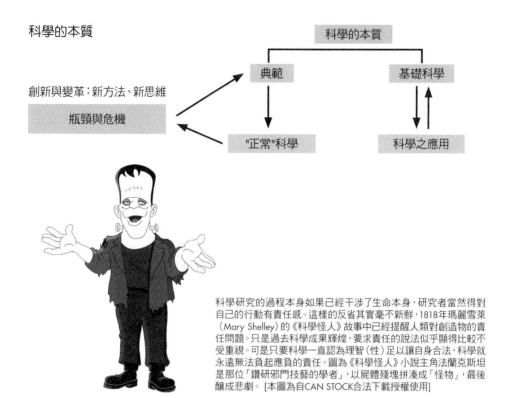

創新與變革：新方法、新思維

科學研究的過程本身如果已經干涉了生命本身，研究者當然得對自己的行動有責任感。這樣的反省其實毫不新鮮，1818年瑪麗雪萊（Mary Shelley）的《科學怪人》故事中已經提醒人類對創造物的責任問題。只是過去科學成果輝煌，要求責任的說法似乎顯得比較不受重視。可是只要科學一直認為理智（性）足以讓自身合法，科學就永遠無法負起應負的責任。圖為《科學怪人》小說主角法蘭克斯坦是那位「鑽研邪門技藝的學者」，以屍體殘塊拼湊成「怪物」，最後釀成悲劇。[本圖為自CAN STOCK合法下載授權使用]

美國在1989年所出版的《全民科學》(Science for all American)一書中，將科學本質分成三個領域，並指出各領域所必須了解的內涵：

領域	內涵
科學世界觀	(1)自然界是可理解的。 (2)科學知識是可改變的。 (3)科學知識並非很容易就可推翻。 (4)科學並非萬靈丹能解決所有問題。
科學探究	(1)證據對科學而言是重要的。 (2)科學是邏輯與想像的合成體。 (3)科學知識除了能說明自然界的現象，也具有預測的功能。 (4)科學家會試著驗證理論及盡量避免誤差。 (5)既定的科學知識並不具有永久的權威地位，常態科學會影響科學的研究方向，但必要時仍會產生科學革命。
科學事業	(1)科學是許多不同科學領域的集合。 (2)科學的事業由許多機構來進行，例如大學、工業界、政府。 (3)各種領域的科學家在世界各地活動。 (4)科學活動受到社會價值觀的影響。 (5)科學知識因資訊傳播發達而促使科學的進步。 (6)從事科學必須考慮倫理的原則。 (7)科學家兼具有科學專業及公民的身分，科學家利用科學思考的特性來解決公眾事務。

12-8 科學素養

科學素養（science literacy）最早是由赫德（Paul Hurd）1958 年提出，提醒美國國人應重視科學教育問題。科學素養一詞用來說明人們對科學的相關了解，以及將其應用於社會經驗中的狀態。

（一）科學素養的內涵

科學素養的內涵，包括：（1）能夠提出具有證據導向的結論，並說明它的原因，也就是所謂的「科學舉證」能力；（2）在解決日常生活困擾的過程中，能夠提出一些問題，然後透過科學探究的方式，蒐集證據進行研究來解決困擾，也就是所謂的「形成科學議題」的能力；（3）能夠充分運用所了解的科學概念和知識，對自然界發生的現象加以解釋，也就是所謂的「解釋科學現象」的能力。

科學素養為一般民眾生存於當代科技社會中，不可或缺之基本知識與能力。素養是一種社會活動，在不同的文化或是歷史階段，會有不同的素養面向產生；而素養不僅由巨觀的視野來觀察整個社會的需求，也可在不同的微小環境中看出其情境化的現象；素養也形成一個共通的符號系統，可供這群人進行溝通與分享；人們對於素養具有覺知、態度及價值的判斷。

（二）智能與能力

人的「能力」都是經由他處理問題、解決問題的過程中展現出來的。如在處理問題過程中運用觀察、察覺、比較、類比、批判思考、抉擇、推斷、研判、創造、統整、歸納、推理、解析、協調、仲裁、溝通、表達等心智運作，都可稱之為「觀察能力」、「推理能力」等。由於所遭遇的問題有大的有小的、有複雜的有簡單的、有困難的有容易的、還有各種不同性質的問題。要處理所有的、各色的問題，就需要（且也因此展現）所有各種的「能力」。

「科學素養」是人的「智能」之一部分，「科學素養」是人們學習科學之後，可獲得能增進的「智能」，「智能」是各項「能力」的聯集，而各項「能力」之間常有相互依存或包容的關係。

（三）未來公民所需之科學素養

一個具有科學素養的個體應具備以下六個向度的理解：

（1）科學與社會間的相互關係；（2）科學家的研究倫理；（3）科學本質；（4）基本科學概念；（5）科學與技術間的差異；（6）科學和人文間的相互關係。

未來公民所需之科學素養意指民眾應具備以下的各項能力：

（1）對自然世界的了解；（2）認識自然界的歧異與一致性；（3）了解重要的科學概念與原則；（4）明瞭科學、數學及技學之間相互依存的方式；（5）知道科學、數學及技學是人類活動的一環，對人類有其正面影響，亦有其弱點；（6）具備科學性思考的能力；（7）運用科學知識及思考方式於個人或社會的目的

科學素養包含的能力

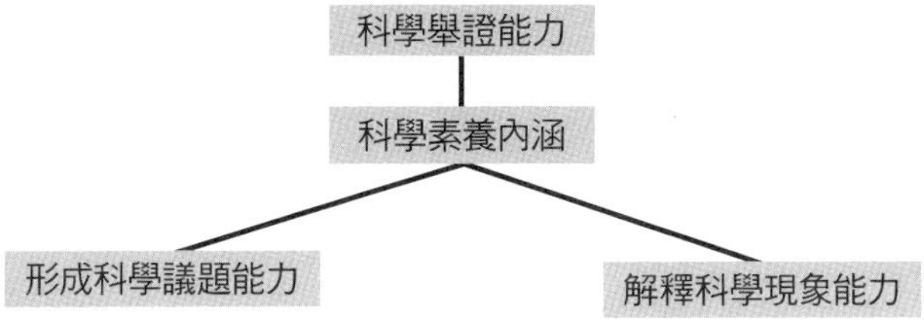

科學舉證能力

科學素養內涵

形成科學議題能力 | 解釋科學現象能力

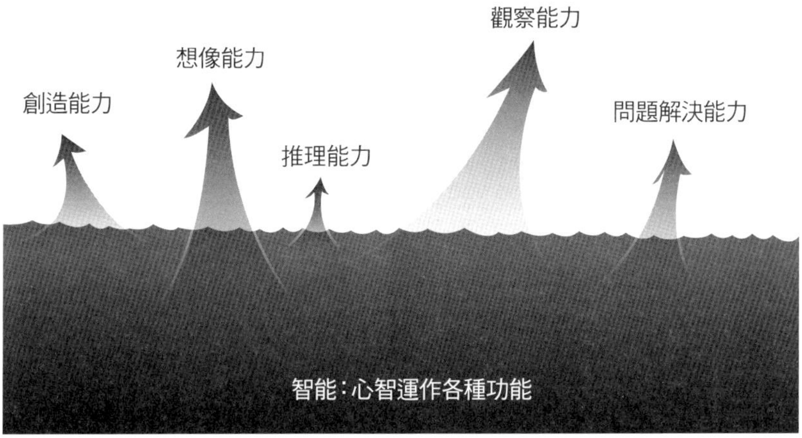

觀察能力

想像能力

創造能力

推理能力

問題解決能力

智能：心智運作各種功能

當人們遇到特殊的問題、特殊的情境和特殊的心理狀態時，產生特殊的反應行為來處理問題，此一心智運作稱之為「能力」。「能力」因問題的性質或產生的效果被賦予不同的名稱，如創造能力、想像能力、推理能力、觀察能力。

科學素養

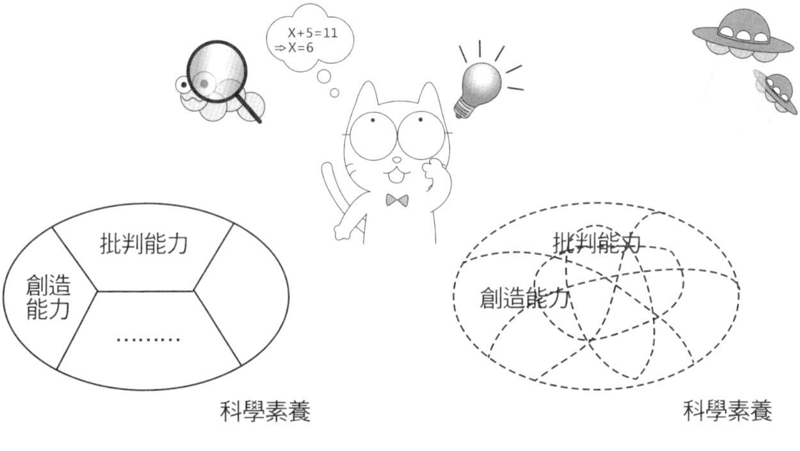

X+5=11
⇒X=6

批判能力

創造
能力

………

科學素養

批判能力

創造能力

科學素養

科學素養是各項「能力」的累加　　　　科學素養是各項「能力」的聯集

12-9 **模式生物**

模式生物（model organisms）是人類對抗疾病的先驅，也是生物多樣性及保育生物學的研究材料，更是現代科學發展的幕後英雄。

（一）模式生物的選擇

在眾多模式生物中，最好用且最常用的有以下八種生物。首先是腸道細菌中的大腸桿菌，它是細菌中被研究得較清楚的生物，也是分子生物學的必修細菌。其次是麵包酵母和啤酒酵母，它們是單細胞真核生物。而小的土壤生物線蟲、遺傳學上貢獻良多的果蠅、水族界中具有知名度的斑馬魚、在植物界中不受歡迎的雜草阿拉伯芥，和每年約有二億美元產值但不太起眼的小鼠等都是。

雀屏中選的小動物，必須具備以下屬性和特性。首先必須實用性高，取得成本便宜，而且供應量大；其次必須容易安置，最好只需要一個小而單純的空間；其三必須可以直接繁殖後代，而且世代間隔短，能生產大量子代；最後必須在實驗室中容易操作處理，倘若又具有小量且不複雜的基因組，則情況更佳。

（二）線蟲——超級模式生物

線蟲是一種富有特色的生物，雖然它的體積小而透明，但卻包含了完整的分化組織及一個有腦的神經系統，這些特色可協助研究人員進行線蟲是否具有學習行為的研究。

線蟲生活在土壤間水層，成蟲體全長只有 0.1 公分，因以細菌為食物，所以在實驗室中極易培養。因為全身透明，研究時不需染色，即可在顯微鏡下看到線蟲體內的器官如腸道、生殖腺等；若使用高倍相位差顯微鏡，還可達到單一細胞的解析度。因此，線蟲是研究細胞分裂、分化、死亡等的好材料，又因為線蟲僅有一千多個體細胞，所以它的所有細胞都可以徹底地觀察研究。

（三）果蠅

果蠅屬雙翅目昆蟲，居住空間不大，只需要一個小小封閉的瓶子，一般研究人員多以實驗室裡的玉米粉基本培養基餵養牠們。果蠅的生活史很短，大概兩個禮拜到一個月完成一個世代。一旦成蟲交尾產下卵以後，從卵發育到幼蟲需要一天時間，這些幼蟲會像我們過年時更換新衣一樣，在攝氏 22 至 25 度的溫度中，約一個禮拜時間，歷經三次不同齡期的蛻皮，然後化成蛹，再約一個禮拜即羽化成蟲。

做科學實驗，有時候需要很多的觀察數據，果蠅除了容易飼養、費用便宜、生活史短、污染很低等好處外，還有一個優點是若有充分的營養，一次可產下上百隻，甚至上千隻後代，這些優點也非常適合拿來做遺傳上的研究。

小博士解說

有些昆蟲要辨別性別相當不容易，果蠅的性別卻很容易辨認。以最常見的黃果蠅為例，雄性果蠅個頭稍小，尾部末端較黑；雌性果蠅個頭較大，尾部呈條紋狀，所以從腹部斑紋或外部生殖器即可確認性別。若發現果蠅有遺傳上的變異或型態上的差異時，就可用牠做遺傳上的研究。

線蟲生活史

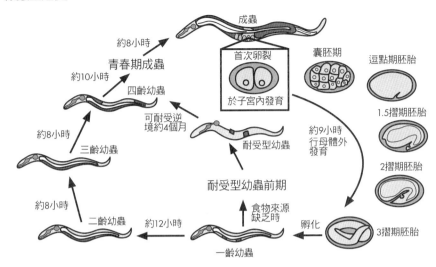

由受精卵經過 L1、L2、L3 和 L4 等 4 期幼蟲，發育成具有生殖能力的成蟲只需 3 天半。

果蠅

果蠅遺傳學和分子發育生物學的國王，圖中左側為雌性，右側為雄性。

大腸桿菌

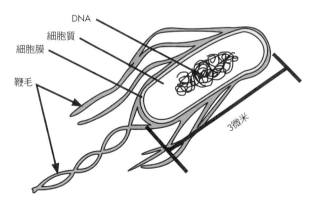

大腸桿菌，通常簡寫為 *E. coli*，是人體和其他恆溫動物腸道中最主要的革蘭氏陰性菌，也是現代生物學研究最多的原核生物。

12-10 顯微鏡

（一）顯微鏡的歷史

顯微鏡的基本功能是放大影像及解析影像，光學顯微鏡可解析 0.2 μm 大小之物（以 1000 倍放大倍率而言），可清楚看見線蟲內外部構造、真菌形態及細菌的概略外形，而病毒顆粒則無法觀察（但可看見病毒團），需要用到電子顯微鏡。

各種形式的顯微鏡均由一組鏡片所組成，且其主要差異在於所使用的光源種類、波長、鏡片系統的特性與排列以及觀察影像所使用的方法。

顯微鏡的發明已經沒有確切的年代了，比較明確知道的是 17 世紀末葉雷文霍克（van Leeuwenhoek）與虎克（Hooke）兩位學者的使用紀錄，當時雷文霍克所使用的顯微鏡只是單一鏡片組，而虎克所使用的卻已是數片鏡片組成的複式顯微鏡。

1970 年以後顯微鏡工業更是進步飛快，除了鏡頭的更加精良之外，共軛焦顯微鏡（confocal microscopy）與掃描式原子探測顯微鏡（scanning probe microscope, SPM）的發明，使觀察標本的影像，得以由原本二維空間變為立體的影像。

（二）顯微鏡的種類

一般而言，用來觀察生物的顯微鏡依光源和透鏡系統的不同而區分，利用一般光線經過透鏡聚焦後，使物體形成物像以便觀察者，有實體顯微鏡及光學顯微鏡。

實體顯微鏡（解剖顯微鏡）：解剖顯微鏡主要是用來觀察不透明的物體或生物標本外部形態，或在工業和部分生物醫學技術上。此種顯微鏡受光源、景深和其他成像因子的影響，放大倍數在 60 倍以下，解像效果較佳。

光學顯微鏡：二組透鏡及顯微鏡機械本體組成，主要是用來觀察生物體的器官組織結構或生物細胞的內部構造。此種顯微鏡的二組透鏡，一組是接近觀察之標本的透鏡稱為接物鏡或簡稱為物鏡，另一組是靠近眼睛稱為接目鏡或簡稱目鏡。物鏡位於物體標本上方而由上往下觀察者為正立光學顯微鏡；物鏡位於物體標本下方而由下往上觀察者為倒立光學顯微鏡。一般所觀察的呈像方式為明視野，但因所要觀察物特性或欲呈像的不同，有特別的附屬呈像系統。

（三）解像力

解像力意指一鏡頭能清晰辨別兩相近物體的能力。如一鏡頭無法區別兩物體時，此鏡頭即失去解像力。增加放大倍數並不能矯正失去的解像力，反而使物體模糊。鏡頭之解像力依所用光的波長與鏡頭的光口（numerical aperture）而定。

光口乃指物鏡直徑為其焦距的函數。波長愈短，鏡頭之解像度則愈大。解像力僅能因光口的增加而增加。聚光器可使光口增加 2 倍，以傾斜或直接通過標本的光線明照物體，因此光口愈大，解像度也愈大。解像力亦依折射率（refractive index）而定。所謂折射率乃指光線自玻璃面經空氣而進入物鏡的彎曲度，當光線通過玻璃進入空氣時，光線即彎曲或折射，以致不能進入物鏡。結果引起光線的喪失，減小光口，降低物鏡的解像力。

顯微鏡種類

顯微鏡	特色說明
位相差顯微鏡	位相差觀察法常被用來提高顯微鏡影像的對比度,可將樣品所造成的細微光程差轉變成明顯的光強度對比,清楚觀察到在明野下薄而透明的樣品,而且不會像暗視野觀察法一樣減低影像的解析度。位相差觀察法在生物學上都有廣泛的應用。
暗視野顯微鏡	暗視野觀察法常用來觀察未染色的透明樣品,這些樣品因為具有和周圍環境相似的折射率(如培養液中富含水分的組織、細胞),不易在一般明視野之下看得清楚,於是利用暗視野提高樣品本身與背景之間的對比。 其他像是矽藻、原生生物、昆蟲、硬骨和毛髮等的表面紋路,也可以用暗視野來觀察。
螢光顯微鏡	在螢光顯微鏡上,必須在標本的照明光中,選擇出特定波長的激發光,以產生螢光,然後必須在激發光和螢光混合的光線中,單把螢光分離出來以供觀察。因此,在選擇特定波長中,濾光鏡系統,成為極其重要的角色。光源幅射出各種波長的光(以紫外至紅外)。 應用螢光觀察法,可以讓顯微鏡有效地捕捉細小的螢光影像。無論是具有自體螢光的物質,或是經過外加螢光處理的樣品,都是螢光顯微鏡觀察的對象。

解像力比較表

	肉眼	光學顯微鏡	電子顯微鏡
解像力	100μm	0.2μm	2 nm

顯微鏡的解像力

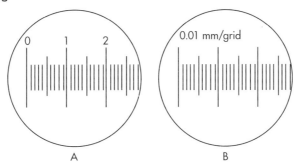

欲知所觀察物體實際大小,首先在目鏡內加放一個目鏡測微器(圓玻璃片中央刻有100小格之格線,每一小格之長度為未知(A)。再在載物台上置一載物台測微器,為一長形玻片,上刻100小格,每一小格長度為0.01 mm (10μm)之直線。(B)。先求出目鏡測微器每一小格之長度,方法如下:移動載物台測微器,使兩測微器之一端刻度重疊成一線,再檢視另一端刻度重疊處,則目鏡測微器每一小格間之長度即可由下列公式求出 :

$$10\mu m \times \frac{載物台測微器之格數}{目鏡測微器之格數} = 目鏡測微器每一小格的長度$$

若以10X目鏡,40X物鏡檢視,則兩測微器重疊時,目鏡測微器50小格相當於載物台測微器68小格,可知目鏡測微器每一小格的長度等於

$$10\mu m \times 68/50 = 13.6\mu m$$

*(10⁻⁸cm=1Å,10³ mm=1μm)

12-11 電子顯微鏡

（一）人眼的解像力

自從光學顯微鏡發明之後，透鏡不斷改進以及光學顯微鏡技術的發展奠定了細胞學的基礎。二十世紀初發明了電子顯微鏡，並且應用在生物學研究之後，把生物學的領域更加擴大，而在生物學發展史上又加添了新的一頁。

人肉眼的解像力只有 0.1mm，也就是說人的肉眼無法分辨出距離小於 0.1mm 的兩點。普通光學顯微鏡的解像力可達到 $0.2\mu m$（1mm=1000μm），為肉眼的 500 倍；而電子顯微鏡的解像力幾乎可達到肉眼的 50 萬倍。

（二）電子顯微鏡的特性

光學顯微鏡與電子顯微鏡的解像力都可依照物理公式來推算，其定理是：儀器能分辨的兩點距離（即解像力）與波長成正比。電子具有光波的性質，其波長短於可見光光子運動的波長，故有較好的解像力，但其照明度比光子差。電子運動的波長又決定於電壓的大小，電壓愈高產生電子波長愈短，也就是解像力愈強。

理論上電子顯微鏡的解像力可達到少於 0.1nm（$1\mu m$=1000nm），比氫原子的直徑還小，但由於技術上製造的困難，最好的電子顯微鏡也只能到達 0.3nm 的解像力。

電子顯微鏡的構造與光學顯微鏡的構造其原理是相似的，只是電子顯微鏡除了本體外還有真空抽氣裝置以及電氣系統。電子顯微鏡本體有一電子束源，就如光學顯微鏡有一光源，光的聚焦靠透鏡，而電子束的聚焦則靠磁場線圈（maganetic coil）。磁場線圈依功能分成三組，第一組是集結線圈：將電子束聚焦在標本上；第二組是物鏡線圈：形成標本的初級影像；第三組是投射線圈：將初級影像再放大，然後再成像在螢光板上。這一類的電子顯微鏡稱作穿透式電子顯微鏡（transmission electron microscope, TEM），另一種電子顯微鏡其影像是收集打到標本後分散的二級電子束成像在螢光幕上，稱作掃描電子顯微鏡（scanning electron microscope, SEM）。

（三）標本準備

由於掃描電子顯微鏡的影像是收集由標本反射的二級電子束所形成的，故其解像力不如穿透式電子顯微鏡，但也就是這種特性，可以觀察到穿透式電子顯微鏡所無法觀察到的生物體或細胞表面構造。其標本準備過程較為簡單，只需將標本固定、脫水、乾燥、外層鍍上一層薄金屬就可以觀察了。

穿透式電子顯微鏡的影像來自穿透標本的電子束，由於生物標本對電子的吸附和反射差異不太大，所以產生的影像對比不強，因此標本的處理過程中需經重金屬的染色，如鋨酸、鉛、鈾、鐵、鎢等的鹽類，以增強影像對比，而且太厚的標本也需切成薄片方能觀察。一般常應用於穿透式電子顯微鏡的標本準備法，因所要觀察的標本來源及性質不同，方法也不同，大約成分下列五種：超薄切片法、冷凍斷裂及蝕刻法、整體標本法、負染色法、金屬投影法。

穿透式電子顯微鏡（左圖），掃描式電子顯微鏡（右圖）結構圖示

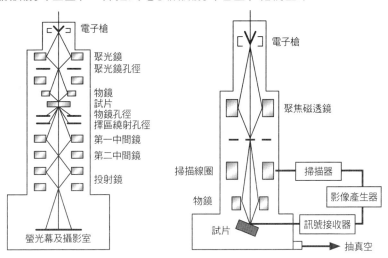

電子槍
聚光鏡
聚光鏡孔徑
物鏡
試片
物鏡孔徑
擇區繞射孔徑
第一中間鏡
第二中間鏡
投射鏡
螢光幕及攝影室

電子槍
聚焦磁透鏡
掃描線圈
物鏡
試片
掃描器
影像產生器
訊號接收器
抽真空

掃描式電子顯微鏡下花粉呈圓球形，無明顯的發芽孔。[本圖為自CAN STOCK合法下載授權使用]

電子顯微鏡與光學顯微鏡的比較表

項目	穿透式電子顯微鏡	光學顯微鏡
光源	電子束（高壓放出之熱電子）	可見光（陽光或燈光）
介質	高度真空（10至6 torr）	空氣和玻璃
影像放大	物鏡、目鏡固定、中間鏡調整	物鏡與目鏡的配合
透鏡	電磁透鏡	玻璃透鏡
放大作用	電磁場的透鏡效應	玻璃透鏡作用
影像觀察	投影於螢光幕上再觀察	眼睛直接於目鏡上觀察
直接倍率	可放大至50萬倍	極限值為2500倍
解像能	約2Å	約2000Å（極限值）

12-12 **生物學實驗**

　　儘管實驗對於大多數學科都很重要，卻並非適用於一 的科學研究。如在描寫生物學、觀察生態學或者各種類型的醫學臨床研究中，都用不著實驗。但即便如此，後一類型的研究也利用了很多同樣的原則，其主要不同點在於：假設的檢驗是從自然發生的現象中收集資料，而不是從人為的實驗條件下之現象中收集資 。

（一）科學方法

1. 觀察：常用的科學方法的第一步驟是要對事物作周詳的觀察。

2. 提出問題：或確立問題。

3. 提出假說以推測可能的答案：提出問題以後，針對問題推測可能的答案，此過程為推論。這種經觀察並綜合各種所得資料後，再利用邏輯思考方式對問題提出可能的解釋，叫做假說。

4. 實驗以試驗假說的正確性：假說是否正確，還要用實驗加以求證。實驗的設計，必須相當嚴謹，並且必須可重複地操作。

5. 學說：假說經過其他科學家廣泛的試驗，證明無誤後，就可能被接受而成為學說。但是，這一過程通常要經過多年的時間，也可能要經由不同國家的多數科學家共同努力才能成立。學說即使已被大家所接受，仍必須不斷的接受試驗與修正，有時由於有新的觀察或實驗數據的出現，有些學說甚至會被完全揚棄。

（二）對照實驗

　　通常，實驗在於使事件在已控制的條件下發生，盡量消除外界不相干因素的影響；並能進行密切的觀察，以便揭示現象之間的關係。

　　「對照實驗」是生物學實驗中最重要的概念之一。在「對照實驗」中有兩個或兩個以上的相似組群（除了一切生物體所固有的變異性外，其餘的條件完全相同）：一個是「對照」組，作為比較的標準；另一個是「試驗」組，要通過某種實驗步驟，以便人們確定它對試驗的影響。人們通常使用「隨意抽取樣品」的方法來編組，即用抽籤或排除人為挑選的方法，把樣品分別編入甲組或乙組。按照傳統的實驗方法，除要研究的那一個變數外，各組其他一切方面都應盡量相似，而且實驗應該很簡單。一次變化一個因素，並把全部情況進行記錄。

（三）初步實驗

　　在研究工作的開頭應該盡可能進行一項關鍵性的簡單實驗，以判斷所考慮的主要假設是否成立。在對各部分作試驗之前先對整體作試驗，往往是明智的。如在試驗化學分餾物的毒性、抗原性及其他影響前，應先試驗其原始提取物。這一原則看來似乎簡單、明顯，但常被忽視，從而浪費了許多時間。

　　在生物學上，開始的時侯進行一種小規模的初步實驗往往是一種好方法。除了經濟上的考慮以外，在最初階段就進行複雜的實驗，試圖對所有的問題作出全面的回答，往往很難得出理想的結果。不如讓研究工作分階段逐步進展，因為後面的實驗可能要根據前面實驗的結果加以修訂。

生物科學利用科學方法歸納及演繹出生物學概念

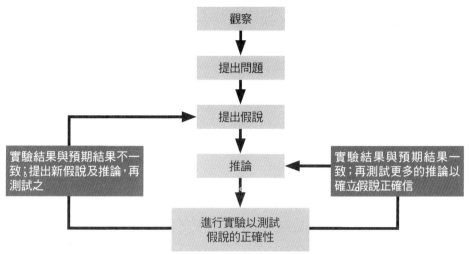

生物學概念有助於我們瞭解生命現象，以及生物間相互的關係。

生物科學研究方法二大主流

	分類	說明
生物科學研究方法	探索生物科學	提出具重複性觀察與測量數據詮釋自然現象
	由假說推動的科學	對一個問題提出可能的答案(假說)，再設計實驗以測試假說的正確性

對照實驗

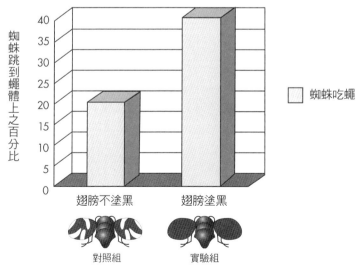

雪莓蠅遇見斑馬蜘蛛時，擺動翅膀，搖動腳的行為是為了逃避天敵，減低被捕食的風險。所以翅膀的斑點有可能具有極大的意義！以科學方法驗證的步驟：
先提出假說：翅膀的花色及搖擺翅膀的行為會增加蠅類的生存機會。
而後以實驗來證實或否定。實驗設計－把實驗組之雪莓蠅之翅膀全染黑。

國家圖書館出版品預行編目資料

圖解生物學／顧祐瑞著.— 初版.— 臺北市：
五南，2013.11
　　面；　　公分.
ISBN 978-957-11-7359-7（平裝）

1.生命科學

360　　　　　　　　102019765

5P32

圖解生物學

作　　　者 — 顧祐瑞(423.2)

發 行 人 — 楊榮川

總 編 輯 — 王翠華

主　　編 — 王俐文

責任編輯 — 金明芬

封面設計 — 劉好音

出 版 者 — 五南圖書出版股份有限公司

地　　址：106台北市大安區和平東路二段339號4樓

電　　話：(02)2705-5066　　傳　　真：(02)2706-6100

網　　址：http://www.wunan.com.tw

電子郵件：wunan@wunan.com.tw

劃撥帳號：01068953

戶　　名：五南圖書出版股份有限公司

法律顧問　林勝安律師事務所　林勝安律師

出版日期　2013年11月初版一刷
　　　　　2015年12月初版二刷

定　　價　新臺幣350元